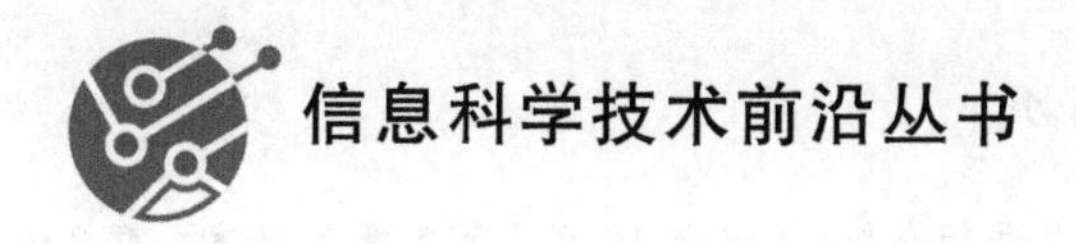


# 柔性线缆的物性建模与装配仿真技术

吕乃静　编著

北京邮电大学出版社
www.buptpress.com

## 内容简介

本书主要针对柔性线缆的物性建模与装配仿真技术进行介绍，共包含12章。第1章为概述。第2章～第5章为柔性线缆的物性建模技术部分，介绍研究现状、弯扭复合弹簧质点模型、多分支弹性细杆模型和离散弹性细杆模型。第6章～第8章为柔性线缆的交互式虚拟装配仿真技术部分，介绍研究现状、单根线缆和分支线缆的交互式虚拟装配仿真。第9章～第11章为柔性线缆的机器人自动敷设仿真与实验技术部分，介绍研究现状、柔性线缆的机器人自动敷设仿真和实验技术。第12章为趋势与未来部分，对本书的内容进行总结，同时对未来的研究方向进行展望。

本书可作为机械工程专业或从事柔性线缆建模仿真研究的研究生和工程师的参考用书。

**图书在版编目（CIP）数据**

柔性线缆的物性建模与装配仿真技术 / 吕乃静编著.
北京 ：北京邮电大学出版社，2024. -- ISBN 978-7-5635-7299-1

Ⅰ. TP818-39； TM246-39

中国国家版本馆 CIP 数据核字第 20240XK071 号

**策划编辑**：姚　顺　**责任编辑**：姚　顺　陶　恒　**责任校对**：张会良　**封面设计**：七星博纳

**出版发行**：北京邮电大学出版社
**社　　址**：北京市海淀区西土城路10号
**邮政编码**：100876
**发 行 部**：电话：010-62282185　传真：010-62283578
**E-mail**：publish@bupt.edu.cn
**经　　销**：各地新华书店
**印　　刷**：保定市中画美凯印刷有限公司
**开　　本**：787 mm×1 092 mm　1/16
**印　　张**：12
**字　　数**：300千字
**版　　次**：2024年8月第1版
**印　　次**：2024年8月第1次印刷

ISBN 978-7-5635-7299-1　　定　价：58.00元

# 前　　言

作为传递电能和信号等的重要通道，柔性线缆越来越广泛地应用于复杂机电产品。随着虚拟现实、机器人和智能制造技术的发展，为改变目前柔性线缆以实物试装和手工敷设为主的落后现状，必须先在理论上解决柔性线缆的物性建模、交互式装配过程以及机器人自动敷设过程中的数字化仿真与优化等问题。

本书结合工程需求，对柔性线缆的物性建模与装配仿真技术进行介绍，围绕柔性线缆的物性建模、交互式虚拟装配仿真、机器人自动敷设仿真和实验技术等进行了系统研究，拟为机电产品研发中柔性线缆的装配工艺设计与机器人自动敷设提供有效的方法及工具支持。

本书共包含 12 章。第 1 章为概述，介绍了柔性线缆的概念、应用、设计与装配、虚拟装配仿真等方面的内容，并简要介绍了本书的内容和结构。第 2 章～第 5 章为柔性线缆的物性建模技术部分。其中，第 2 章介绍了线缆类柔性体的物性建模技术研究现状，包括一维柔性体和具有分支结构的柔性体的物性模型；第 3 章介绍了基于弯扭复合弹簧质点模型的单根线缆静力学建模技术；第 4 章介绍了基于多分支弹性细杆模型的分支线缆静力学建模技术；第 5 章介绍了基于离散弹性细杆模型的柔性线缆动力学建模技术。第 6 章～第 8 章为柔性线缆的交互式虚拟装配仿真技术部分。其中，第 6 章介绍了柔性线缆的交互式虚拟装配仿真技术研究现状，包括当前的一些商业化软件和国内外学者自主研发的仿真软件等；第 7 章介绍了单根线缆的交互式虚拟装配仿真技术；第 8 章介绍了分支线缆的交互式虚拟装配仿真技术。第 9 章～第 11 章为柔性线缆的机器人自动敷设仿真与实验技术部分。其中，第 9 章介绍了柔性线缆的机器人自动规划技术研究现状，包括线缆类柔性体的路径规划、运动规划、操作规划、装配规划、打结/解结等方面的研究；第 10 章介绍了柔性线缆的机器人自动敷设仿真技术；第 11 章介绍了柔性线缆的机器人自动敷设实验技术。第 12 章为趋势与未来部分，对本书内容进行了总结，对未来研究方向进行了展望。

本书的出版是国家自然科学基金项目（项目编号 52305524）和中央高校基本科研业务费（项目编号 2022RC23）资助的结果，在此表示衷心的感谢。

作者从在北京理工大学机械与车辆学院数字化制造实验室攻读博士，到毕业后在北京邮电大学智能工程与自动化学院工作期间，一直从事柔性线缆的物性建模与装配仿真等方面的研究工作。本书是在作者及其课题组多年来的研究成果上编写而成的，在此特别感谢导师刘检华教授的悉心指导和帮助。

由于作者的水平有限，书中难免有不足之处，恳请广大读者批评指正。

作　者

# 前 言

作 者

# 目　录

## 第二部分　柔性线缆的交互式虚拟装配仿真技术

## 第三部分　柔性线缆的机器人自动敷设仿真与实验技术

## 第四部分　趋势与未来

# 第1章 概　论

## 1.1　柔性线缆的概念

柔性线缆是机电产品中用于连接电气元器件、电气设备及控制装置的电线、电缆和线束(分支线缆)的统称。

(1) 电线

电线是指传输电能的导线,如图 1.1 所示,可分为裸线、电磁线和绝缘线[1]。裸线没有绝缘层,包括铜、铝等各种金属和复合金属圆单线、架空绞线以及各种型材(如型线、母线、铜排、铝排等),主要用于户外架空及室内汇流排和开关箱。电磁线是通电后产生磁场或在磁场中感应产生电流的绝缘导线,主要用于电动机和变压器绕圈以及其他有关电磁设备。绝缘线一般由导电线芯、绝缘层和保护层组成,广泛用于交流电压 500 V 以下和直流电压 1 000 V以下的各种仪器仪表、电信设备、动力线路及照明线路。

图 1.1　电线

(2) 电缆

电缆是指由两根或多根相互绝缘的导线(股线)绞合而成并有外包绝缘保护层的导体,是一种电能或信号传输装置,具有内通电、外绝缘的特征[2],如图 1.2 所示。

电线和电缆的区别:电线由一根或几根柔软的导线组成,外面包以轻软的护层;电缆由一根或几根相互绝缘的导体组成,外面再包以金属或橡皮制的坚韧外层。通常直径小、结构简单的叫“线”;直径大、结构复杂的叫“缆”。但随着使用范围的扩大,很多品种“线中有缆”

“缆中有线”，所以现在没有必要严格区分，可将电线和电缆统称为电线电缆，或线缆[1]。

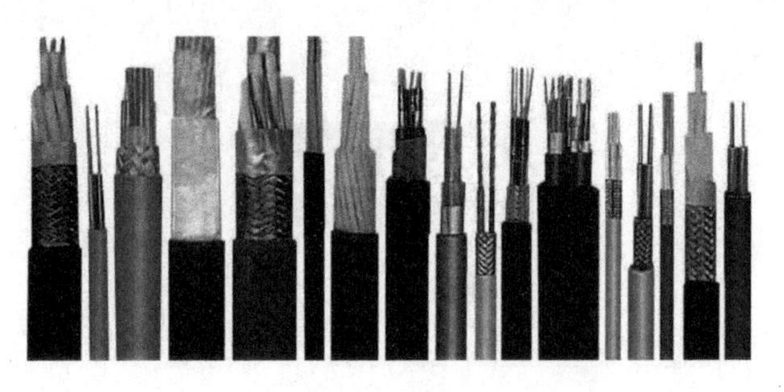

图 1.2 电缆

最复杂的电线电缆由导体、绝缘层、屏蔽层和保护层四部分组成[1]。其中，导体是电线电缆的导电部分，用来输送电能，是电线电缆的主要部分。绝缘层将导体与大地以及不同相的导体之间在电气上彼此隔离，保证电能的输送，是电线电缆结构中不可缺少的组成部分。15 kV 及以上的电线电缆一般都有导体屏蔽层和绝缘屏蔽层。保护层的作用是保护电线电缆免受外界杂质和水分的侵入，以及防止外力直接损坏电线电缆。

(3) 线束(分支线缆)

线束是电线电缆通过扎带、绑线、胶带、套管、管道、编织护套等组合在一起的组件，通常具有分支结构，所以也可以称为分支线缆，如图 1.3 所示。

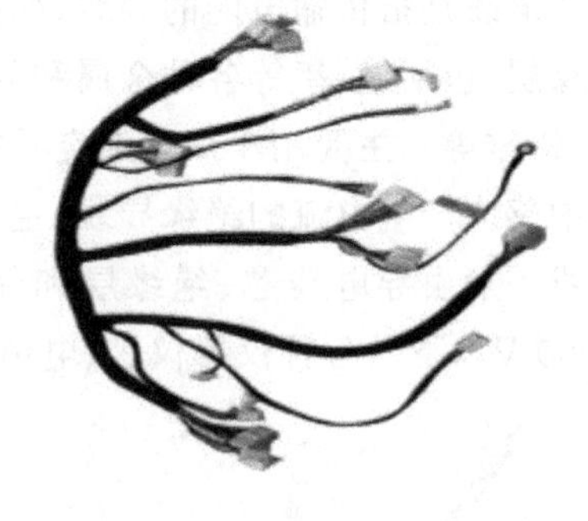

图 1.3 线束

## 1.2 柔性线缆的应用

随着电子信息技术的发展及其在机械制造领域中的应用，柔性线缆作为传输电能和信号等的重要通道，越来越广泛地应用于航空、航天、电子、车辆、船舶、家电等领域[3]，担负着电力输送、指令传输、信息交换等重要功能，成为机电产品的“血管”和“神经脉络”，是其不可或缺的重要组成部分。图 1.4 所示为机电产品中的柔性线缆，可见其数量繁多、分布复杂。

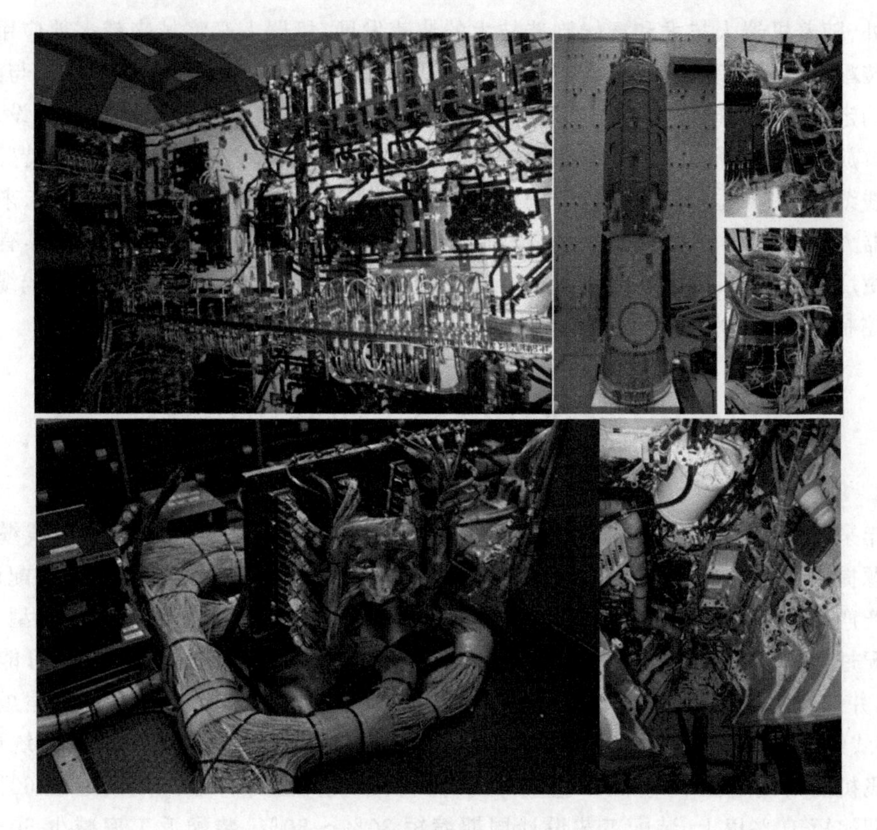

图 1.4 机电产品中的柔性线缆

# 1.3 柔性线缆的设计与装配

作为机电系统的重要组成部分,柔性线缆的设计和装配工作是一项繁杂而耗时的任务[4],在产品研发过程中占有相当大的比重[5]。与刚性结构件相比,线缆类柔性件的装配空间通常非常狭窄,所以其敷设和装配过程更加复杂和困难。柔性线缆设计的合理性和装配的可靠性,对产品的最终质量起着至关重要的作用。研究表明,机电产品中线缆的故障率很高[6],常出现线缆端部脱落、断线、弯曲损伤、夹伤、疲劳、外皮磨损、与突出结构件缠绕等问题[7]。一旦柔性线缆出现故障,将直接导致系统控制失灵或失去动力等严重后果,造成巨大的经济损失和人员伤亡。美国通用电气公司对以往研制的飞机发动机在使用中出现的故障进行了归纳总结,发现"空中停车"事件50%是由于外部导线、管路、传感器的损坏或失效引起的[8]。

目前柔性线缆传统的设计和装配工艺制定方法,通常是在物理样机上通过反复的手工试装实验完成的。这种方法需要制作结构件的物理样机,如果发现线缆布局不合理、无法完成敷设等问题,可能还需要进行一系列的结构整改。整个过程需要进行不断的重复测试,效率很低,同时增加了研发的时间和成本,而且难以保证最终的产品质量,导致了可靠性差等问题[9]。因此,更加有效的柔性线缆设计和装配手段、工具,成为当前的一个迫切需求。

此外，随着机器人技术和智能制造技术的快速发展，机器人必将越来越多地应用于柔性线缆的装配和敷设过程，改变目前线缆以实物试装和手工敷设为主的落后现状。与人相比，机器人的定位更加精确。用机器人取代部分人的工作，实现柔性线缆的自动化敷设，也能够大量地解放劳动力，降低人工成本。而对于处于高温、低温、辐射环境、外太空等特殊工况下的柔性线缆，也不再适合由人类进行操作，必须由机器人完成自动敷设。因此，未来柔性线缆的机器人自动敷设，是解决当前线缆敷设问题的关键技术之一。但由于线缆具有高柔性和高自由度等特点，目前柔性线缆的机器人自动敷设技术仍面临着重大的挑战，线缆的机器人精确控制问题是必将面临的重点和难点。

## 1.4 柔性线缆的虚拟装配仿真

近年来，计算机辅助设计(CAD)技术和虚拟现实(VR)技术的发展，为解决线缆设计和装配问题提供了一条有效的途径。利用计算机，在虚拟环境下进行线缆的虚拟装配仿真，不需要生产产品的实物样机，在设计阶段就能基于产品的虚拟样机和线缆的物理模型，进行线缆的装配过程仿真和装配工艺的快速制定，提前发现和预测线缆在实际装配中可能会出现的问题，并通过修改产品结构和布线方案等方法来解决问题，从而能够大大地缩短设计周期，提高线缆的一次装配成功率，减少返工率，降低成本，提高产品质量[10]。资料统计显示：在现代飞机的研制过程中，装配工艺设计与仿真技术使典型部件装配周期缩短 60%，飞机装配周期缩短 10%以上，装配工艺设计周期缩短 30%～50%，装配返工率减少 50%，装配成本减少 20%～30%，飞机整体装配效率与质量大幅地提高[11]。因此，在虚拟环境下进行柔性线缆的装配仿真是提高柔性线缆装配效率和质量的有效手段。

## 1.5 本书内容和结构

柔性线缆在机电产品中应用广泛，但由于线缆具有高自由度和高柔性的特点，在其装配和敷设过程中经常遇到各种约束，增加了线缆装配和敷设的难度。目前，虚拟现实技术和机器人技术的发展，为在虚拟环境下进行线缆的交互式装配仿真和机器人自动敷设仿真提供了可能。

本书主要针对柔性线缆的物性建模与装配仿真技术进行介绍，分为柔性线缆的物性建模技术、柔性线缆的交互式虚拟装配仿真技术、柔性线缆的机器人自动敷设仿真与实验技术、趋势与未来四个部分。

(1) 柔性线缆的物性建模技术

第一部分柔性线缆的物性建模技术，是在虚拟环境下进行线缆装配仿真的基础。本书的第 2 章～第 5 章介绍柔性线缆物性建模技术的有关内容。其中，第 2 章介绍线缆类柔性体的物性建模技术研究现状；第 3 章介绍基于弯扭复合弹簧质点模型的单根线缆静力学建模技术；第 4 章介绍基于多分支弹性细杆模型的分支线缆静力学建模技术；第 5 章介绍基于离散弹性细杆模型的柔性线缆动力学建模技术。

(2) 柔性线缆的交互式虚拟装配仿真技术

第二部分通过对柔性线缆交互式虚拟装配仿真技术的介绍,为工程中柔性线缆的装配工艺过程分析提供较为先进的技术及工具支持。本书的第 6 章～第 8 章介绍柔性线缆交互式虚拟装配仿真技术的有关内容。其中,第 6 章介绍柔性线缆的交互式虚拟装配仿真技术研究现状;第 7 章介绍单根线缆的交互式虚拟装配仿真技术;第 8 章介绍分支线缆的交互式虚拟装配仿真技术。

(3) 柔性线缆的机器人自动敷设仿真与实验技术

第三部分通过对柔性线缆机器人自动敷设仿真与实验技术的介绍,为工程中柔性线缆的机器人自动敷设过程分析提供较为先进的技术及工具支持。本书的第 9 章～第 11 章介绍柔性线缆机器人自动敷设仿真与实验技术的有关内容。其中,第 9 章介绍柔性线缆的机器人自动规划技术研究现状;第 10 章介绍柔性线缆的机器人自动敷设仿真技术;第 11 章介绍柔性线缆的机器人自动敷设实验技术。

(4) 趋势与未来

第四部分趋势与未来。本书的第 12 章为柔性线缆物性建模与装配仿真技术的总结与展望,对全书内容进行总结,并对后续的研究方向进行展望和设想。

# 第一部分　柔性线缆的物性建模技术

# 第2章

# 线缆类柔性体的物性建模技术研究现状

## 2.1 引　言

柔性线缆的建模技术是在虚拟环境下进行线缆仿真的基础。只有线缆模型能够准确而快速地模拟线缆的变形，才能保证线缆仿真的可靠性和实时性。

与布料和人体组织等柔性体相比，线缆最大的特点在于其长度远大于截面尺寸，这与软管、绳子、手术缝合线、导管导丝、头发等物体相似。为了方便起见，可以将这类可变形体称为线缆类一维柔性体。

除了无分支的一维柔性体外，工程中还存在大量具有分支结构的线束（分支线缆）。分支线缆的结构与网络、植物等类似，可统称为线缆类分支柔性体，其与线缆类一维柔性体可统称为线缆类柔性体。

不同于刚性体，线缆类柔性体具有柔性，其形状可能会随着外界条件的变化发生很大的变化，因此建模难度较大。早期线缆类柔性体的模型主要是几何模型，通常用折线段或样条曲线（如 Bézier 曲线、B 样条曲线或 NURBS 曲线等）来表示其中心线[12-15]。目前，大多数商业三维 CAD 软件也将线缆类柔性体表示为几何曲线。然而，这些几何模型由于没有考虑线缆类柔性体的物理特性，因此无法非常准确地模拟它们的变形[16]。

近年来，线缆类柔性体的物性建模技术成为国内外学者研究的重点。线缆类柔性体的物性模型由于考虑了重力、拉压、弯曲和扭转等物理特性，所以能够更加真实地模拟它们的变形。但线缆类柔性体的模型表达一方面需要真实地表达柔性体的空间形态和物理特性，满足真实性要求；另一方面需要满足虚拟现实系统的实时性要求，即求解速率能够满足虚拟装配仿真的操作要求。由于真实性和实时性之间往往存在着天然的矛盾，需要在两者之间进行权衡，因此线缆类柔性体的物性建模技术存在一定的难度。

下面分别对线缆类一维柔性体和线缆类分支柔性体的物性建模技术的研究现状进行总结和分析。

## 2.2 线缆类一维柔性体的物性建模技术

目前针对线缆类一维柔性体的物性建模有多种不同的方法，这些模型大致可以分为两大类：离散模型和连续模型。更详细地说，可以分为弹簧质点模型、多刚体段模型、弹性细杆模型、动态样条模型和有限元模型等。其中，弹簧质点模型和多刚体段模型都属于离散模型。弹性细杆模型最初是一种连续模型，但后来许多学者提出了离散弹性细杆模型以加快计算速度。动态样条模型改变了弹性细杆模型的几何表示形式，可以说是一种连续模型。有限元模型由于其网格划分的方法，本质上也是一种离散模型。

从另一个角度看，这些模型又可分为静力学模型和动力学模型。前者通常使用能量最小化[17,18]和打靶法[19]等方法来求解，而后者则需要通过数值积分方法来求解运动方程（常微分方程）[20-22]。数值积分方法可以分为一阶方法（如 Euler 方法[20,23]）、二阶方法〔如 Störmer-Verlet（辛 Euler）方法[24,25]〕和高阶方法（如 Runge-Kutta 方法[26,27]），也可以分为显式（正向）方法[20,26,27]，隐式（后向）方法[23,28-32]和隐式-显式（后向-前向）方法[24,33-37]。显式方法是根据当前的系统状态计算系统以后的状态。这种方法简单、直观、快速、易于实现，但存在稳定性问题，仅在一定的条件下，即当时间步长小于稳定阈值时，才能稳定，不适用于刚性过大的系统。隐式方法在鲁棒性方面具有较大的优越性，即使用于刚性系统和大时间步长的情况也可以保持稳定，但这种增益的代价是需要额外的计算量（在每次迭代时都需要求解运动方程）和为系统增加阻尼，相比而言实现起来更加困难。隐式-显式方法的基本思想是将常微分方程的刚性部分和非刚性部分分开处理，用隐式方法处理刚性部分，用显式方法处理非刚性部分，将隐式方法的稳定性和显式方法的高效性结合了起来。

为了方便起见，线缆类一维柔性体的不同物性模型的代表人物及其各自的优缺点在表 2.1 中进行了总结[38]。

总的来说，弹簧质点模型和多刚体段模型的建模方式比较简单直观，计算效率较高，但两者都是简化的理论模型，精度有限，真实性不足。弹性细杆模型和动态样条模型具有较好的理论基础，可以得到更加精确的结果，但与前两种模型相比，它们的计算量相对较大，在相同条件下会占用更多的内存，并可能导致计算速度的降低。有限元模型是最真实、精度最高的模型，但它的计算量很大，不适用于实时仿真。

下面对这些物性模型的研究现状进行更加详细的综述。

**表 2.1　线缆类一维柔性体的物性建模技术研究现状**

| 物性模型 | 代表人物 | 优点 | 缺点 |
|---|---|---|---|
| 弹簧质点模型 | Haumann[39]、Provot[40]、Loock[41]、Lv[42] | 应用广泛；建模简单，易于实施；计算效率较高；占用内存较少 | 简化理论模型；真实性不足 |
| 多刚体段模型 | Hergenröther[17]、Hadap[43]、Redon[44]、Choe[23]、魏发远[45]、Servin[24] | 建模简单；建模方式直观；计算效率较高；占用内存较少 | 简化理论模型；真实性不足 |

续 表

| 物性模型 | 代表人物 | 优点 | 缺点 |
| --- | --- | --- | --- |
| 弹性细杆模型 | Pai[19]、Bertails[46]、Grégoire[18]、Spillmann[47]、Bergou[25]、Lang[48]、Linn[49] | 理论基础良好;精度较高,较真实 | 计算量较大;计算效率较低;占用内存较多 |
| 动态样条模型 | Terzopoulos[50]、Nocent[51]、Lenoir[52]、Theetten[26]、Echegoyen[53]、Valentini[54] | 理论基础良好;连续模型;精度较高,较真实 | 计算量较大;计算效率较低;占用内存较多 |
| 有限元模型 | Léon[55]、Kaufmann[56]、Wang[57]、Greco[58] | 精度高;结果真实 | 计算量大;不适用于实时仿真 |

## 2.2.1 弹簧质点模型

弹簧质点模型将线缆类一维柔性体视为由离散质点和各种类型的无质量弹簧组成,通过质点与弹簧之间的受力关系建立平衡方程并进行求解,计算满足平衡条件的质点位置从而求得线缆类一维柔性体的姿态。该模型具有建模简单、直观、易实施、实用性强等特点,因此广泛应用于计算机图形学中,例如对线缆、头发[59]、布料[28,40,60,61]、组织[62]等一维、二维和三维可变形体[63]的模拟。

弹簧质点模型从很早开始就被学者们用于可变形物体的建模。1988年,Haumann等[39]用线性弹簧“linear springs”连接质点,组建了一个仿真测试平台,如图2.1(a)所示。根据牛顿运动定律,质点在外力的作用下会发生运动。1995年,Provot等[40]改进了该弹簧质点模型,通过在相隔两个质点之间添加线性弹簧“flexion springs”的方式来表达柔性体的弯曲行为,如图2.1(b)所示,并在布料的仿真中取得了良好的弯曲效果,如图2.2(a)所示。但这种方法存在一个缺点,当两离散段间的夹角较小时,线性弹簧的长度是基本不变的,这就导致回复力太小。为了克服这一缺点,Loock等[41]再一次改进了该模型,用附加在质点上的弯曲弹簧“torsion springs”代替相隔两质点间的线性弹簧“flexion springs”来表达柔性线缆的弯曲行为,如图2.1(c)所示,并在不同重力和材料属性的线缆仿真中取得了更好的弯曲效果,如图2.2(b)所示。后来,作者[42]在此基础上为每个线缆段上添加了扭转弹簧来表达线缆的扭转变形,如图2.1(d)所示,并将该模型用于柔性线缆的装配仿真,取得了较好的扭转效果,如图2.2(c)所示。

总的来说,弹簧质点模型具有建模简单、易于实施、计算效率较高、占用内存少等优点,应用范围比较广。但它是一种简化的理论模型,存在对柔性体物理特性的简化,所以不能非常真实地表达柔性体的空间形态,在模型真实性上仍有不足。

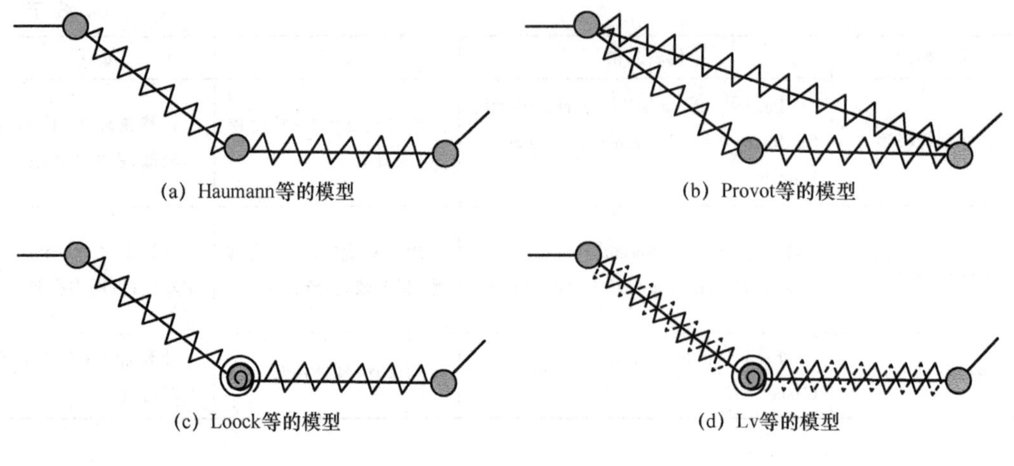

(a) Haumann等的模型　(b) Provot等的模型

(c) Loock等的模型　(d) Lv等的模型

图 2.1　弹簧质点模型

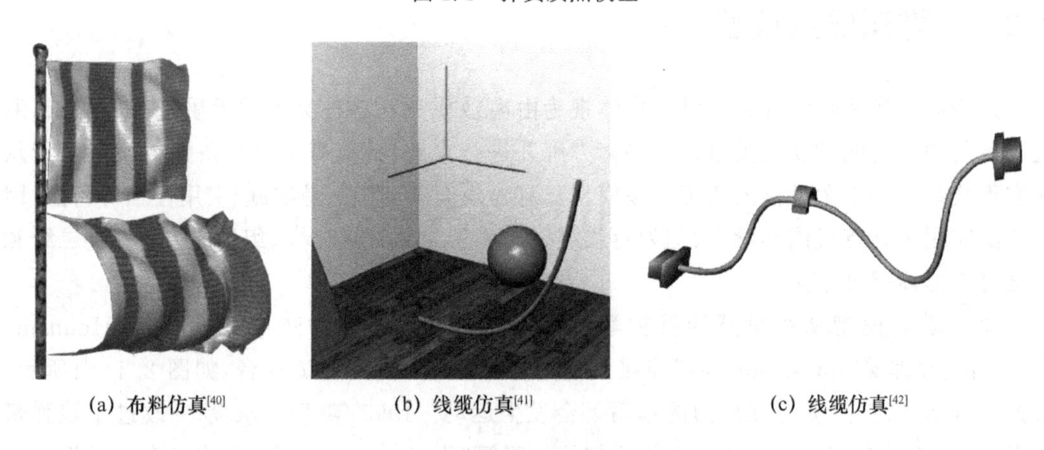

(a) 布料仿真[40]　(b) 线缆仿真[41]　(c) 线缆仿真[42]

图 2.2　弹簧质点模型的应用

### 2.2.2　多刚体段模型

多刚体段模型将线缆类一维柔性体进行分段,并对各个刚性段进行连接形成铰接链。该方法来自机器人领域,通常采用机器人逆运动学[17,64]或多体系统动力学[44,65](包括基于约束的方法[32]和基于脉冲的方法[66]等)等方法进行求解。

为了描述柔性体的物理特性,多刚体段模型经常与弹簧质点模型相结合,在模型中加入弹簧。例如,Hergenröther 等[17]针对定长线缆,提出了虚拟线缆的概念,用球形结点连接一系列的等长圆柱段构成线缆模型,并在每个结点上放置一个卷簧“spiral springs”,以表示线缆的弯曲变形,如图 2.3(a)所示。线缆形态的求解是用逆运动学方法求解模型总能量的最小值,即各圆柱段的势能和各卷簧的弹性势能之和的最小值,并且为了实现实时性要求,采用了逐级细分的方法,图 2.4(a)展示了他们在虚拟环境下实时模拟线缆形态的结果。Choe 等[23]改进了多刚体链模型[43],不再采用刚性约束铰接方法,而是在相邻两链节间添加了线性弹簧“linear springs”和角度弹簧“angular springs”,如图 2.3(b)所示。他们用隐式 Euler 方法进行求解,提高了求解效率,并将该模型用于模拟头发的动态运动,包括头发的弯曲和扭转变形，如图 2.4(b)所示。

魏发远等[45]和何大闯等[67]将线缆看作用关节连接刚性杆件而成的蛇形机器人或机械臂，根据首端与末端的相对位姿，用逆运动学方法求解线缆的平衡态。这类方法对线缆变形的物理属性考虑较少，变形仿真与真实线缆有一定的差别。Servin 等[24]将一种角度约束“angular constraint”引入刚性体链，以表征线缆的拉伸、弯曲、扭转特性，如图 2.3(c)所示。他们用一种集合方案进行模型求解，用 Störmer-Verlet 方法求解动力学方程，用线性隐式 Euler 法求解约束方程，对起重机工作过程中线缆的形态进行了实时仿真，如图 2.4(c)所示。

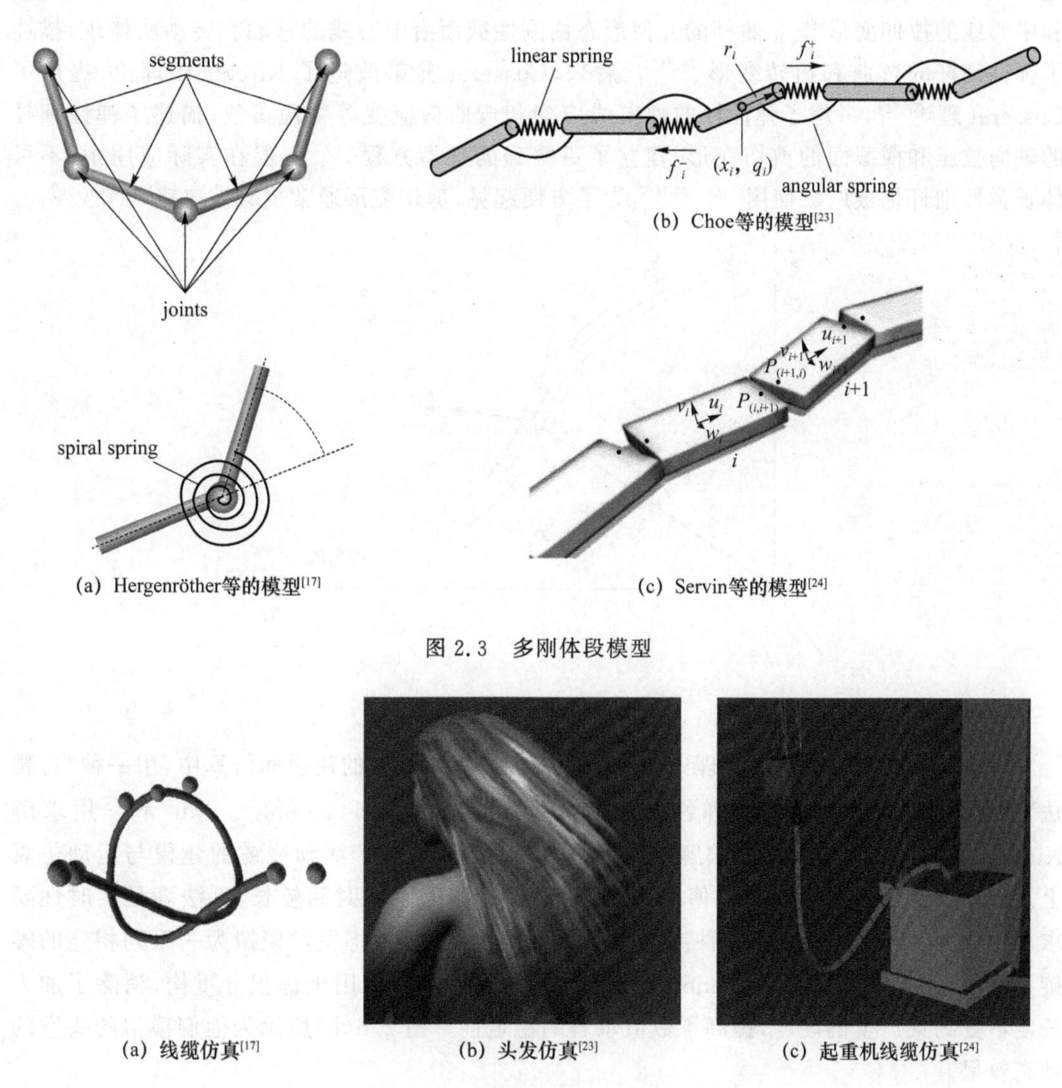


(a) Hergenröther等的模型[17]

(b) Choe等的模型[23]

(c) Servin等的模型[24]

图 2.3　多刚体段模型

(a) 线缆仿真[17]

(b) 头发仿真[23]

(c) 起重机线缆仿真[24]

图 2.4　多刚体段模型的应用

与弹簧质点模型一样，多刚体段模型也是一种离散模型。它的建模方式非常直观，比较简单，计算效率也较高，实时性较好，占用内存较少。但它也是一种简化的理论模型，需要通过添加弹簧或约束等方式来描述柔性体的物理特性，缺乏理论基础，导致模型的精确度有限，真实性不足。

### 2.2.3 弹性细杆模型

弹性细杆模型从连续介质力学的角度出发，将线缆类一维柔性体看作细长的弹性杆，并对其变形进行建模。1859 年，Kirchhoff 根据弹性杆的平衡微分方程与经典力学中的刚体定点转动微分方程之间的相似性，提出了弹性杆平衡的动力学比拟理论[68]。他认为弹性杆可以由横截面和通过各横截面几何中心的中心线组成，如图 2.5 所示。他假设横截面为刚性平面，与中心线正交，任意两截面沿中心线的距离保持不变，即忽略弯曲引起的剪切变形和中心线的拉伸变形[69]。曲杆的几何形态由刚性截面沿中心线的移动和转动所体现，描述了弹性细杆的弯曲和扭转变形[70,71]。后来，Cosserat 兄弟改进了 Kirchhoff 理论，提出了 Cosserat 理论[72]，考虑了弹性杆的轴向线应变和弯曲剪应变等物理参数，描述了弹性细杆的轴向拉压和横截面的剪切变形，建立了更精确的平衡方程[73-75]。但在实际应用中，不可伸长弹性细杆仍被广泛使用[18,25,76-78]，为了方便起见，剪切变形通常也会被忽略[25,46,47,76]。

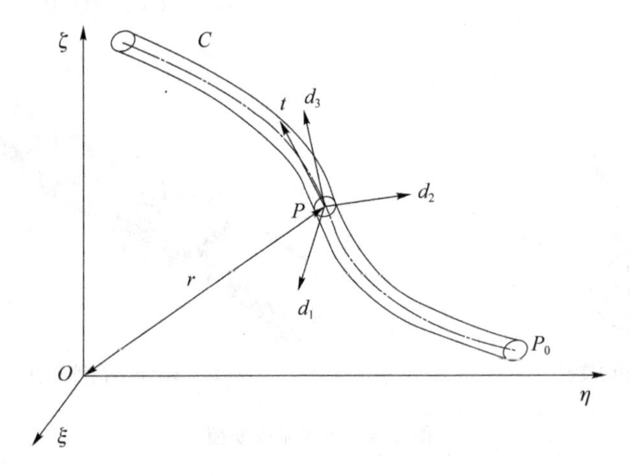


图 2.5 弹性细杆模型

Pai 等[19]首先将弹性细杆理论用于手术缝合线等柔性体的建模和仿真中，用一种“打靶法”求解常微分方程以获得弹性杆的静态外形，如图 2.6(a)所示。Liu 等[77]用求解 Kirchhoff 微分方程组的方法求解线缆形态，并将其运用到了活动线缆的建模与运动仿真上。但该方法求解所需要的初值往往难以给定，所需的求解时间较长，无法满足实时性要求。Bertails 等[46,79]提出了一种离散和连续相结合的模型，将发丝模拟为一系列相连的螺旋曲线段，并提供了求解 Kirchhoff 方程的离散方法，采用通用坐标积分重构，消除了加入长度不变约束产生的硬度，提高了数值求解的稳定性。图 2.6(b)所示为他们模拟的头发的动态效果。

Grégoire 等[18]采用通用弹簧质点模型表达线缆的外形，并用 Cosserat 理论对线缆的弯曲和扭转进行建模，通过能量最小化过程求解线缆类一维柔性体的平衡状态，这种方法避免了动力学模型中的振动现象，因此具有较好的稳定性。图 2.6(c)所示为他们对线缆或软管的交互式仿真结果。Spillmann 等[47]推导出弹性细杆的连续能量表达式，通过模型离散计算出每个单元具有的能量，并由拉格朗日方程得到弹性细杆的动力学微分方程，求解得到弹性细杆的动态仿真,如图2.6(d)所示。Lang等[48,80]提出了一种半离散黏弹性Cosserat杆模型,实现了对弹性杆实时而准确的动力学仿真。

Bergou等[25]和Jawed等[81]采用离散微分几何的方法,提出了弹性细杆"曲线-角度"的表示方法,以最少自由度的简化坐标系表示柔性体的中心线,以角度标量表达柔性体的材料框架,避免了变量的冗余以及横截面与中心线正交的硬化约束,并将这种方法用于弹性细杆的打结仿真[25]〔如图2.6(e)所示〕和黏性线丝的仿真[29,37]。黄劲等[82]采用类似的建模方法,针对大步长、准静态线缆的变形模拟,提出了一个稳定快速的静力学优化策略,并着重研究了接触处理这一关键问题。Bretl等[83]利用该模型求解准静态操作下线缆类一维柔性体的平衡态,主要针对相同端部约束下线缆类一维柔性体的多构型问题进行了研究。Linn等[49]将Bergou等的离散弹性细杆模型扩展为可剪切的Cosserat杆理论,并将其应用于汽车工业中柔性线缆的交互模拟,如图2.6(f)所示。

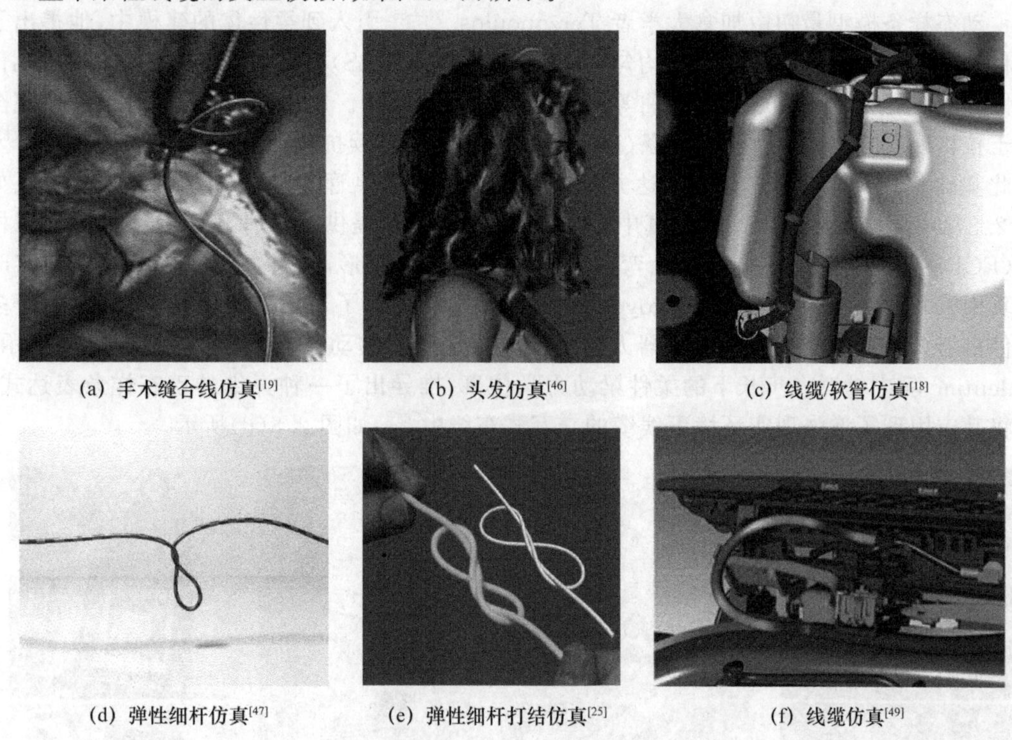

(a) 手术缝合线仿真[19] (b) 头发仿真[46] (c) 线缆/软管仿真[18]

(d) 弹性细杆仿真[47] (e) 弹性细杆打结仿真[25] (f) 线缆仿真[49]

图2.6 弹性细杆模型的应用

综上所述,弹性细杆模型具有良好的理论基础,能够准确地描述应力和应变之间的关系,考虑了线缆类一维柔性体较多、较全面的物理特性,因此精度较高,能够比较真实地表达线缆类一维柔性体的变形。但该模型的计算量较大,对求解方法的要求较高,因此计算效率较低,占用内存较多。

## 2.2.4 动态样条模型

动态样条模型用样条曲线来表示线缆类一维柔性体的中心线,如图2.7所示,并赋予样条曲线以质量、变形能等物理属性,使其在外力和约束作用下的变形符合物理定律,从而求解柔性体的变形过程。

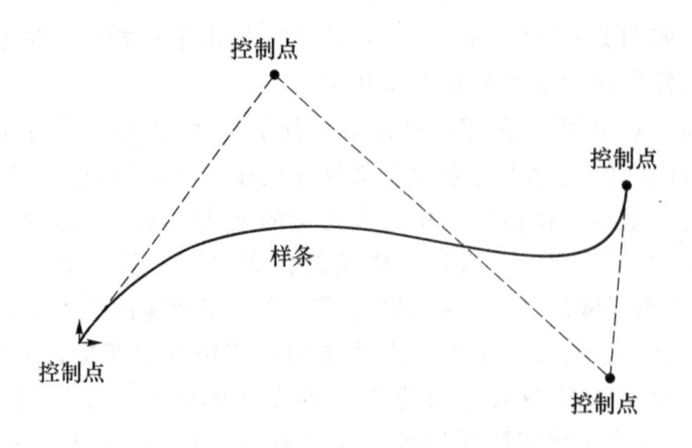


图 2.7　动态样条模型(样条曲线)

动态样条模型最初由加拿大学者 Terzopoulos[50,84-86]引入到柔性体的建模中,他提出了一种基于拉格朗日力学的动态非均匀有理 B 样条(DNURBS)模型,首次将样条曲线的几何特性与曲线的质量、抗拉伸、抗弯曲等物理变形能结合起来。Nocent 等[51]提出了一种完全基于拉格朗日方程的动态材料样条(DMS)模型,定义了连续抗拉能量表达式。Lenoir 等[52]在此基础上,定义了弯曲能量表达式,并将其应用到了导管和导丝的实时操作仿真〔如图 2.8(a)所示〕和自适应打结仿真中[87]。Theetten 等[26]提供了一种几何上精确的动态样条(EGDS)模型,考虑了材料拉伸、弯曲和扭转的弹塑性变形,并将其应用到了线缆的实时仿真中,如图 2.8(b)所示。Echegoyen 等[53]对该模型进行了适当的拓展,并将其应用于多组件机器人系统中连接各移动机器人的柔性电线或软管的动态模拟中,如图 2.8(c)所示。Valentini 等[54]针对大步长下的柔性梁动力学仿真,推导出了一种详细的动态样条表达式,并将其应用到了增强现实环境下线缆的交互式布线中[88],如图 2.8(d)所示。

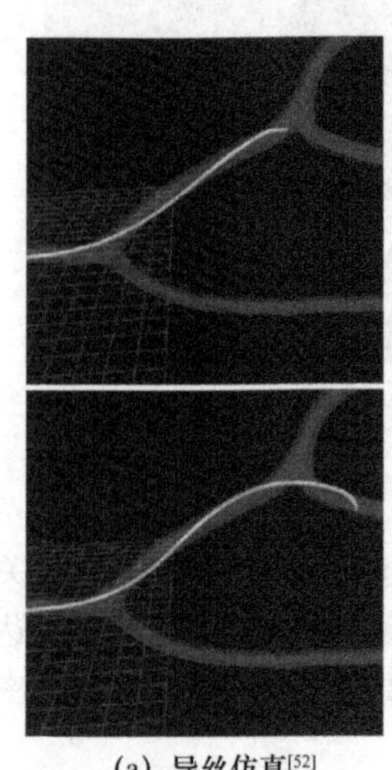

(a) 导丝仿真[52]

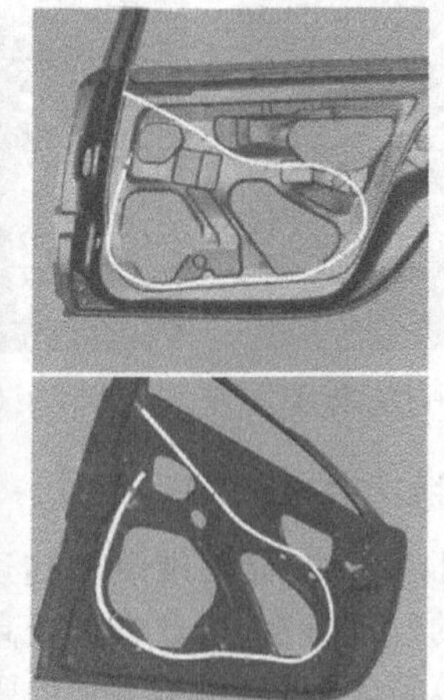

(b) 线缆仿真[26]

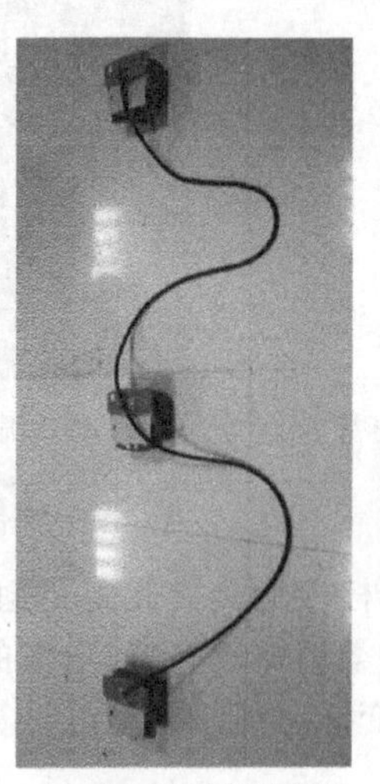

(c) 机器人软管仿真[53]

(d) 布线仿真[88]

图 2.8　动态样条模型的应用

动态样条模型是一种连续模型,后期借鉴了弹性细杆模型的相关理论,提供了一种更加精确的几何表示方法。对于特定的目标精度,与其他使用分段常数或线性逼近的方法相比,它能够潜在地减少需要求解的数值问题。但该模型的计算量也较大,对求解方法的要求较高,计算效率较低,仍会占用较多的内存。

## 2.2.5 有限元模型

有限元模型将连续的物体通过网格划分离散成由节点连接在一起的有限个单元，使无限自由度问题转换成有限自由度问题，再利用力学原理近似地求解出应力和变形等未知量。常用的有限元软件包括 ABAQUS、ANSYS、LS-DYNA、HyperMesh 等。

有限元法的应用非常广泛，同样适用于线缆类一维柔性体的建模。例如，Léon 等[55]用有限元模型对机械柔性零件，如油管等，进行了建模。他们介绍了一种基于油管自由曲面几何模型的双重力学模型，然后通过最小化一个包含施加在油管结构上的外力和反映使用者行为的边界条件的函数，建立了变形准则，并用力学和实验方法研究了虚拟现实环境下柔性零件的装配和拆卸操作仿真。Andreu 等[89]和 Yang 等[90]用悬臂链单元法对线缆索结构进行了分析与研究。Kaufmann 等[56]采用一种非连续 Galerkin 有限元模型(DG-FEM)对柔性体进行了建模，突破了传统连续 Galerkin 有限元方法(CG-FEM)的一些局限性，增加了仿真的灵活性，图 2.9 展示了他们的仿真结果，变形杆在弯曲过程中能够进行动态的细化，说明该方法能够处理柔性体的自适应网格细化。Wang 等[57]在高速公路绳索路栏的碰撞模拟和分析中，针对绳索和钩头螺栓等细长零件提出了一种梁单元有限元模型，如图 2.10 所示，并将这种梁单元模型与传统的壳单元模型和实体单元模型在稳定性、准确性和效率等方面进行了比较，对该模型的优缺点进行了探讨。

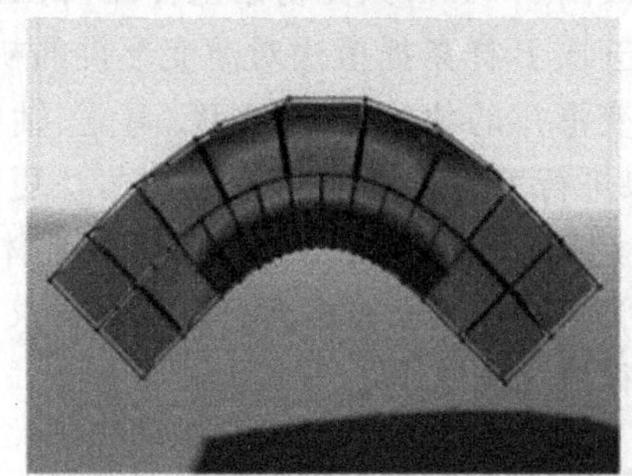
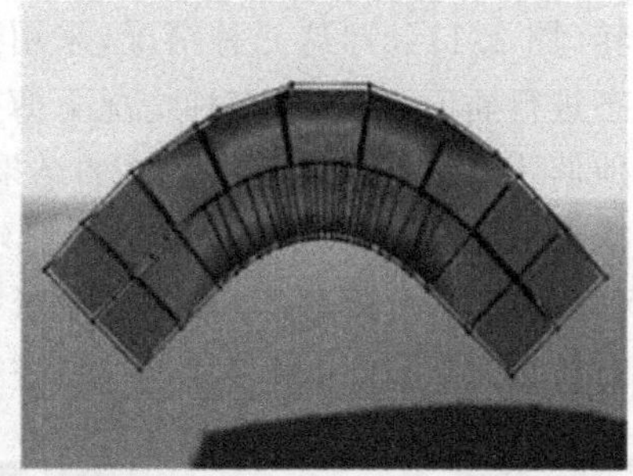

图 2.9 Kaufmann 等的仿真[56]

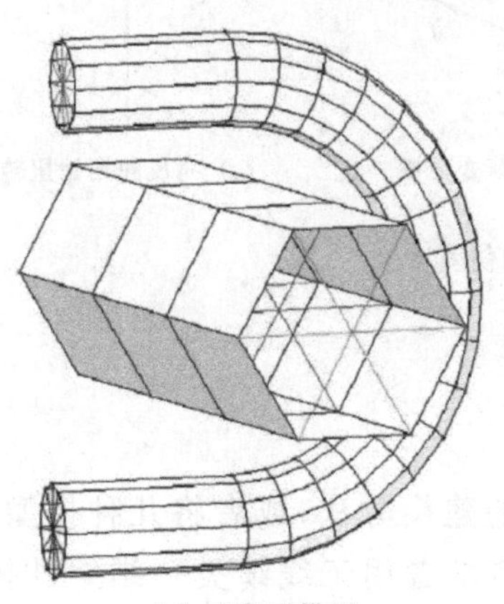
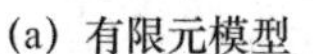

(a) 有限元模型

(b) 绳索路栏

图 2.10 Wang 等的仿真[57]

网格生成是有限元方法的基础，但该过程存在许多不可避免的问题。首先，有限元计算结果的精度与网格的分辨率有关，网格越细，计算结果的精度就越高，但计算时间和所需内存也会增加。其次，网格的不连续性会导致应力不连续，在大变形情况下网格单元的过度变形会导致精度的严重损失。最后，网格划分需要基于几何模型，如果几何模型发生变化，网格将不得不重新生成，而这需要花费很多时间。

由于上述网格划分的不足，Hughes 等[91]在 2005 年提出了等几何分析的概念。等几何分析方法与有限元方法有许多相似之处，可以看作有限元方法的发展。该方法可直接与 CAD 中的几何模型相结合，通过引入等参的概念，将几何信息作为有限元分析的输入信息，定义了场变量，从而大大地减少了网格生成所需的时间。该方法是一个精确的几何模型，使用了由 NURBS(非均匀有理 B 样条线)生成的有理基函数。即使网格非常粗糙，该方法也能够精确地描述几何结构，具有较高的数值精度；并且可以对基函数进行细化，提高它们的阶数，在保持模型在所有级别上的精确几何体的同时，给出更精确的结果。Hughes 等提出了有限元 h-精化(节点插入)和 p-精化(阶数提升)方法的类比，并提出了一种更高效、更高阶的 k-精化方法，该精化过程可以简单而快速地完成，无须与 CAD 系统进行交互。

许多其他的研究人员基于 Hughes 等的方法对等几何分析方法进行了研究。例如，Greco 等[58]使用 B 样条和 Bezier 插值方法，在 Kirchhoff-Love 假设下对具有几何扭转的三维变形杆进行了等几何分析。图 2.11 是他们的一个例子，一个两端固定的承受恒定分布垂直力的薄变形拱。他们考虑了有正向初始扭转〔图 2.11(a)〕、无初始扭转〔图 2.11(b)〕和有反向初始扭转〔图 2.11(c)〕这三种情况，采用五次 B 样条插值法对薄变形拱的初始形态和变形后的形态进行插值，得到了三种情况下薄变形拱的位移、扭转角度、弯矩、轴向力、扭矩和剪切力。他们还将轴向力与有限元法的结果进行了比较，证明了他们的方法更精确。

有限元模型和后来的等几何分析方法能够精确地计算出线缆类一维柔性体的变形结果，但由于网格数量大、计算量大、计算效率低、消耗时间长，较难满足实时性要求，因此通常不适用于实时仿真，但可以用来与其他模型进行对比验证[54]。

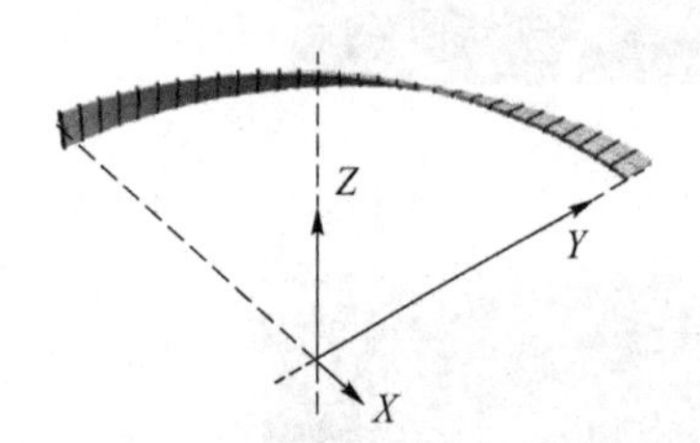

(a) 有正向初始扭转的薄变形拱

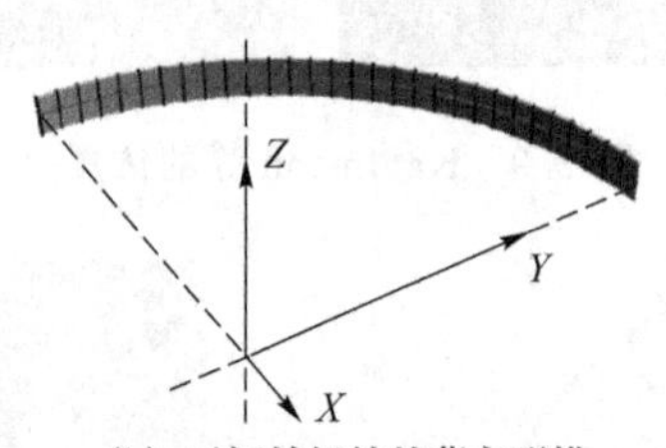

(b) 无初始扭转的薄变形拱

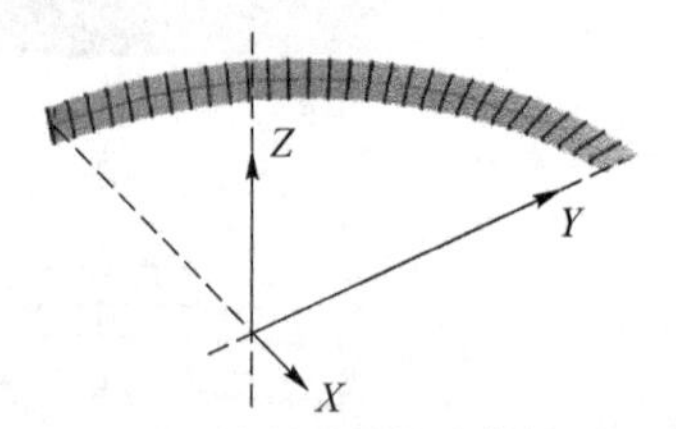

(c) 有反向初始扭转的薄变形拱

图 2.11 Greco 等的仿真[58]

### 2.2.6 其他模型

除了以上模型，也有一些研究者采用了不同的建模方法，或者将几种模型进行了综合[17]。比如，Euler-Bernoulli 梁理论[92,93]已被许多学者用于线缆类一维柔性体的建模。Rabaetje 等[94]采用梁模型对柔性软管进行了建模，并将其应用在了虚拟现实环境下软管的装配仿真中。他们用几个同向旋转的梁单元组成一个柔性软管，每个梁都有两个独立的坐标系,包括节点坐标系和位于梁单元中间的单元坐标系。利用 Euler-Bernoulli 假设,可以得到整个软管的变形。Luo 等[95]基于物理梁弯曲模型,在虚拟装配仿真过程中通过触觉反馈计算接触力来模拟弹性软管的顺应运动,他们更侧重于描述弹性软管的弯曲行为。Nguyen 等[96]提出了一种部分柔性杆模型来模拟柔性杆或纤维的伸长、弯曲和扭转变形。他们使用离散单元法将其视为一个由虚拟的 Euler-Bernoulli 梁单元连接而成的离散质点链,如图 2.12(a)所示。梁的端部随着质点平移和旋转,梁的总变形是其伸长、弯曲和扭转变形的叠加。他们研究了由此产生的回复力、弯矩和扭矩,并进行了悬臂梁和简支梁的挠度测试,以及悬臂梁的振动测试,以验证其模型,如图 2.12(b)所示。

Wakamatsu 等[97,98]在微分几何方法的基础上,建立了一维柔性体(如线缆和细绳)的静态和动态建模方法。他们的模型类似于弹性细杆模型,也可以用来模拟柔性体的弯曲、扭转和拉伸变形。他们将该方法应用到了线缆类一维柔性体的抓取操作和路径规划仿真中。

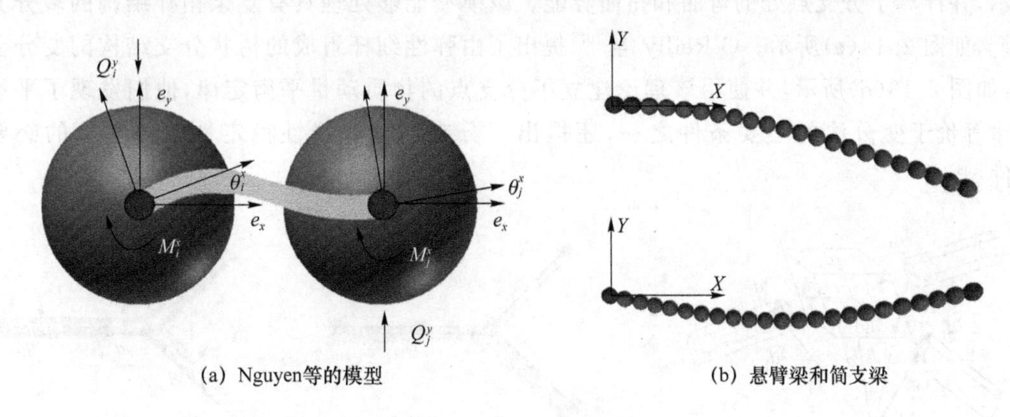


(a) Nguyen等的模型　　(b) 悬臂梁和简支梁

图 2.12　Nguyen 等的仿真[96]

## 2.3　线缆类分支柔性体的物性建模技术

分支线缆物性建模的关键在于分支结构的处理。目前,关于分支线缆的研究很少,但其他分支结构,如网络和植物等,可以作为分支线缆建模的参考。因此,作者在此介绍线缆类分支柔性体的物性建模方法。

目前,大多数研究人员通过对一维柔性体的物性模型进行扩展来建立分支结构的物性模型,以模拟分支柔性体的变形。例如,王志斌等[99]在弹簧质点模型的基础上考虑了分支点的情形,建立了分支线缆的弹簧质点模型,并将该模型用于分支线缆的装配仿真。Hadap 等[32]将多体模型扩展到具有分支结构的多体系统中,用来模拟绳类结构的动力学行为。Weinstein 等[100]使用最大坐标和基于脉冲的方法对铰接刚体进行动力学模拟,这种方法也适用于任意的没有特殊情况的环状和分支结构。Theetten 等[101]引入了融合约束,将可变形的一维单元组合在一起,形成复杂的分支结构,如线缆树和绳桥。

弹性细杆模型也被广泛用于对分支结构的建模中。例如,Nadler 等[102]扩展了弹性细杆的 Cosserat 理论,提出了 Cosserat 结点(可变形长方体)理论,以模拟非线性弹性细杆和梁。他们使用柔性 Cosserat 结点，即一个只有均匀变形的特定 Cosserat 点，在任意方向连接有限数量的梁，如图 2.13(a)所示。Bergou 等[103]将多根弹性细杆在分支点处耦合，模拟了强风下具有多个 T 形分支的树状结构的弯曲和扭曲变形，如图 2.14(a)所示。Hermansson 等[104]用类似的方法，对汽车产品中线束的自动装配规划进行了研究，如图 2.14(b)所示。Bertails 等[79]扩展了他们的超级螺旋模型，将内力作为分支点的边界条件，也就是说，他们将父分支的内力设为各子分支的内力之和，以模拟超级螺旋的树状结构，如图 2.14(c)所示。Spillmann 等[105]扩展了弹性细杆模型，如图 2.13(b)所示，并将其用于 Cosserat 网的建模和模拟，Cosserat 网是由具有分支拓扑结构的弹性结点连接弹性细杆组成的网络，如图 2.14(d)所示。Lv 等[106]提出了一种基于 Cosserat 弹性细杆模型的多分支线缆分支点建模方法，考虑了多分支电缆的拓扑结构、内在结构和电通信特性，如图 2.13(c)所示，并计算了分支点处的弯曲和扭曲势能。该模型能够处理具有复杂拓扑结构的多分支电缆，如图 2.14(e)所示。O'Reilly 等[107]提出了由弹性细杆组成的树状分支结构的变分公式，如图 2.13(d)所示，并使用该理论建立了分支点的物质动量平衡定律，他们发现了平衡定律等价于变分法的必要条件之一，还提出了分支结构非线性稳定性的一些新的必要条件[108]。

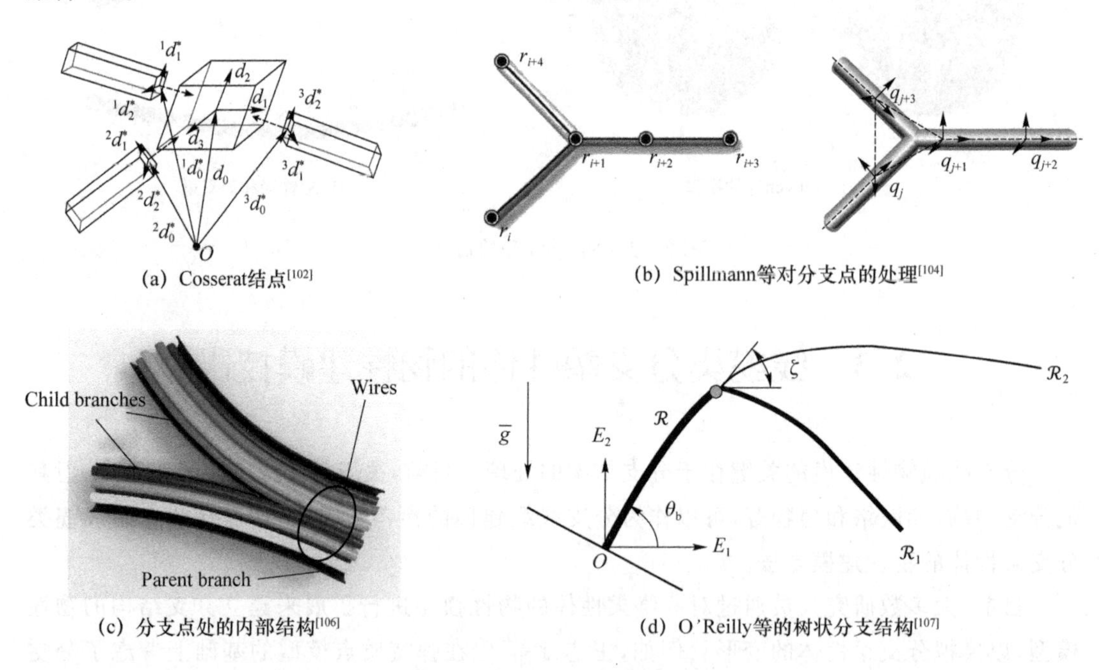


(a) Cosserat结点[102]　(b) Spillmann等对分支点的处理[104]

(c) 分支点处的内部结构[106]　(d) O'Reilly等的树状分支结构[107]

图 2.13　分支弹性细杆模型

分支结构对于树木和植物的建模也很重要。例如，Pirk 等[109]提出了一种用于树动态模拟的建模方法，这种复杂的树模型可以使其与周围环境进行交互作用，如图 2.14(f)所示。Zhao 等[110]使用有限元模型简化模拟器计算了复杂植物在重力、风和用户操作下的大变形动力学，以进行交互式创作，如图 2.14(g)所示。Aubry 等[111]扩展了弹性细杆模型，用隐式方法模拟了容易受到摩擦接触的柔性树，如图 2.14(h)所示。

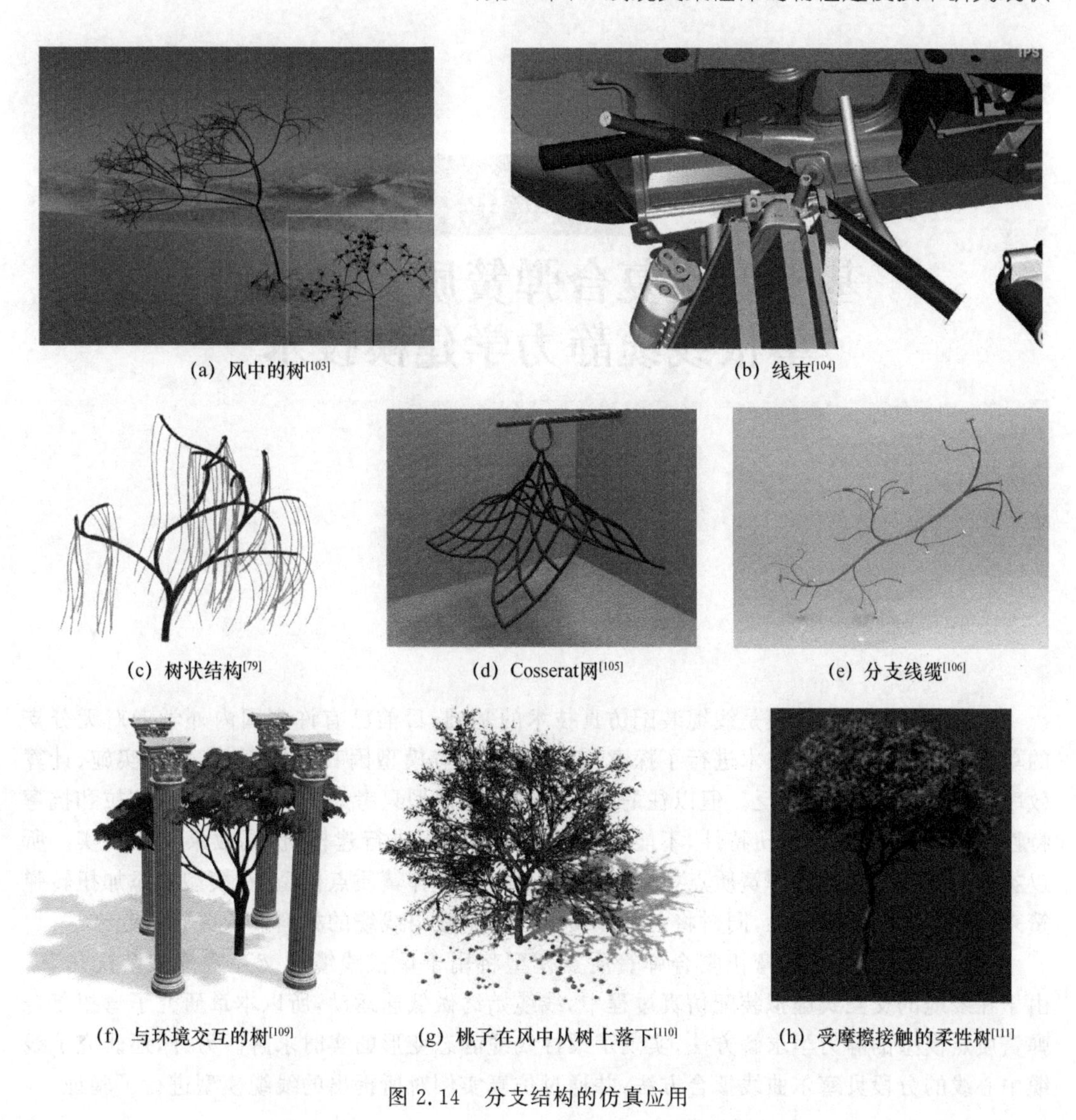

(a) 风中的树[103]　(b) 线束[104]

(c) 树状结构[79]　(d) Cosserat网[105]　(e) 分支线缆[106]

(f) 与环境交互的树[109]　(g) 桃子在风中从树上落下[110]　(h) 受摩擦接触的柔性树[111]

图 2.14　分支结构的仿真应用

# 本章小结

本章对线缆类柔性体的物性建模技术进行了国内外研究现状的总结与分析。首先，针对线缆类一维柔性体，分别对弹簧质点模型、多刚体段模型、弹性细杆模型、动态样条模型、有限元模型、其他模型等进行了详细的介绍。其次，针对线缆类分支柔性体的物性建模技术进行了介绍。

总体而言，目前针对线缆类柔性体的物性建模方法已有多种，但仍有各自的缺点。本书接下来重点介绍作者提出的基于弯扭复合弹簧质点模型的单根线缆静力学建模技术（第 3 章）、基于多分支弹性细杆模型的分支线缆静力学建模技术（第 4 章）和基于离散弹性细杆模型的柔性线缆动力学建模技术（第 5 章）。

# 第3章

# 基于弯扭复合弹簧质点模型的单根线缆静力学建模技术

## 3.1 引　言

柔性线缆的物性建模是线缆装配仿真技术的基础，目前已有许多国内外学者对无分支的单根线缆的物性建模技术进行了探索，其中弹簧质点模型因其建模简单、易于实施、计算效率较高等优点，应用广泛。但以往的线缆弹簧质点模型只考虑了线缆的重力、抗拉和抗弯特性，没有考虑线缆的抗扭特性，不能对线缆的扭转变形进行建模，仿真效果不够真实。所以本章主要基于线缆的弹簧质点模型，提出了弯扭复合弹簧质点模型，在模型中添加扭转弹簧来描述线缆的抗扭特性，同时将各种弹簧的弹性系数与线缆的材料参数关联了起来。

此外，本章所提出的弯扭复合弹簧质点模型将用于单根线缆的交互式虚拟装配仿真。由于在线缆的交互式虚拟装配仿真过程中，线缆始终做低速运动，所以本章研究了弯扭复合弹簧质点模型的静力学求解方法，实现了柔性线缆静态变形的实时求解。另外，还研究了线缆中心线的分段贝塞尔曲线拟合方法，并通过仿真实例对所提出的线缆模型进行了验证。

## 3.2 线缆的弯扭复合弹簧质点模型

本章所提出的柔性线缆的弯扭复合弹簧质点模型如图 3.1 所示。在该模型中，柔性线缆被视为由许多具有相同质量的离散质点连接而成的线缆段所组成，并用多种类型的弹簧来描述线缆的物理特性。其中，相邻两质点之间用线性弹簧连接，以表示线缆的抗拉特性；在每个非端点质点处附加一个弯曲弹簧，以表示线缆的抗弯特性；此外，在每个线缆段上都添加一个扭转弹簧，用来表示线缆的抗扭特性，当线缆段两端质点处的扭转角度不同时，就会产生扭转力。

假设线缆由 $n$ 个线缆段$(1,2,3,\cdots,n)$，$n+1$ 个质点$(0,1,2,\cdots,n)$组成；线缆总质量为 $m^0$，则质点 $i$ 的质量为 $m_i=m^0/(n+1)$；线缆总长度为 $l^0$，线缆段 $i$ 的初始长度用 $l_i^0$ 表示，假设每个线缆段的初始长度相同，则 $l_i^0=l^0/n$，$l_i$ 表示线缆段 $i$ 的当前长度，即质点 $i-1$ 与质

点 $i$ 之间的距离；质点 $i$ 的空间位置用三维坐标 $\boldsymbol{x}_i=(x_i^1,x_i^2,x_i^3)^{\mathrm{T}}$ 表示；线缆段 $i$ 的扭转角度用 $\psi_i$ 表示。

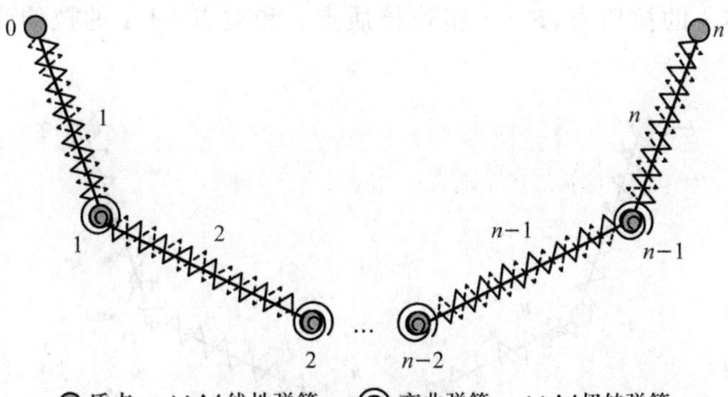


图 3.1　弯扭复合弹簧质点模型示意图

## 3.3　线缆模型中质点的受力分析

在弯扭复合弹簧质点模型中，质点的受力包括内力和外力，可表示为

$$\boldsymbol{F}_i=\boldsymbol{F}_i^i+\boldsymbol{F}_i^e=-\frac{\partial E}{\partial \boldsymbol{x}_i}+\boldsymbol{F}_i^e \tag{3.1}$$

其中，$\boldsymbol{F}_i$ 是指作用在质点 $i$ 上的作用力；$\boldsymbol{F}_i^i$ 和 $\boldsymbol{F}_i^e$ 分别表示内力和外力；$E=\sum_{i=1}^n E_i$ 是指弹簧质点系统中所有弹簧的弹性势能之和。内力 $\boldsymbol{F}_i^i$ 主要包括来自各线性弹簧、弯曲弹簧和扭转弹簧的拉压力、弯曲力和扭转力，可通过对弹性势能求偏导的方法推导得出，即 $\boldsymbol{F}_i^i=-\partial E/\partial \boldsymbol{x}_i$。外力 $\boldsymbol{F}_i^e$ 主要包括重力、仿真过程中的各种约束力以及其他力等。下面详细介绍各种内力和外力。

### 3.3.1　拉压力

在 Loock[41] 的工作中，已介绍了来自线性弹簧和弯曲弹簧的内力。在此，可以用相同的思路推导出拉压力和弯曲力。如图 3.2 所示，连接质点 $i-1$ 和质点 $i$ 的线性弹簧的弹性势能为

$$E_i^s=\frac{k^s\ (l_i-l_i^0)^2}{2}=\frac{k^s\ (|\boldsymbol{x}_i-\boldsymbol{x}_{i-1}|-l_i^0)^2}{2} \tag{3.2}$$

其中，$k^s$ 是线性弹簧的弹性系数。

质点 $i$ 所受到的拉压力为

$$\begin{aligned}\boldsymbol{F}_i^s&=-\frac{\partial E^s}{\partial \boldsymbol{x}_i}=-\left(\frac{\partial E_i^s}{\partial \boldsymbol{x}_i}+\frac{\partial E_{i+1}^s}{\partial \boldsymbol{x}_i}\right)=-k^s(l_i-l_i^0)\frac{\boldsymbol{x}_i-\boldsymbol{x}_{i-1}}{|\boldsymbol{x}_i-\boldsymbol{x}_{i-1}|}+k^s(l_{i+1}-l_{i+1}^0)\frac{\boldsymbol{x}_{i+1}-\boldsymbol{x}_i}{|\boldsymbol{x}_{i+1}-\boldsymbol{x}_i|}\\&=\underbrace{-k^s(l_i-l_i^0)\boldsymbol{u}_i}_{\boldsymbol{F}_i^{s,i-1}}+\underbrace{k^s(l_{i+1}-l_{i+1}^0)\boldsymbol{u}_{i+1}}_{\boldsymbol{F}_i^{s,i+1}}\end{aligned} \tag{3.3}$$

其中，$\boldsymbol{u}_i$ 指从质点 $i-1$ 指向质点 $i$ 的单位向量，用来表示力的方向。

可见，质点 $i$ 会受到相邻两个线性弹簧的拉压力，其中 $\boldsymbol{F}_i^{s,i-1}$ 指连接质点 $i-1$ 和质点 $i$ 的线性弹簧对质点 $i$ 的拉压力，$\boldsymbol{F}_i^{s,i+1}$ 指连接质点 $i$ 和质点 $i+1$ 的拉伸弹簧对质点 $i$ 的拉压力。

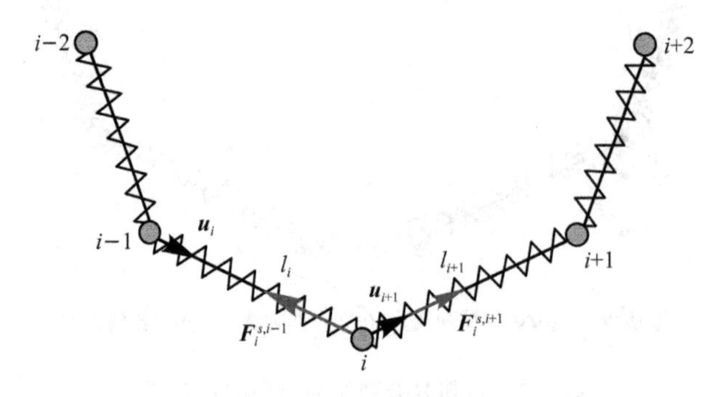


图 3.2　质点 $i$ 所受拉压力示意图

## 3.3.2　弯曲力

如图 3.3 所示，质点 $i$ 处的弯曲弹簧的弹性势能为

$$E_i^b=\frac{k^b\beta_i^2}{2} \tag{3.4}$$

其中，$k^b$ 是弯曲弹簧的弹性系数，$\beta_i$ 指第 $i$ 个线缆段与第 $i+1$ 个线缆段之间的夹角。

$\beta_i$ 可表示为

$$\beta_i=\arctan\left(\frac{|\boldsymbol{l}_{i+1}\times\boldsymbol{l}_i|}{\boldsymbol{l}_{i+1}^{\mathrm{T}}\boldsymbol{l}_i}\right)=\arctan\left(\frac{|(\boldsymbol{x}_{i+1}-\boldsymbol{x}_i)\times(\boldsymbol{x}_i-\boldsymbol{x}_{i-1})|}{(\boldsymbol{x}_{i+1}-\boldsymbol{x}_i)^{\mathrm{T}}(\boldsymbol{x}_i-\boldsymbol{x}_{i-1})}\right) \tag{3.5}$$

其中，$\boldsymbol{l}_i=\boldsymbol{x}_i-\boldsymbol{x}_{i-1}$ 指从质点 $i-1$ 指向质点 $i$ 的向量。

质点 $i$ 所受到的弯曲力为

$$\begin{aligned}\boldsymbol{F}_i^b&=-\frac{\partial E^b}{\partial \boldsymbol{x}_i}=-\left(\frac{\partial E_{i-1}^b}{\partial \boldsymbol{x}_i}+\frac{\partial E_i^b}{\partial \boldsymbol{x}_i}+\frac{\partial E_{i+1}^b}{\partial \boldsymbol{x}_i}\right)=-\left(k^b\beta_{i-1}\frac{\partial\beta_{i-1}}{\partial \boldsymbol{x}_i}+k^b\beta_i\frac{\partial\beta_i}{\partial \boldsymbol{x}_i}+k^b\beta_{i+1}\frac{\partial\beta_{i+1}}{\partial \boldsymbol{x}_i}\right)\\&=\underbrace{\frac{k^b\beta_{i-1}}{l_i}\frac{\boldsymbol{u}_i\times(\boldsymbol{u}_{i-1}\times\boldsymbol{u}_i)}{\sin\beta_{i-1}}}_{\boldsymbol{F}_i^{b,i-1}}\underbrace{-\frac{k^b\beta_i}{l_i}\frac{\boldsymbol{u}_i\times(\boldsymbol{u}_i\times\boldsymbol{u}_{i+1})}{\sin\beta_i}}_{\boldsymbol{F}_i^{b,i,1}=-\boldsymbol{F}_{i-1}^{b,i}}\\&\quad\underbrace{-\frac{k^b\beta_i}{l_{i+1}}\frac{\boldsymbol{u}_{i+1}\times(\boldsymbol{u}_i\times\boldsymbol{u}_{i+1})}{\sin\beta_i}}_{\boldsymbol{F}_i^{b,i,2}=-\boldsymbol{F}_{i+1}^{b,i}}+\underbrace{\frac{k^b\beta_{i+1}}{l_{i+1}}\frac{\boldsymbol{u}_{i+1}\times(\boldsymbol{u}_{i+1}\times\boldsymbol{u}_{i+2})}{\sin\beta_{i+1}}}_{\boldsymbol{F}_i^{b,i+1}}\end{aligned} \tag{3.6}$$

可见，质点 $i$ 所受到的弯曲力可分为四部分，其中 $\boldsymbol{F}_i^{b,i-1}$ 和 $\boldsymbol{F}_i^{b,i+1}$ 分别指质点 $i-1$ 和质点 $i+1$ 处的弯曲弹簧对质点 $i$ 的弯曲力，$\boldsymbol{F}_i^{b,i,1}$ 和 $\boldsymbol{F}_i^{b,i,2}$ 为质点 $i$ 处的弯曲弹簧对质点 $i$ 的弯曲力。也就是说，质点 $i$ 处的弯曲弹簧会产生四个弯曲力，$\boldsymbol{F}_{i-1}^{b,i}$、$\boldsymbol{F}_{i+1}^{b,i}$、$\boldsymbol{F}_i^{b,i,1}$（等于 $-\boldsymbol{F}_{i-1}^{b,i}$）和 $\boldsymbol{F}_i^{b,i,2}$（等于 $-\boldsymbol{F}_{i+1}^{b,i}$），它们共同形成了一个平面平衡力系。

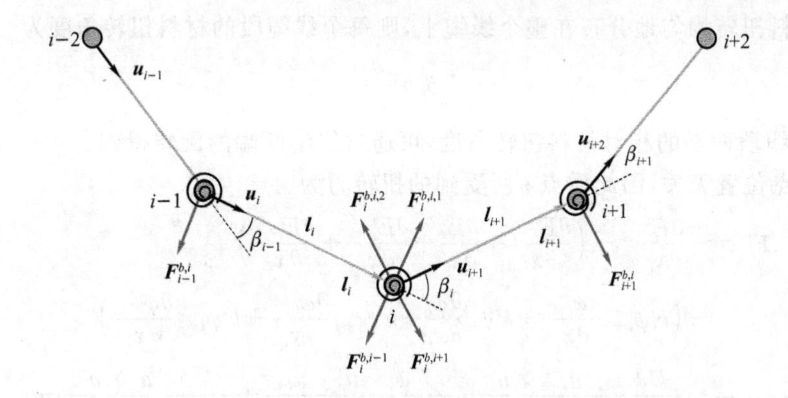


图 3.3 质点 $i$ 所受弯曲力示意图

## 3.3.3 扭转力

线缆的扭转分为两部分:几何扭转和材料扭转[26,54]。几何扭转可通过质点的三维坐标求得,而线缆的材料扭转与线缆两端的相对扭转角度有关。

线缆段 $i$ 上的扭转弹簧的弹性势能为

$$E_i^t=\frac{k^t\psi_i^2}{2}=\frac{k^t\left(\varphi_i+\theta_i\right)^2}{2} \tag{3.7}$$

其中,$k^t$ 是扭转弹簧的弹性系数;$\psi_i$ 是线缆段 $i$ 的扭转角度;$\varphi_i$ 是几何扭转角度;$\theta_i$ 是材料扭转角度。

如图 3.4 所示,几何扭转角度 $\varphi_i$ 可用两密切平面 $A$ 和 $B$ 间的夹角表示,其中平面 $A$ 为线缆段 $i-1$ 和线缆段 $i$ 所在的平面,平面 $B$ 为线缆段 $i$ 和线缆段 $i+1$ 所在的平面。$\boldsymbol{a}_i$ 和 $\boldsymbol{b}_i$ 分别为平面 $A$ 和平面 $B$ 内垂直于线缆段 $i$ 的向量,则几何扭转角度 $\varphi_i$ 可以表示为

$$\varphi_i=\arctan\left(\frac{\left|\boldsymbol{a}_i\times\boldsymbol{b}_i\right|}{\boldsymbol{a}_i^{\mathrm{T}}\boldsymbol{b}_i}\right) \tag{3.8}$$

其中,

$$\begin{aligned}\boldsymbol{a}_i&=\boldsymbol{l}_i\times(\boldsymbol{l}_i\times\boldsymbol{l}_{i-1})=(\boldsymbol{x}_i-\boldsymbol{x}_{i-1})\times[(\boldsymbol{x}_i-\boldsymbol{x}_{i-1})\times(\boldsymbol{x}_{i-1}-\boldsymbol{x}_{i-2})]\\\boldsymbol{b}_i&=\boldsymbol{l}_i\times(\boldsymbol{l}_{i+1}\times\boldsymbol{l}_i)=(\boldsymbol{x}_i-\boldsymbol{x}_{i-1})\times[(\boldsymbol{x}_{i+1}-\boldsymbol{x}_i)\times(\boldsymbol{x}_i-\boldsymbol{x}_{i-1})]\end{aligned} \tag{3.9}$$

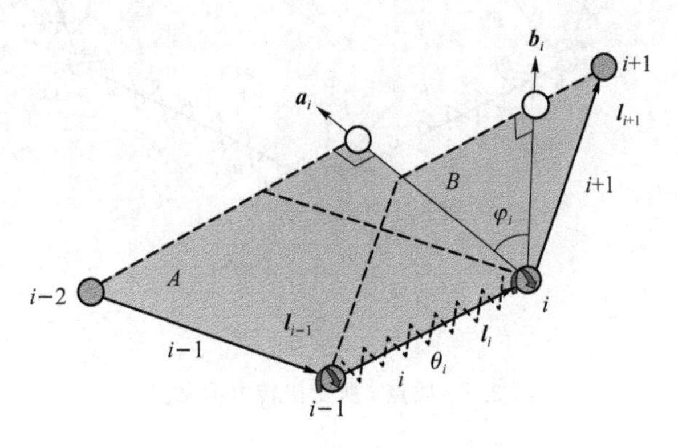


图 3.4 线缆段 $i$ 的扭转角度

假设材料扭转均匀地分布在整个线缆上，则每个线缆段的材料扭转角度为

$$\theta_i = \frac{\theta}{n} \tag{3.10}$$

其中，$\theta$ 为线缆段两端的相对材料扭转角度，可通过线缆两端的旋转得到。

$\theta_i$ 与质点位置无关，因此质点 $i$ 所受到的扭转力为

$$\begin{aligned}
\boldsymbol{F}_i^t &= -\frac{\partial E^t}{\partial \boldsymbol{x}_i} = -\left(\frac{\partial E_{i-1}^t}{\partial \boldsymbol{x}_i} + \frac{\partial E_i^t}{\partial \boldsymbol{x}_i} + \frac{\partial E_{i+1}^t}{\partial \boldsymbol{x}_i} + \frac{\partial E_{i+2}^t}{\partial \boldsymbol{x}_i}\right) \\
&= -\left(k^t \psi_{i-1} \frac{\partial \varphi_{i-1}}{\partial \boldsymbol{x}_i} + k^t \psi_i \frac{\partial \varphi_i}{\partial \boldsymbol{x}_i} + k^t \psi_{i+1} \frac{\partial \varphi_{i+1}}{\partial \boldsymbol{x}_i} + k^t \psi_{i+2} \frac{\partial \varphi_{i+2}}{\partial \boldsymbol{x}_i}\right) \\
&= \underbrace{-\frac{k^t \psi_{i-1}}{l_i \sin \beta_{i-1}} \frac{\boldsymbol{u}_{i-1} \times \boldsymbol{u}_i}{\sin \beta_{i-1}}}_{\boldsymbol{F}_i^{t,i-1}} + \underbrace{\frac{k^t \psi_i}{l_{i+1} \sin \beta_i} \frac{\boldsymbol{u}_i \times \boldsymbol{u}_{i+1}}{\sin \beta_i}}_{\boldsymbol{F}_i^{t,i,1} = -\boldsymbol{F}_{i+1}^{t,i}} + \underbrace{\frac{k^t \psi_i}{l_i \tan \beta_i} \frac{\boldsymbol{u}_i \times \boldsymbol{u}_{i+1}}{\sin \beta_i}}_{\boldsymbol{F}_i^{t,i,2} = -\boldsymbol{F}_{i-1}^{t,i,3}} + \\
&\quad \underbrace{\frac{k^t \psi_i}{l_i \tan \beta_{i-1}} \frac{\boldsymbol{u}_{i-1} \times \boldsymbol{u}_i}{\sin \beta_{i-1}}}_{\boldsymbol{F}_i^{t,i,3} = -\boldsymbol{F}_{i-1}^{t,i,2}} - \underbrace{\frac{k^t \psi_{i+1}}{l_i \sin \beta_i} \frac{\boldsymbol{u}_i \times \boldsymbol{u}_{i+1}}{\sin \beta_i}}_{\boldsymbol{F}_i^{t,i+1,1}} - \underbrace{\frac{k^t \psi_{i+1}}{l_{i+1} \tan \beta_i} \frac{\boldsymbol{u}_i \times \boldsymbol{u}_{i+1}}{\sin \beta_i}}_{\boldsymbol{F}_i^{t,i+1,2}} - \\
&\quad \underbrace{\frac{k^t \psi_{i+1}}{l_{i+1} \tan \beta_{i+1}} \frac{\boldsymbol{u}_{i+1} \times \boldsymbol{u}_{i+2}}{\sin \beta_{i+1}}}_{\boldsymbol{F}_i^{t,i+1,3}} + \underbrace{\frac{k^t \psi_{i+2}}{l_{i+1} \sin \beta_{i+1}} \frac{\boldsymbol{u}_{i+1} \times \boldsymbol{u}_{i+2}}{\sin \beta_{i+1}}}_{\boldsymbol{F}_i^{t,i+2}}
\end{aligned} \tag{3.11}$$

如图 3.5 所示，与弯曲力类似，质点 $i$ 所受到的扭转力可分为八部分，其中 $\boldsymbol{F}_i^{t,i-1}$ 和 $\boldsymbol{F}_i^{t,i+2}$ 分别指线缆段 $i-1$ 和线缆段 $i+2$ 上的扭转弹簧对质点 $i$ 的扭转力，$\boldsymbol{F}_i^{t,i,1}$、$\boldsymbol{F}_i^{t,i,2}$ 和 $\boldsymbol{F}_i^{t,i,3}$ 为线缆段 $i$ 上的扭转弹簧对质点 $i$ 的扭转力，$\boldsymbol{F}_i^{t,i+1,1}$、$\boldsymbol{F}_i^{t,i+1,2}$ 和 $\boldsymbol{F}_i^{t,i+1,3}$ 为线缆段 $i+1$ 上的扭转弹簧对质点 $i$ 的扭转力。也就是说，线缆段 $i$ 上的扭转弹簧会产生八个扭转力，$\boldsymbol{F}_{i-2}^{t,i}$、$\boldsymbol{F}_{i+1}^{t,i}$、$\boldsymbol{F}_{i-1}^{t,i,1}$（等于 $-\boldsymbol{F}_{i-2}^{t,i}$）、$\boldsymbol{F}_{i-1}^{t,i,2}$、$\boldsymbol{F}_{i-1}^{t,i,3}$、$\boldsymbol{F}_i^{t,i,1}$（等于 $-\boldsymbol{F}_{i+1}^{t,i}$）、$\boldsymbol{F}_i^{t,i,2}$（等于 $-\boldsymbol{F}_{i-1}^{t,i,3}$）和 $\boldsymbol{F}_i^{t,i,3}$（等于$-\boldsymbol{F}_{i-1}^{t,i,2}$），它们共同形成了一个空间平衡力系。

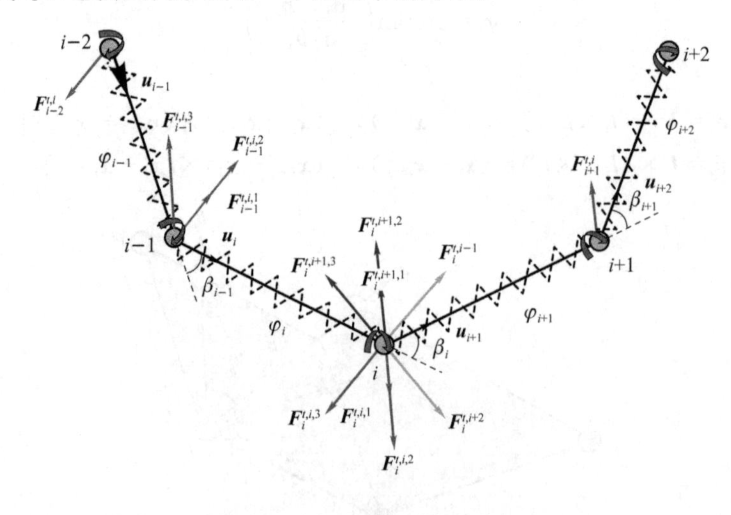


图 3.5　质点 $i$ 所受扭转力示意图

### 3.3.4 外力

首先，因为质点有质量，所以质点会受到重力的作用，重力为

$$\boldsymbol{G}_i = m_i \boldsymbol{g} \tag{3.12}$$

其中，$\boldsymbol{g}=9.8\ \mathrm{N/kg}$ 为重力加速度。

其次，在线缆的装配仿真过程中，柔性线缆还会受到与之相连的电连接器、卡箍等的约束力作用。当柔性线缆与周围物体发生碰撞时还会受到接触力的作用，包括法向支撑力和切向摩擦力。相关约束力和碰撞接触力的详细情况将在第 7 章中进行介绍，这里将这类力总记为 $\boldsymbol{F}_i^c$，则系统所受的外力可表示为

$$\boldsymbol{F}_i^e = \boldsymbol{G}_i + \boldsymbol{F}_i^c \tag{3.13}$$

## 3.4 线缆模型中弹簧弹性系数的确定

在计算弯扭复合弹簧质点模型中的各内力时，涉及各种弹簧的弹性系数，包括线性弹簧、弯曲弹簧和扭转弹簧的弹性系数。这些弹簧的弹性系数可以通过线缆的材料参数确定。

对于一根圆杆，假设其长度为 $l_i$，截面直径为 $d$，材料的杨氏模量为 $E$，泊松比为 $\nu$。当圆杆受到不同的作用力时会发生变形，通过变形量可以确定模型中弹簧的弹性系数，具体过程如下所述。

### 3.4.1 线性弹簧的弹性系数

当该圆杆受到轴向力 $F^s$ 时，其轴向变形量为

$$\Delta l = \frac{F^s l_i}{EA} \tag{3.14}$$

其中 $EA$ 为圆杆的抗拉刚度，$E$ 为材料的杨氏模量，$A$ 为横截面积，$A=\pi d^2/4$。

根据式(3.3)，对于相同的变形量，线性弹簧产生的拉压力为

$$F^s = k^s \Delta l \tag{3.15}$$

因此，线性弹簧的弹性系数 $k^s$ 为

$$k^s = \frac{EA}{l_i} \tag{3.16}$$

### 3.4.2 弯曲弹簧的弹性系数

如图 3.6 所示，弯曲弹簧弹性系数的确定可以通过将线缆段 $i$ 看成一个悬臂梁来确定。根据式(3.6)，质点 $i-1$ 处的弯曲弹簧对质点 $i$ 的作用力为

$$F_i^{b,i-1} = \frac{k^b \beta_{i-1}}{l_i} \tag{3.17}$$

这意味着，质点 $i$ 之后的线缆段对质点 $i$ 的弯曲力 $\boldsymbol{F}^b$ 与 $\boldsymbol{F}_i^{b,i-1}$ 大小相等，方向相反：

$$F^b = F_i^{b,i-1} \tag{3.18}$$

而当悬臂梁(线缆段 $i$)的自由端(质点 $i$ 处)受到 $F^b$ 大小的作用力时，其最大挠度为

$$\omega = \frac{F^b l_i^3}{3EI} = l_i \beta_{i-1} \tag{3.19}$$

其中 $EI$ 为圆杆的抗弯刚度，$E$ 为材料的杨氏模量，$I$ 为惯性矩，$I=\pi d^4/64$。

因此，弯曲弹簧的弹性系数 $k^b$ 为

$$k^b = \frac{3EI}{l_i} \tag{3.20}$$

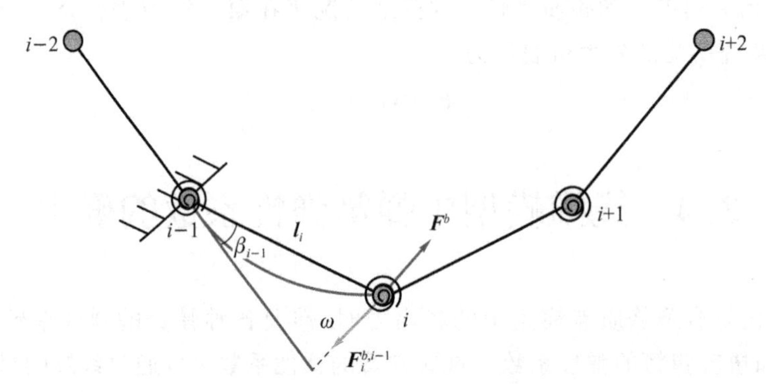


图 3.6　弯曲弹簧弹性系数的确定

## 3.4.3　扭转弹簧的弹性系数

当圆杆两端受到一扭矩 $T$ 时，圆杆两端的相对扭转角度为

$$\psi = \frac{T l_i}{G I_p} \tag{3.21}$$

其中，$GI_p$ 为圆杆的抗扭刚度，$G$ 为材料的剪切模量，$G=E/2(1+\nu)$，$\nu$ 为材料的泊松比；$I_p$ 为圆杆的极惯性矩，$I_p=\pi d^4/32$。

由式(3.11)和图 3.4、图 3.5 可知，当线缆段 $i$ 具有相同的扭转角度时，线缆段 $i$ 上的扭转弹簧产生的扭矩为

$$T = k^t \psi \tag{3.22}$$

因此，扭转弹簧的弹性系数为

$$k^t = \frac{G I_p}{l_i} \tag{3.23}$$

# 3.5　线缆模型的静力学求解

本章提出的模型将用于单根线缆的交互式虚拟装配仿真，假设在仿真过程中线缆的两端始终被夹持着，即认为线缆的两端点为定点。此外，由于在线缆的交互式虚拟装配仿真过

程中,线缆始终做低速运动,所以可以假设整个仿真过程是准静态的,即在每一时刻线缆都处于平衡状态。模型的静力学求解就是要获得线缆在当前时刻的稳定位姿,这样每隔一个小的时间步求解一次,就可以获得线缆在整个装配仿真过程中的变形过程。

模型的求解步骤如下所示。初次求解时,先根据线缆的总长 $l^0$ 和线缆段的个数 $n$,将线缆平均分为 $n+1$ 个质点,确定每个质点的初始位置,并求得线缆的稳定位姿。然后,当与线缆相连的电连接器、卡箍或线缆局部被移动改变位置时,线缆上相应的被约束的质点将会跟随其改变位置,导致线缆内部的力发生变化,这样其余未被约束的质点将会在力的作用下产生加速度,从而产生位移,最终在新的位置上达到平衡状态。柔性线缆在每个时刻的稳定位姿,可通过一系列虚拟的时间步 $\Delta t$,用简单的欧拉方法进行求解

$$\begin{cases} \boldsymbol{a}_i(t+\Delta t)=(\boldsymbol{F}_i(t)-k^d\boldsymbol{v}_i(t))/m_i \\ \boldsymbol{v}_i(t+\Delta t)=\boldsymbol{a}_i(t+\Delta t)\Delta t \\ \boldsymbol{x}_i(t+\Delta t)=\boldsymbol{x}_i(t)+\boldsymbol{v}_i(t+\Delta t)\Delta t \end{cases} \tag{3.24}$$

其中,$\boldsymbol{F}_i(t)$是 $t$ 时刻作用在质点 $i$ 上的作用力;$k^d$ 是防止计算过程中质点发生过度振荡的阻尼系数;$\boldsymbol{v}_i(t)$是 $t$ 时刻质点 $i$ 的速度,由于该求解过程是静力学求解,所以忽略了初始速度;$\boldsymbol{x}_i(t)$是 $t$ 时刻质点 $i$ 的位移;$\boldsymbol{a}_i(t+\Delta t)$、$\boldsymbol{v}_i(t+\Delta t)$和 $\boldsymbol{x}_i(t+\Delta t)$分别是 $t+\Delta t$ 时刻质点 $i$ 的加速度、速度和位移。

循环计算每个质点的加速度、速度和位移,直到所有质点达到平衡状态,即它们的受力为零,这样就得到了所有质点的新的平衡位置,求得了线缆的稳定位姿。在所有时刻都用该求解过程求得线缆的稳定位姿,就可以获得线缆在整个装配仿真过程中的静力学变形过程。

下面进行上述求解方法的稳定性分析。质点 $i$ 所受的作用力与其位置有关,可以将其简单地表示为 $\boldsymbol{F}_i(t)=-K\boldsymbol{x}_i(t)$。根据式(3.24),可以推导出式(3.25)。式(3.25)中矩阵 $\boldsymbol{M}$ 的行列式的值总是小于 1,如式(3.26)所示。这表明在迭代求解过程中误差不断减小,所以,上述求解方法具有收敛性和数值稳定性。

$$\begin{pmatrix} \boldsymbol{v}_i \\ \boldsymbol{x}_i \end{pmatrix}(t+\Delta t)=\boldsymbol{M}\begin{pmatrix} \boldsymbol{v}_i \\ \boldsymbol{x}_i \end{pmatrix}(t)=\begin{bmatrix} 1-\dfrac{k^d\Delta t}{m_i} & -\dfrac{K\Delta t}{m_i} \\ \Delta t-\dfrac{k^d\Delta t^2}{m_i} & 1-\dfrac{K\Delta t^2}{m_i} \end{bmatrix}\begin{pmatrix} \boldsymbol{v}_i \\ \boldsymbol{x}_i \end{pmatrix}(t) \tag{3.25}$$

$$|\boldsymbol{M}|=1-\frac{k^d\Delta t}{m_i}<1 \tag{3.26}$$

但是,时间步的选择会影响质点每一步的位移大小,从而影响收敛的迭代次数。因此,为了避免达到平衡需要过多的迭代次数,影响算法的收敛速度,可以限制质点的最大位移,并根据模型参数大致设定时间步 $\Delta t$ 的大小,如下所示:

$$\Delta t\approx\sqrt{\frac{m_i l_i}{k}} \tag{3.27}$$

其中,$k$ 指各种弹簧的最大弹性系数。

此外,为了保证线缆的定长约束,在计算过程中可以使用曲线插值法实时计算线缆的长度,当线缆长度超过极限拉伸长度时,就会停止运算,使线缆形态和长度不再跟随装配操作而产生变化。

## 3.6 线缆中心线的分段贝塞尔曲线拟合

在得到所有质点的平衡位置以后，需要确定线缆的中心曲线。本书通过分段贝塞尔曲线拟合的方法获得线缆的光滑曲线，如图 3.7 所示。$P_i(i=0,1,2,\cdots,n)$为求得的各质点的平衡位置；顺次连接各质点，求得各个离散段 $P_{i-1}P_i$ 的中点 $O_i$，并顺次连接各中点，获得各线段 $O_iO_{i+1}$；平移各线段 $O_iO_{i+1}$ 至 $A_iB_i$，使 $P_i$ 为线段 $A_iB_i$ 的中点；然后用控制多边形为 $P_iB_iA_{i+1}P_{i+1}$ 的三次贝塞尔曲线拟合线缆段 $P_iP_{i+1}$。至于端部位置，如果线缆段两端与电连接器相连，则 $P_0B_0$ 和 $P_nA_n$ 为电连接器的出口方向；如果线缆段两端没有与电连接器相连，则线缆两端的线缆段 $P_0P_1$ 和 $P_{n-1}P_n$ 可以用控制多边形分别为 $P_0A_1P_1$ 和 $P_{n-1}B_{n-1}P_n$ 的二次贝塞尔曲线进行拟合。根据贝塞尔曲线与控制多边形的第一段和最后一段相切的性质，可以保证拟合出来的线缆中心线光滑自然。这样再结合线缆的截面半径信息，就可以得到线缆的外形。

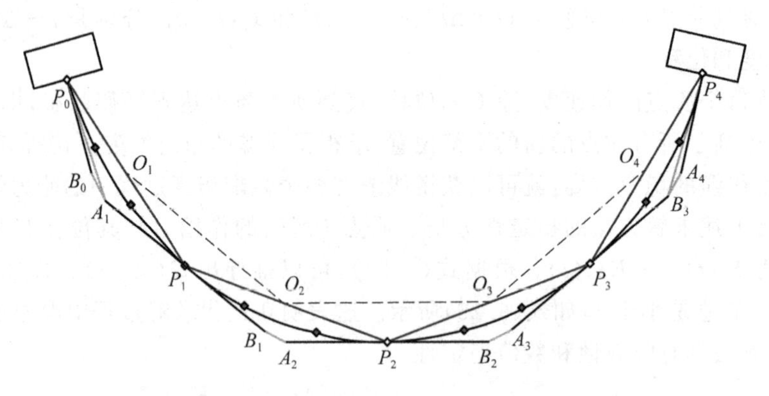


图 3.7 分段贝塞尔曲线拟合

## 3.7 线缆静力学模型验证

为了验证所提出的弯扭复合弹簧质点模型，首先，用该模型模拟了柔性线缆的变形，并将该模型的仿真结果与实验结果和有限元仿真结果进行了对比，验证了该模型的真实性；其次，对该模型的计算速度进行了分析，验证了该模型的实时性。结果表明，该模型具有一定程度上的真实性和实时性，能够满足柔性线缆交互式虚拟装配仿真的要求。

### 3.7.1 线缆的变形仿真

为了验证所提出的弯扭复合弹簧质点模型的有效性，基于该模型模拟了交互式操作下柔性线缆的变形，仿真结果如图 3.8 所示。当线缆的两个端部被移动或旋转时，线缆将发生相应的变形。图 3.8(a)～图 3.8(c)展示了发生不同程度弯曲和扭转变形的线缆的形态，

图 3.8(d)展示了线缆的定长约束，当线缆两端之间的距离超过极限拉伸长度时，线缆将不能再被拉长。从图中可以看出，弯扭复合弹簧质点模型能够表达线缆的变形，包括拉压、弯曲和扭转变形。

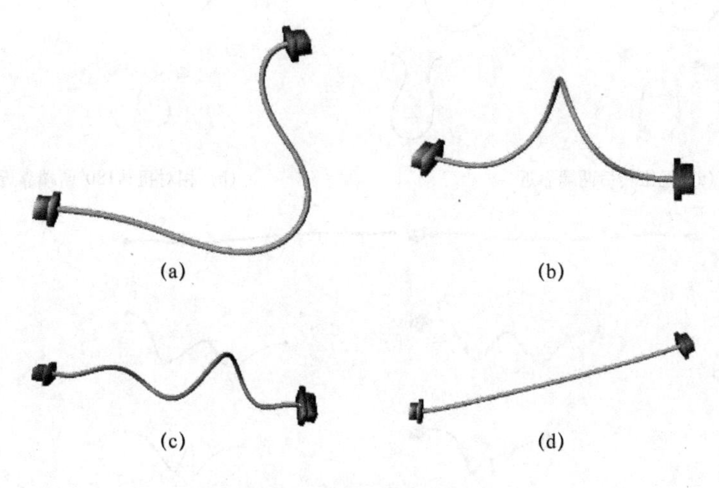

图 3.8 柔性线缆变形仿真

## 3.7.2 线缆模型的实验验证

3.7.1 小节中的线缆变形仿真只能定性地说明所提出的弯扭复合弹簧质点模型能够模拟线缆的各种变形，但不能保证模型仿真的真实性。为了验证所提出模型的真实性，进行了柔性线缆的变形实验，并将仿真结果与实验结果进行了比较。柔性线缆的材料参数见表 3.1，仿真和实验的对比结果如图 3.9 所示。

图 3.9(a)～图 3.9(c)分别展示了在右端固定的情况下，柔性线缆的左端相对于右端无扭转〔图 3.9(a)〕、扭转 180°〔图 3.9(b)〕和扭转 720°〔图 3.9(c)〕后再逐渐靠近右端的过程。图中左侧的线缆是仿真结果，右侧的线缆是实验结果。从图中可以看出，弯扭复合弹簧质点模型所模拟的线缆形态与实验结果吻合得较好，说明该模型能够比较准确地模拟线缆的变形，验证了模型的真实性。

**表 3.1 线缆的材料参数**

| 材料参数 | 参数值 |
| --- | --- |
| 直径 $d$/mm | 4 |
| 长度 $l^0$/mm | 300 |
| 总质量 $m^0$/g | 30 |
| 杨氏模量 $E$/MPa | 126 |
| 泊松比 $\nu$ | 0.30 |

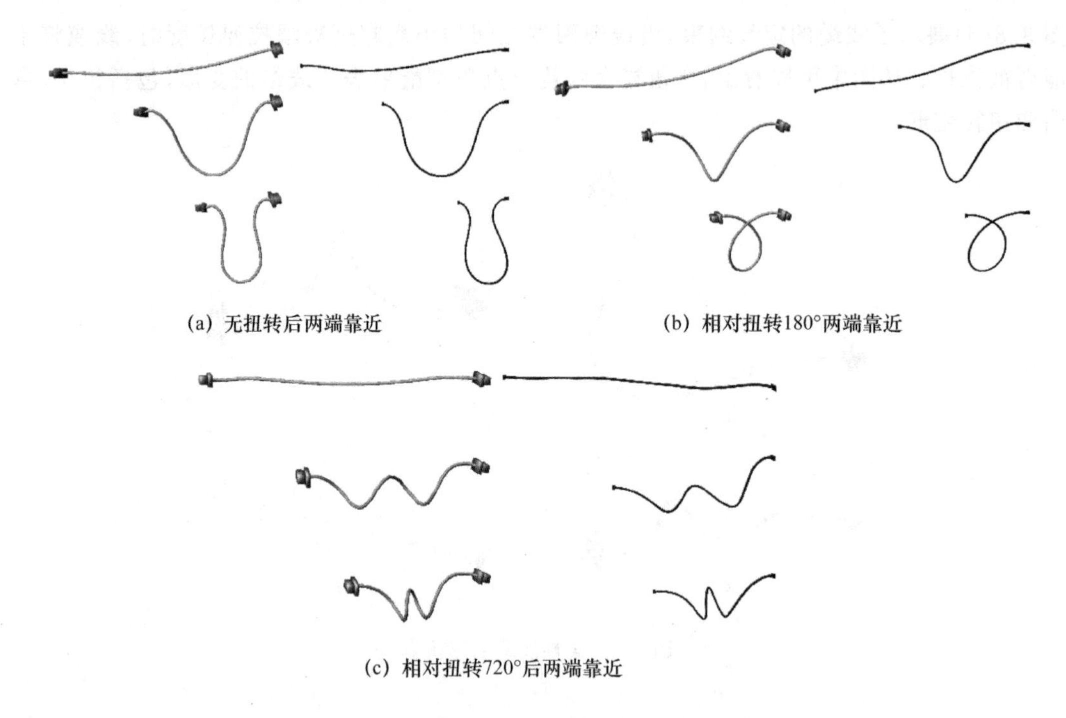
(a) 无扭转后两端靠近　　(b) 相对扭转180°两端靠近

(c) 相对扭转720°后两端靠近

图 3.9　线缆变形仿真结果与实验结果对比

### 3.7.3　线缆模型的有限元对比验证

3.7.2 小节中模型的实验验证只是一种定性的真实性评估方法，基于有限元模型较高的真实性，为了实现对所提出的模型真实性的定量评估，用线缆的有限元模型对线缆的变形进行了模拟，并将该仿真结果与所提出的弯扭复合弹簧质点模型的仿真结果进行了比较。

在线缆的有限元模型中，用包含 15 584 个实体六面体单元（每个单元 8 个节点）的结构化网格对线缆进行了建模，有限元模型和网格细节如图 3.10 所示。此外，有限元模型中使用的仿真参数与所提出的模型中使用的仿真参数相同，见表 3.1。

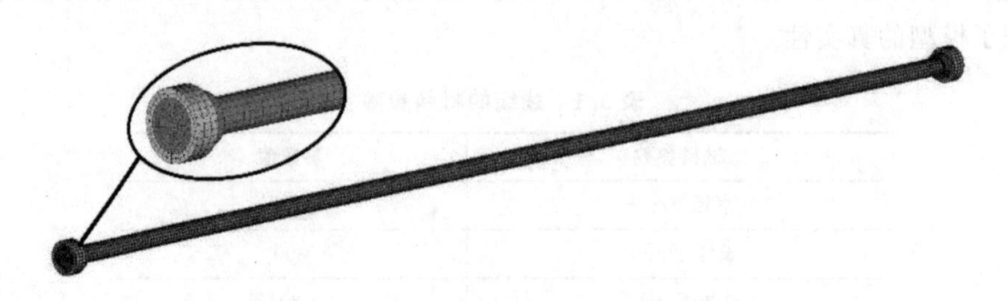

图 3.10　线缆的有限元模型

仿真案例为线缆左端固定，右端不断扭转并靠近左端。图 3.11 展示了弯扭复合弹簧质点模型与有限元模型两个模型计算出的线缆的空间形态在三个坐标平面上的投影，共对比了仿真过程中的三个时刻，即共有三组数据对应不同的两端距离和相对扭转角度。通过比较发现，两种模型之间的位置误差限制在 3.3 mm 以内（线缆的总长度为 300 mm），说明所提出的弯扭复合弹簧质点模型能够比较准确地模拟线缆的变形,定量地验证了模型的真实性。

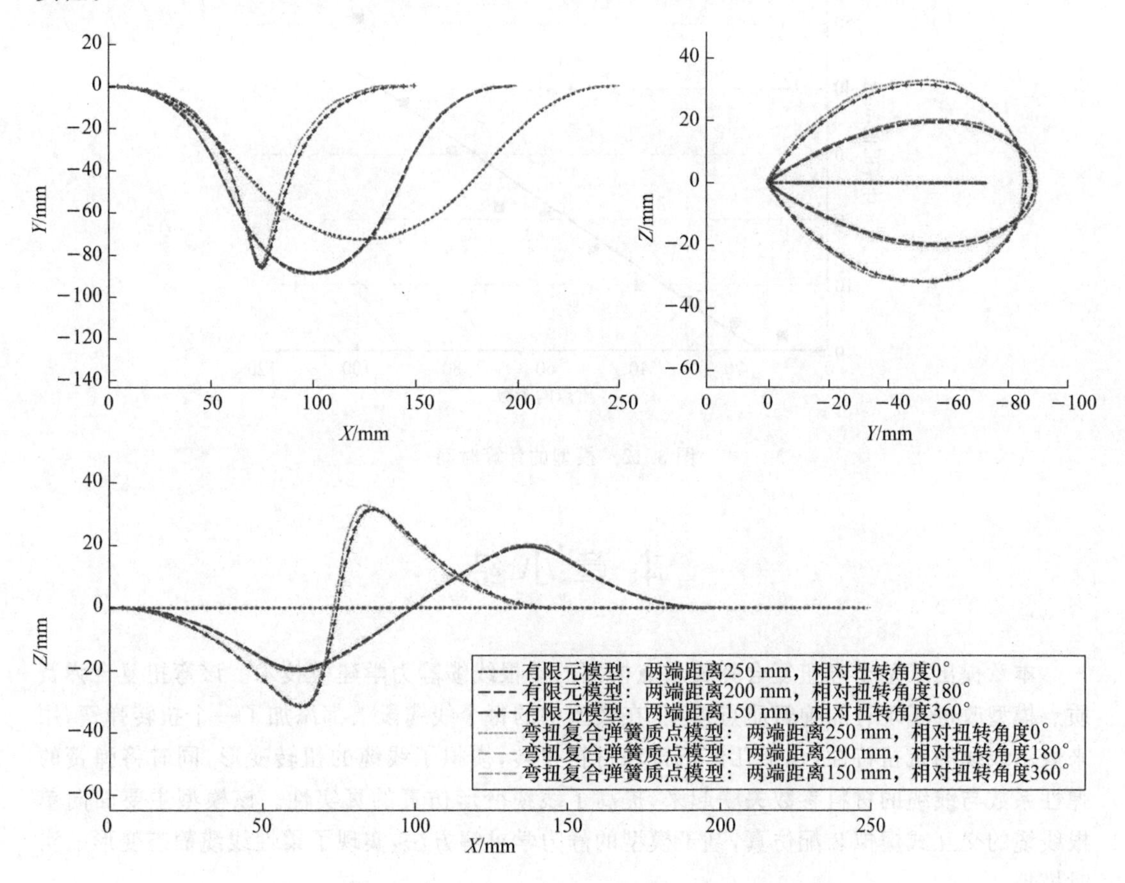


图 3.11 弯扭复合弹簧质点模型与有限元模型之间的对比

### 3.7.4 线缆模型的实时性

线缆的交互式虚拟装配仿真需要线缆模型能够快速地模拟线缆的变形,为了验证所提出模型的实时性,统计了模型中具有不同数量的质点时模型的平均计算时间,结果如图 3.12 所示。

从图 3.12 中可以看出,模型的计算时间随着模型中质点个数的增加几乎呈线性增长。在交互式仿真中,刷新率必须大于 30 fps,才能保证交互式操作的流畅性。也就是说,模型每次的计算时间必须小于 33 ms,对应的模型的质点个数为 80。因此,只要保证模型中质点的个数小于 80,该模型就能满足交互式虚拟装配仿真的实时性要求。

但质点的个数并不是越少越好,对于特定长度的线缆,质点数量的减少意味着每个线缆段长度的增加,这将导致模型的精度降低。因此,在实际的工作中,应该根据线缆的总长度和具体要求来确定质点的数量和每个线缆段的长度。在当前的案例中发现,当每个线缆段的长度在 5～30 mm 之间时,模型的精度和计算效率都能得到较好的满足。

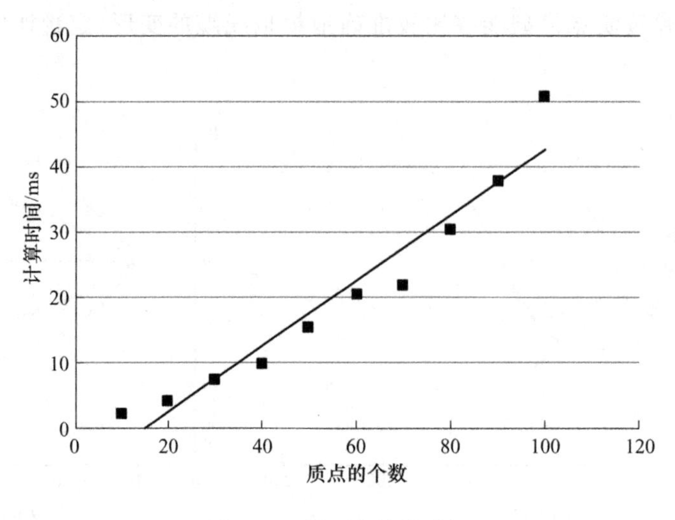


图 3.12 模型的计算时间

# 本章小结

本章提出了基于弯扭复合弹簧质点模型的单根线缆静力学建模技术。该弯扭复合弹簧质点模型改进了现有的弹簧质点模型，在模型中的每个线缆段上都添加了一个扭转弹簧，用来表示线缆的抗扭特性，包括几何扭转和材料扭转，模拟了线缆的扭转变形，同时将弹簧的弹性系数与线缆的材料参数关联起来，提高了线缆变形仿真的真实性。该模型主要面向单根线缆的交互式虚拟装配仿真，基于模型的静力学求解方法，实现了柔性线缆静态变形的实时模拟。

首先，对弯扭复合弹簧质点模型进行了简要的介绍。其次，分析了模型中质点的受力，包括拉压力、弯曲力、扭转力等内力和重力、约束力等外力，并介绍了模型中线性弹簧、弯曲弹簧和扭转弹簧的弹性系数的确定方法，将弹簧的弹性系数与线缆的材料参数关联起来。再次，基于模型的静力学求解方法，实现了模型的实时求解。模型求解完成后介绍了线缆中心线的分段贝塞尔曲线拟合方法，得到了线缆的外形。最后，通过仿真模拟、实验验证、有限元对比验证、计算时间统计等方法定性或定量地验证了所提出模型的真实性和实时性。结果表明，弯扭复合弹簧质点模型能够比较真实地模拟柔性线缆的重力、拉压、弯曲和扭转等静态变形，计算速度也能够满足交互式仿真的实时性要求。

# 第4章

# 基于多分支弹性细杆模型的分支线缆静力学建模技术

## 4.1 引　　言

相比于弹簧质点模型,弹性细杆模型具有更加深厚的理论基础,更能保证柔性线缆仿真的真实性。在此方面已有国内外学者进行了探索,但现有研究难以处理分支线缆的变形。因此,本章基于弹性细杆模型提出了多分支弹性细杆模型,用于模拟柔性线缆的变形。此外,所提出的多分支弹性细杆模型将用于分支线缆的交互式虚拟装配仿真,所以作者研究了多分支弹性细杆模型的静力学求解方法,实现了柔性线缆静态变形的实时求解。最后,展示了分支线缆的仿真效果,对所建立的模型进行了仿真验证。

## 4.2 线缆的连续弹性细杆模型(中心线-四元数)

### 4.2.1 线缆连续模型简介

弹性细杆模型从连续介质力学的角度出发,将柔性线缆看作细长的弹性杆。柔性线缆可视为由多个横截面和通过各横截面几何中心的中心线组成。通常假定线缆横截面为均匀、各向同性的圆形刚性横截面。中心线是二阶以上连续的空间平滑曲线,相邻横截面可绕中心线作相对移动和转动。

Jawed 等[81]已在他们的专著中对弹性细杆模型的相关公式进行了详细的介绍,在此作者对模型公式又进行了相关推导。如图 4.1 所示,以空间中一固定点 $O$ 为原点建立世界坐标系($O-\xi\eta\zeta$),则线缆的中心线 $C$ 可用向量 $\boldsymbol{r}(s,t)$ 来表示。其中 $s$ 是以线缆中心线的一端点 $P_0$ 为原点建立的弧坐标系,$t$ 是时间。$s$ 的取值范围为$[0,L]$,其中 $L$ 为线缆的长度。在中心线上任意一点 $P$ 可定义一个与刚性截面相固连的材料框架$\{\boldsymbol{d}_1(s,t),\boldsymbol{d}_2(s,t),\boldsymbol{d}_3(s,t)\}$,

它也是弧坐标 $s$ 和时间 $t$ 的函数。其中单位向量 $\boldsymbol{d}_1$ 和 $\boldsymbol{d}_2$ 位于横截面上且互相垂直，$\boldsymbol{d}_3=\boldsymbol{d}_1\times\boldsymbol{d}_2$ 是横截面的单位法向量。

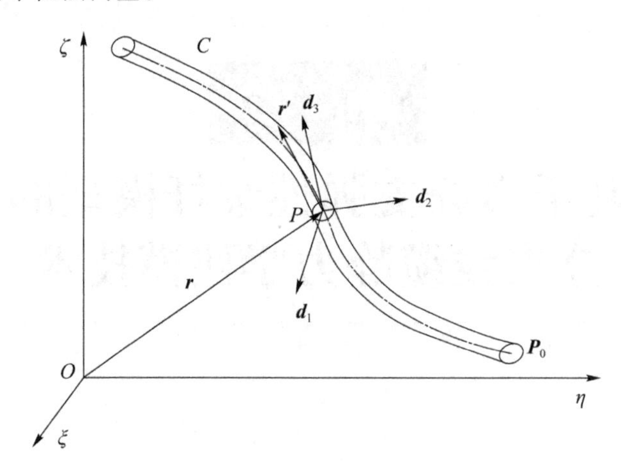


图 4.1　弹性细杆模型

## 4.2.2　线缆连续模型的弹性势能

线缆的剪切应变和拉伸应变可以用矢量 $\boldsymbol{\upsilon}=(\upsilon_1,\upsilon_2,\upsilon_3)^{\mathrm{T}}$ 来表示，其中 $\upsilon_k(k=1,2,3)$ 为矢量 $\boldsymbol{\upsilon}$ 在材料框架 $\{\boldsymbol{d}_1,\boldsymbol{d}_2,\boldsymbol{d}_3\}$ 各坐标轴上的分量，表示为中心线的切向量 $\boldsymbol{r}'$ 与材料框架坐标轴 $\boldsymbol{d}_k$ 之间的点积：

$$\upsilon_k=\boldsymbol{r}'\cdot\boldsymbol{d}_k \tag{4.1}$$

其中，符号“ ′ ”表示对弧坐标 $s$ 的偏微分，$\boldsymbol{r}'=\partial\boldsymbol{r}/\partial s$。

材料框架 $\{\boldsymbol{d}_1,\boldsymbol{d}_2,\boldsymbol{d}_3\}$ 在空间上（沿弧长 $s$）的变化规律 $\boldsymbol{d}_k'(k=1,2,3)$ 取决于其 Darboux 矢量 $\boldsymbol{\omega}=(\omega_1,\omega_2,\omega_3)^{\mathrm{T}}$：

$$\boldsymbol{d}_k'=\boldsymbol{\omega}\times\boldsymbol{d}_k,\quad k=1,2,3 \tag{4.2}$$

Darboux 矢量 $\boldsymbol{\omega}$ 可以用来表示线缆的弯曲应变和扭转应变，因此也称为线缆的弯扭度矢量，定义为

$$\boldsymbol{\omega}=(\boldsymbol{d}_2'\cdot\boldsymbol{d}_3)\boldsymbol{d}_1+(\boldsymbol{d}_3'\cdot\boldsymbol{d}_1)\boldsymbol{d}_2+(\boldsymbol{d}_1'\cdot\boldsymbol{d}_2)\boldsymbol{d}_3=\boldsymbol{d}_3\times\boldsymbol{d}_3'+(\boldsymbol{d}_1'\cdot\boldsymbol{d}_2)\boldsymbol{d}_3 \tag{4.3}$$

弹性细杆模型假定弹性杆的局部仍满足微应变条件和线弹性本构关系。由于弹性杆的长细比，局部微应变沿弧长的累积可以使弹性杆在整体上表现出大的变形。因此，内力 $\boldsymbol{F}=(F_1,F_2,F_3)^{\mathrm{T}}$ 和内扭矩 $\boldsymbol{M}=(M_1,M_2,M_3)^{\mathrm{T}}$ 与矢量 $\boldsymbol{\upsilon}$ 和 $\boldsymbol{\omega}$ 的关系分别为

$$F_1=GA\upsilon_1,\quad F_2=GA\upsilon_2,\quad F_3=EA(\upsilon_3-1) \tag{4.4}$$

$$M_1=E_bI_1(\omega_1-\bar{\omega}_1),\quad M_2=E_bI_2(\omega_2-\bar{\omega}_2),\quad M_3=GI_p(\omega_3-\bar{\omega}_3) \tag{4.5}$$

式中，$GA$ 为线缆材料的剪切刚度；$EA$ 是线缆材料的轴向拉压刚度；$E_bI_1$ 和 $E_bI_2$ 是线缆材料沿 $\boldsymbol{d}_1$ 轴和 $\boldsymbol{d}_2$ 轴的弯曲刚度；$GI_p$ 是线缆材料绕 $\boldsymbol{d}_3$ 轴的扭转刚度。其中，$E$ 是拉伸变形中的杨氏模量，$E_b$ 是弯曲变形时的杨氏模量，$G$ 是剪切模量。对于理想杆，拉伸变形中的杨氏模量 $E$ 与弯曲变形时的杨氏模量 $E_b$ 相等，但由于实际线缆是由多根电线组成的线束，其截面并不均匀而且存在空隙，在实际测量中线缆拉伸时的杨氏模量 $E$ 通常比弯曲时的杨氏模

量$E_b$大。$A$是横截面面积，$I_1$和$I_2$是横截面惯性矩，$I_3$是极惯性矩。对于半径为$a$的各向同性的圆形截面，$A=\pi a^2$，$I_1=I_2=I=\pi a^4/4$，$I_3=\pi a^4/2$。$\bar{\omega}_k(k=1,2,3)$为线缆的原始曲率和扭率，通常设为0。

因此，线缆的弹性势能$U$包括剪切弹性势能$U_s$、拉压弹性势能$U_e$、弯曲弹性势能$U_b$和扭转弹性势能$U_t$，可分别表示为

$$
\begin{aligned}
U &= U_s + U_e + U_b + U_t, \\
U_s &= \frac{1}{2}\int_0^L GA\,(\upsilon_1^2 + \upsilon_2^2)\,\mathrm{d}s, \\
U_e &= \frac{1}{2}\int_0^L EA\,(\upsilon_3 - 1)^2\,\mathrm{d}s, \\
U_b &= \frac{1}{2}\int_0^L [E_b I_1\,(\omega_1 - \bar{\omega}_1)^2 + E_b I_2\,(\omega_2 - \bar{\omega}_2)^2]\,\mathrm{d}s, \\
U_t &= \frac{1}{2}\int_0^L GI_p\,(\omega_3 - \bar{\omega}_3)^2\,\mathrm{d}s
\end{aligned}
\tag{4.6}
$$

在实际应用中，为了方便起见，通常忽略线缆的剪切变形。在这种情况下，材料框架为自适应框架，线缆的横截面与中心线始终正交，$\boldsymbol{d}_3$与$P$点处中心线的切线方向上的单位矢量$\boldsymbol{t}$重合，如图4.2所示。

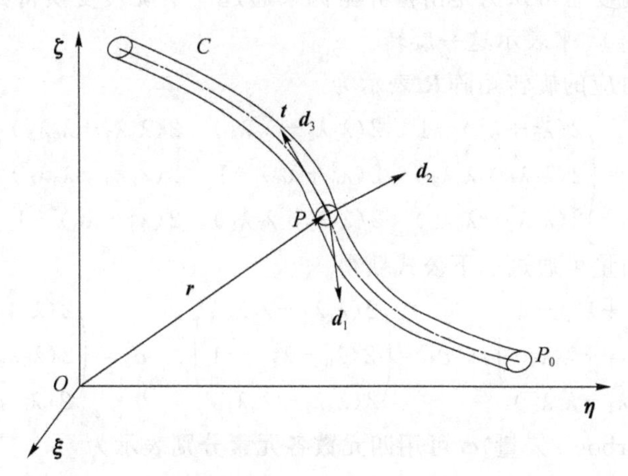


图 4.2 弹性细杆模型（忽略剪切变形）

$$\boldsymbol{d}_3=\boldsymbol{t}=\frac{\boldsymbol{r}'}{|\boldsymbol{r}'|} \tag{4.7}$$

此时，矢量$\boldsymbol{\upsilon}$中表征线缆剪切应变的分量$\upsilon_1$和$\upsilon_2$均为0，表征拉伸应变的分量可表示为

$$\upsilon_3=|\boldsymbol{r}'| \tag{4.8}$$

弯扭度矢量（Darboux 矢量）$\boldsymbol{\omega}$可以表示为

$$\boldsymbol{\omega}=\boldsymbol{d}_3\times\boldsymbol{d}_3'+(\boldsymbol{d}_1'\cdot\boldsymbol{d}_2)\boldsymbol{d}_3=\boldsymbol{t}\times\boldsymbol{t}'+(\boldsymbol{d}_1'\cdot\boldsymbol{d}_2)\boldsymbol{t}=K\boldsymbol{b}+\omega_3\boldsymbol{t} \tag{4.9}$$

其中，$K\boldsymbol{b}=\boldsymbol{t}\times\boldsymbol{t}'$为中心线的副法线曲率，为度量曲线弯曲程度的参数；$K=|\boldsymbol{t}'|$为曲线的曲率大小；$\boldsymbol{b}=(\boldsymbol{t}\times\boldsymbol{t}')/|\boldsymbol{t}'|$为曲线副法线方向上的单位矢量；$\omega_3=\boldsymbol{d}_1'\cdot\boldsymbol{d}_2$是弹性杆的扭率，为度量线缆扭转程度的参数。

内力$F_1$和$F_2$均为0，$F_3$可表示为

$$F_3=K_e(\upsilon_3-1)=K_e(|\boldsymbol{r}'|-1) \tag{4.10}$$

线缆的弹性势能 $U_s$ 被忽略，拉压弹性势能 $U_e$、弯曲弹性势能 $U_b$ 和扭转弹性势能 $U_t$ 可重新表示为

$$\begin{aligned} U_e &= \frac{1}{2}\int_0^L EA\ (v_3-1)^2 \mathrm{d}s = \frac{1}{2}\int_0^L EA\ (|\boldsymbol{r}'|-1)^2 \mathrm{d}s, \\ U_b &= \frac{1}{2}\int_0^L E_b I\ (K-\bar{K})^2 \mathrm{d}s = \frac{1}{2}\int_0^L E_b I[(\omega_1-\bar{\omega}_1)^2+(\omega_2-\bar{\omega}_2)^2]\mathrm{d}s, \\ U_t &= \frac{1}{2}\int_0^L GI_p\ (\omega_3-\bar{\omega}_3)^2 \mathrm{d}s \end{aligned} \tag{4.11}$$

此时，线缆的总弹性势能 $U$ 为拉压弹性势能 $U_e$、弯曲弹性势能 $U_b$ 和扭转弹性势能 $U_t$ 的总和：

$$U=U_e+U_b+U_t \tag{4.12}$$

### 4.2.3 材料框架的中心线-四元数表示方法

弹性细杆模型中中心线在世界坐标系中的位置可以用矢量 $\boldsymbol{r}$ 来表示，而材料框架的姿态有多种表示方法，许多学者采用四元数的表示方法。

材料框架的当前姿态可认为是由世界坐标系通过一个旋转变换得到的，可采用四元数 $\boldsymbol{\lambda}(s,t)=(\lambda_0,\lambda_1,\lambda_2,\lambda_3)^{\mathrm{T}}$ 来表示这一旋转。

与四元数 $\boldsymbol{\lambda}$ 相对应的旋转矩阵 $\boldsymbol{R}$ 表示为

$$\boldsymbol{R}=\begin{pmatrix} 2(\lambda_0^2+\lambda_1^2)-1 & 2(\lambda_1\lambda_2-\lambda_0\lambda_3) & 2(\lambda_1\lambda_3+\lambda_0\lambda_2) \\ 2(\lambda_2\lambda_1+\lambda_0\lambda_3) & 2(\lambda_0^2+\lambda_2^2)-1 & 2(\lambda_2\lambda_3-\lambda_0\lambda_1) \\ 2(\lambda_3\lambda_1-\lambda_0\lambda_2) & 2(\lambda_3\lambda_2+\lambda_0\lambda_1) & 2(\lambda_0^2+\lambda_3^2)-1 \end{pmatrix} \tag{4.13}$$

材料框架的基向量可通过以下公式获得

$$\boldsymbol{d}_1=\begin{pmatrix} 2(\lambda_0^2+\lambda_1^2)-1 \\ 2(\lambda_2\lambda_1+\lambda_0\lambda_3) \\ 2(\lambda_3\lambda_1-\lambda_0\lambda_2) \end{pmatrix},\quad \boldsymbol{d}_2=\begin{pmatrix} 2(\lambda_1\lambda_2-\lambda_0\lambda_3) \\ 2(\lambda_0^2+\lambda_2^2)-1 \\ 2(\lambda_3\lambda_2+\lambda_0\lambda_1) \end{pmatrix},\quad \boldsymbol{d}_3=\begin{pmatrix} 2(\lambda_1\lambda_3+\lambda_0\lambda_2) \\ 2(\lambda_2\lambda_3-\lambda_0\lambda_1) \\ 2(\lambda_0^2+\lambda_3^2)-1 \end{pmatrix} \tag{4.14}$$

弯扭度矢量(Darboux 矢量)$\boldsymbol{\omega}$ 可用四元数各元素分别表示为

$$\boldsymbol{\omega}=\begin{pmatrix} \omega_1 \\ \omega_2 \\ \omega_3 \end{pmatrix}=2\begin{pmatrix} \lambda_0\lambda_1'-\lambda_1\lambda_0'-\lambda_2\lambda_3'+\lambda_3\lambda_2' \\ \lambda_0\lambda_2'+\lambda_1\lambda_3'-\lambda_2\lambda_0'-\lambda_3\lambda_1' \\ \lambda_0\lambda_3'-\lambda_1\lambda_2'+\lambda_2\lambda_1'-\lambda_3\lambda_0' \end{pmatrix} \tag{4.15}$$

其中，$\lambda_k'=\partial\lambda_k/\partial s$ 和 $\dot{\lambda}_k=\partial\lambda_k/\partial t$ 分别是四元数各元素对弧坐标 $s$ 和时间 $t$ 的偏微分。

这样，线缆的位姿就可以用中心线的位置矢量 $\boldsymbol{r}(s,t)$ 和材料框架的四元数矢量 $\boldsymbol{\lambda}(s,t)$ 来表示，共有七个变量。但引入的四元数应该是一个单位矢量，所以存在以下标准化约束条件

$$|\boldsymbol{\lambda}|=\sqrt{\lambda_0^2+\lambda_1^2+\lambda_2^2+\lambda_3^2}=1 \tag{4.16}$$

当忽略线缆的剪切变形时，还得保证经过旋转变换后的材料框架 $\boldsymbol{d}_3$ 轴与切线方向上的单位矢量 $\boldsymbol{t}$ 重合，如式(4.7)所示。

### 4.2.4 线缆连续模型的静力学求解

在此介绍的弹性细杆模型将用于柔性线缆的交互式虚拟装配仿真，由于线缆在装配过程中处于低速状态，其动力学特性表现得并不明显，同时在装配过程中动力学特性也并不是关注的重点。因此，本书针对线缆的静力学平衡状态进行分析，建立线缆的静力学模型。

关于弹性细杆的静平衡状态已有相关研究[7,19,112]，主要方法是通过微分方程描述线缆的平衡状态，然后通过施加位置边界条件，利用“打靶法”求得线缆处于静平衡时的外形。其中平衡方程基于线缆微元段建立，使微元段受到的合力及合力矩为零，线缆微元弧段的受力分析如图 4.3 所示，其中内力通过弹性杆的本构关系计算，外力可以是重力或接触力。利用这种方法建立的线缆平衡状态模型在求解上存在困难，由于微分方程具有很强的非线性，存在多解的情况，而且“打靶法”求解效率较低，难以满足装配仿真的实时性需求。

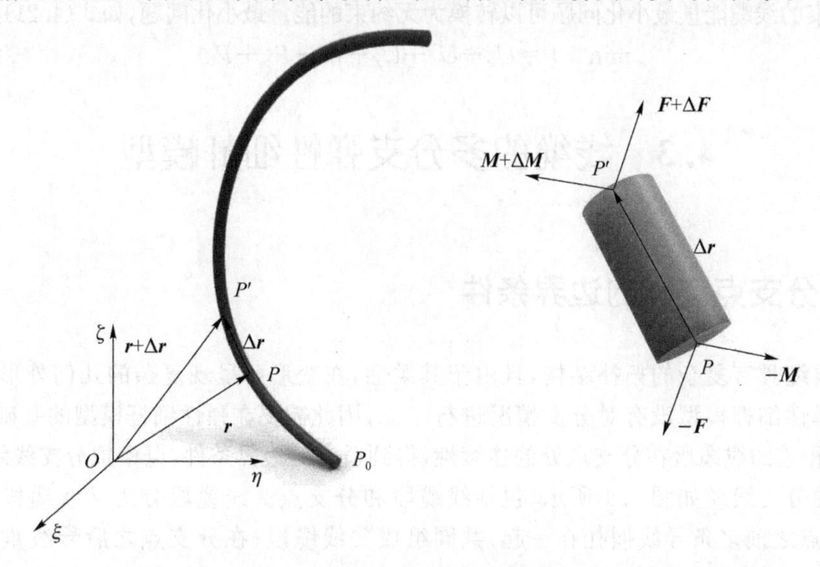


图 4.3 线缆微元弧段的受力分析

为了便于求解线缆的平衡状态，本章采用能量最小化方法对线缆的平衡状态进行建模。在满足各操作约束的情况下，当线缆具有最小能量时，线缆处于平衡状态。对于静平衡的线缆，由于不存在动能和耗散能，其总能量 $P$ 主要由弹性势能 $U$ 和外力势能 $W$ 组成。其中弹性势能包括拉压弹性势能 $U_e$、弯曲弹性势能 $U_b$ 和扭转弹性势能 $U_t$，外力势能 $W$ 包括重力和接触力等外力 $\boldsymbol{F}_w$ 产生的势能，可表示为

$$W=-\int_0^L \boldsymbol{F}_w\cdot\boldsymbol{r}\mathrm{d}s \tag{4.17}$$

因此，线缆静平衡状态可以通过求解如下最小化问题得到。

$$\begin{aligned}\min\quad & P=U_e+U_b+U_t+W\\ \text{s.t.}\quad & \frac{\boldsymbol{r}'}{|\boldsymbol{r}'|}=\boldsymbol{d}_3,\\ & |\boldsymbol{\lambda}|=1\end{aligned} \tag{4.18}$$

由于忽略了线缆的剪切变形，以及材料框架采用四元数的表示方法，因此式(4.18)中包含了平行约束和四元数标准化约束两个等式约束。对于这种约束可以引入拉格朗日乘子进

行求解[113]，但该方法的求解效率不高。在计算机图形学领域，对于这类约束常常采用罚函数的方法进行处理，通过适当的方式将约束转换为罚函数，并作为目标函数的一部分，从而消除原问题中的约束，得到无约束的线缆能量最小问题。

在线缆的物性模型中存在平行约束和四元数标准化约束，将它们写成罚函数的形式：

$$P_p = \frac{1}{2}\int_0^s K_p\left(\frac{\boldsymbol{r}'}{|\boldsymbol{r}'|} - \boldsymbol{d}_3\right)\cdot\left(\frac{\boldsymbol{r}'}{|\boldsymbol{r}'|} - \boldsymbol{d}_3\right)\mathrm{d}s \tag{4.19}$$

$$P_n = \frac{1}{2}\int_0^s K_n\,(|\boldsymbol{\lambda}| - 1)^2\mathrm{d}s \tag{4.20}$$

其中 $P_p$ 和 $P_n$ 分别为由平行约束和四元数标准化约束产生的能量，$K_p$ 和 $K_n$ 为罚函数系数。罚函数系数越大，对于约束的满足效果越好，但会造成求解的困难，降低求解效率，在实际使用时可根据实际求解精度的要求选择适当的罚函数系数。

通过将等式约束转换为二次项，得到其罚函数的表达，并作为能量加入到线缆的总能量表达式中，带约束的线缆能量最小化问题可以转换为无约束的能量最小化问题，如式(4.21)所示。

$$\min \quad P = U_e + U_b + U_t + W + P_p + P_n \tag{4.21}$$

# 4.3 线缆的多分支弹性细杆模型

## 4.3.1 分支点连续的边界条件

分支线缆具有复杂的拓扑结构，且由于其柔性，在变形后呈现复杂的几何外形。由于前面介绍的弹性细杆模型没有对分支情况进行考虑，因此需要在弹性细杆模型的基础上进行拓展，考虑各相连的线缆段在分支点处的连续性，得到适当的边界条件，以模拟分支线缆的形变。

典型的分支线缆如图 4.4 所示，包括线缆段和分支点。线缆段分为父线缆段和子线缆段：在分支点之前多条导线捆扎在一起，共同组成父线缆段；在分支点之后导线重新组合形成多条分支，即子线缆段。

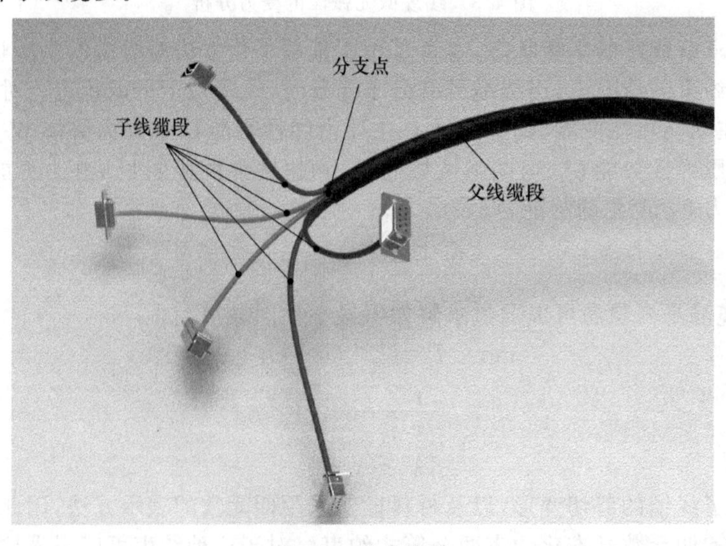


图 4.4　分支线缆

每个线缆段可以看作单支线缆，如图 4.5 所示，并利用弹性细杆模型直接对其进行建模。

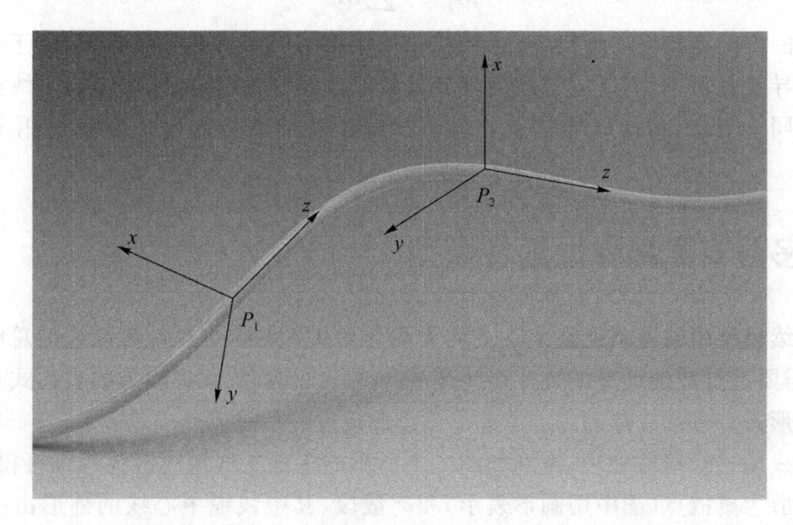


图 4.5 单支线缆

分支点的内部结构如图 4.6 所示，无论是父线缆段还是子线缆段中都包含一定数量的导线，通过将导线进行捆扎形成线缆段。

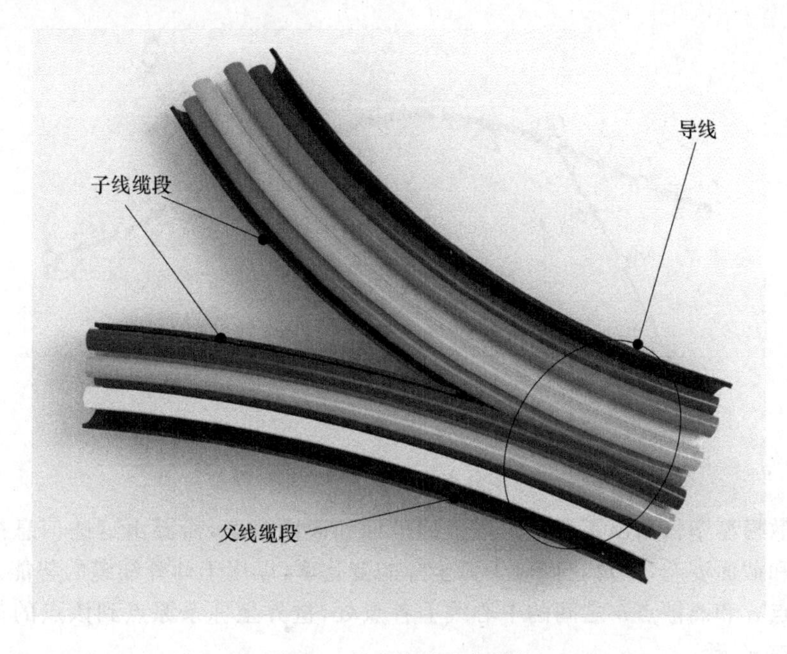


图 4.6 分支点的内部结构

分支线缆物性建模的关键在于确定分支点处各线缆段的连续边界条件，包括各线缆段中心线端点和端部截面的连续边界条件。对于中心线端点连续的边界条件，可以简单地认为子线缆段和父线缆段的中心线端点在分支点处重合。而对于线缆段的端部截面，其可以发生相对转动，产生的力矩可以由式(4.5)计算得到。计算出各子线缆段在分支点处的力矩之后，可以得到父线缆段在分支点处受到的力矩 $\boldsymbol{M}_p$ 为各子线缆段力矩 $\boldsymbol{M}_c$ 之和。因此，各

线缆段端部截面在分支点处连续的力矩边界条件为

$$\boldsymbol{M}_p = \sum \boldsymbol{M}_c \tag{4.22}$$

从分支的内部结构可以看出，各子线缆段的刚度与其包含的导线有关，由于同一子线缆段所包含的导线数目不变，所以子线缆段各处的刚度相等，端部的刚度也与子线缆段其余部分的刚度相同。因此，在计算分支点处各子线缆段变形产生的力矩时应采用子线缆段的刚度。

## 4.3.2 多分支离散弹性细杆模型

线缆连续模型中的各项能量表达式均为积分形式，因此，难以计算线缆的总能量。为了便于求解，需要通过数值计算的方法对线缆进行离散处理，从而将能量的表达式从积分形式转换为代数形式。

对分支线缆进行离散处理，得到如图 4.7 所示的多分支线缆离散弹性细杆模型，线缆的中心线被离散为离散点（图中用圆形表示）和离散段，其中线缆中心线的外形由离散点在世界坐标系中的坐标进行描述，线缆截面的姿态由离散段中点处截面（图中用三角形表示）的姿态表示。需要说明的是，每个离散点和离散段都进行了编号，以下描述中的变量 $a$、$b$ 和 $c$ 表示相邻离散点的编号，$p$ 和 $q$ 表示相邻离散段的编号。

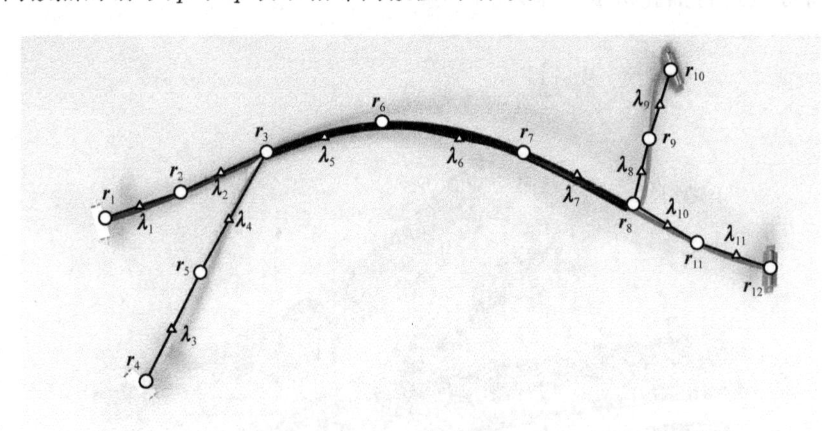


图 4.7 多分支线缆离散弹性细杆模型

由于离散模型中仅给出了离散位置上的坐标和截面姿态，需要由这些信息描述其余各点处的坐标和截面姿态，以及它们对于弧坐标的变化率，以用于计算线缆的势能。

在离散点 $a$ 和离散点 $b$ 之间的中心线上各点处，世界坐标系原点到该点的矢量对于弧坐标的变化率 $\boldsymbol{r}'_{a,b}$ 为

$$\boldsymbol{r}'_{a,b} = \frac{\boldsymbol{r}_b - \boldsymbol{r}_a}{|\boldsymbol{r}_b - \boldsymbol{r}_a|} \approx \frac{\boldsymbol{r}_b - \boldsymbol{r}_a}{l_{a,b}} \tag{4.23}$$

其中 $l_{a,b}$ 为离散点 $a$ 和离散点 $b$ 之间的线缆段的初始长度。由于线缆在变形前后的长度变化量相比于其长度可以忽略不计，因此在计算时用其原始长度来近似变形后的长度。

离散段 $p$ 和离散段 $q$ 中点之间的各截面相对世界坐标系的转角对于弧坐标变化率 $\boldsymbol{\lambda}'_{p,q}$ 为

$$\boldsymbol{\lambda}'_{p,q}=\frac{\boldsymbol{\lambda}_p-\boldsymbol{\lambda}_q}{\frac{1}{2}(|\boldsymbol{r}_a-\boldsymbol{r}_b|+|\boldsymbol{r}_b-\boldsymbol{r}_c|)}\approx\frac{\boldsymbol{\lambda}_p-\boldsymbol{\lambda}_q}{l_{p,q}} \tag{4.24}$$

其中 $l_{p,q}$ 为离散段 $p$ 和离散段 $q$ 中点之间线缆段的初始长度。

在离散点 $a$ 和离散点 $b$ 之间的中心线上各点坐标为

$$\boldsymbol{r}_k=k\boldsymbol{r}_a+(1-k)\boldsymbol{r}_b,\quad k\in(0,1) \tag{4.25}$$

其中 $k$ 表示该点到离散点 $a$ 之间的线缆段长度占离散点 $a$ 和离散点 $b$ 之间线缆段总长的比例。

为了计算简便，将离散段 $p$ 和离散段 $q$ 中点之间的各截面相对世界坐标系的转动近似表示为

$$\bar{\boldsymbol{\lambda}}_{p,q}=\frac{\boldsymbol{\lambda}_p+\boldsymbol{\lambda}_q}{2} \tag{4.26}$$

### 4.3.3 多分支离散弹性细杆模型的总能量

通过将式(4.23)～式(4.26)代入线缆模型的能量积分式，可以得到各能量的代数形式表达。

离散点 $a$ 和离散点 $b$ 之间的拉压势能为

$$U_e^{a,b}=\frac{1}{2}\int_0^{l_{a,b}}EA\ (|\boldsymbol{r}'_{a,b}|-1)^2\mathrm{d}s=\frac{1}{2}EAl_{a,b}\left(\frac{\sqrt{(\boldsymbol{r}_a-\boldsymbol{r}_b)\cdot(\boldsymbol{r}_a-\boldsymbol{r}_b)}}{l_{a,b}}-1\right)^2 \tag{4.27}$$

离散段 $p$ 和离散段 $q$ 中点之间的弯曲势能为

$$U_b^{p,q}=\frac{1}{2}\int_0^{l_{p,q}}E_bI[(\omega_1-\bar{\omega}_1)^2+(\omega_2-\bar{\omega}_2)^2]\mathrm{d}s=\frac{1}{2}E_bIl_{p,q}[(\omega_1-\bar{\omega}_1)^2+(\omega_2-\bar{\omega}_2)^2] \tag{4.28}$$

离散段 $p$ 和离散段 $q$ 中点之间的扭曲势能为

$$U_t^{p,q}=\frac{1}{2}\int_0^{l_{p,q}}GI_p\ (\omega_3-\bar{\omega}_3)^2\mathrm{d}s=\frac{1}{2}GI_pl_{p,q}\ (\omega_3-\bar{\omega}_3)^2 \tag{4.29}$$

离散点 $a$ 和离散点 $b$ 之间的外力势能为

$$\boldsymbol{W}^{a,b}=-\int_0^{l_{a,b}}\boldsymbol{F}_w\cdot\boldsymbol{r}\mathrm{d}s=-\frac{l_{a,b}}{2}\boldsymbol{F}_w\cdot(\boldsymbol{r}_a+\boldsymbol{r}_b) \tag{4.30}$$

离散点 $a$ 和离散点 $b$ 之间平行约束和四元数标准化约束产生的罚函数能量为

$$\begin{aligned}P_p^{a,b}&=\frac{1}{2}\int_0^{l_{a,b}}K_p(\boldsymbol{r}'_{a,b}-\boldsymbol{d}_3(\boldsymbol{\lambda}_{a,b}))\cdot(\boldsymbol{r}'_{a,b}-\boldsymbol{d}_3(\boldsymbol{\lambda}_{a,b}))\mathrm{d}s\\&=\frac{1}{2}l_{a,b}K_p\left(\frac{\boldsymbol{r}_b-\boldsymbol{r}_a}{l_{a,b}}-\boldsymbol{d}_3(\boldsymbol{\lambda}_{a,b})\right)\cdot\left(\frac{\boldsymbol{r}_b-\boldsymbol{r}_a}{l_{a,b}}-\boldsymbol{d}_3(\boldsymbol{\lambda}_{a,b})\right)\end{aligned} \tag{4.31}$$

$$\begin{aligned}P_n^{a,b}&=\frac{1}{2}\int_0^{s}K_n\ (|\boldsymbol{\lambda}|-1)^2\mathrm{d}s=\frac{1}{2}\int_0^{l_{a,b}}K_n\ (|\bar{\boldsymbol{\lambda}}_{a,b}|-1)^2\mathrm{d}s\\&=\frac{1}{2}l_{a,b}K_n\ (|\bar{\boldsymbol{\lambda}}_{a,b}|-1)^2\end{aligned} \tag{4.32}$$

其中，$\boldsymbol{\lambda}_{a,b}$ 表示离散点 $a$ 和离散点 $b$ 之间的线缆截面相对于世界坐标系的转动，$\boldsymbol{d}_3$ 为截面上局部坐标系 $z$ 轴正向的单位矢量。

单根线缆的离散模型如图 4.8 所示，其势能包括拉压、弯曲、扭转以及外力势能。对于一个具有 $n$ 个离散点、$n-1$ 个离散段的单根线缆，其总势能为

$$P_{\text{branch}} = \sum_{i=1}^{n} U_e^i + \sum_{j=1}^{n-1} U_b^j + \sum_{j=1}^{n-1} U_t^j + \sum_{i=1}^{n} W^i \tag{4.33}$$

其中，$U_e^i$ 和 $W^i$ 分别为第 $i$ 个离散段上的拉压势能和外力势能，$U_b^j$ 和 $U_t^j$ 为第 $j$ 个相邻离散段之间的弯曲势能和扭转势能。

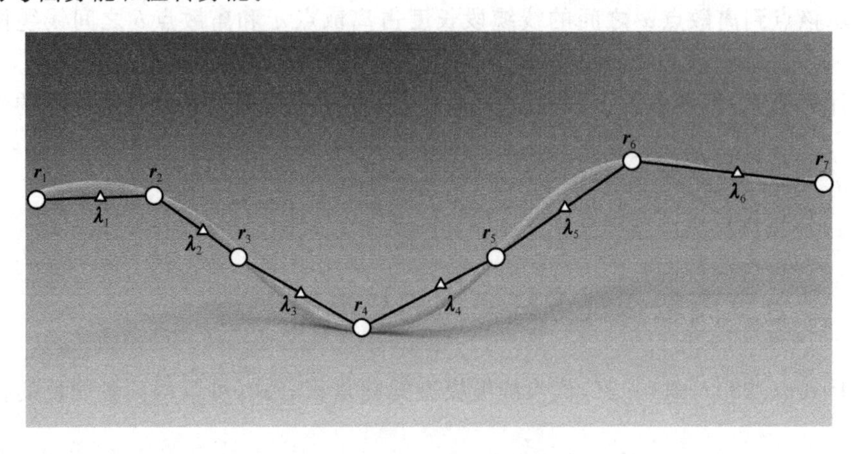


图 4.8　单根线缆的离散模型

分支线缆的离散模型如图 4.9 所示，根据分支点处的连续边界条件，各线缆段在分支点处的离散点重合，而子线缆段和父线缆段在分支点处的截面并不一定为相同姿态，而是会发生相对转动，从而产生力矩。由力矩边界条件可以得出，分支处的势能为各子线缆段弯扭势能之和。对于具有 $m$ 个子线缆段的分支，分支处具有的弯扭势能为

$$P_{\text{joint}} = \sum_{j=1}^{m} (U_b^j + U_t^j) \tag{4.34}$$

其中 $U_b^j$ 和 $U_t^j$ 分别是第 $j$ 个子线缆段在分支处的弯曲弹性势能和扭转弹性势能。

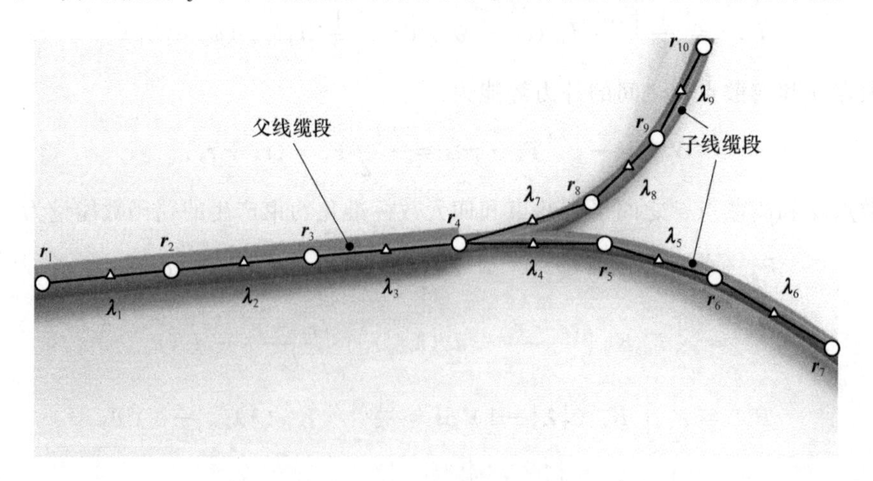


图 4.9　分支线缆的离散模型

对于一个具有 $n$ 个离散段的线缆，其总的罚函数能量为

$$P_{\text{penalty}} = \sum_{i=1}^{n} (P_p^i + P_n^i) \tag{4.35}$$

其中 $P_p^i$ 和 $P_n^i$ 分别是第 $i$ 个离散段的平行约束和四元数标准化约束的罚函数能量。

最终将各线缆段的势能、各分支点的弯扭势能以及罚函数能量相加得到离散模型的总能量，从而建立离散模型的静力学平衡模型为

$$\min \quad P = \sum P_{\text{branch}} + \sum P_{\text{joint}} + \sum P_{\text{penalty}} \tag{4.36}$$

## 4.4　分支线缆模型的静力学求解

通过对能量最小问题中的约束进行转换，并对线缆进行离散处理，最终得到的线缆静力学平衡模型为无约束的非线性最优化问题。对于此类问题已有许多成熟算法进行求解，本节将通过对比几种常用的非线性最优化方法，选择其中最为高效和稳定的算法用于模型的求解，并利用 GPU 加速技术进一步提高线缆物性模型的求解效率。

### 4.4.1　非线性最优化方法

对于目标函数为 $f(\boldsymbol{x})$，变量为 $\boldsymbol{x}$ 的最小化问题

$$\min \quad f(\boldsymbol{x}) \tag{4.37}$$

需要求得目标函数的最小值，并将此时变量的值 $\boldsymbol{x}^*$ 称为最优解，其中变量 $\boldsymbol{x}$ 可以是一个维度为 $n$ 的矢量。

由于线缆能量最小问题中目标函数是代数表达式，并含有变量的二次项，属于非线性最优化问题，常用的求解方法有最速下降法、牛顿法、共轭梯度法、非线性最小二乘法和信赖域法[114]。其主要思想是通过迭代，逐步修改变量的值使其接近最优解，第 $k$ 步迭代中的变量 $\boldsymbol{x}_k$ 称为迭代点。在每一步迭代中需要构造搜索方向，并在该方向上寻找使目标函数最小的变量取值。构造搜索方向利用了当前变量的值以及目标函数对各变量的一阶导数和二阶导数，其中梯度 $\boldsymbol{g}$ 包含目标函数的一阶导数信息：

$$\boldsymbol{g} = \nabla f(\boldsymbol{x}) \in \boldsymbol{R}^n \tag{4.38}$$

黑塞矩阵 $\boldsymbol{H}$ 包含目标函数的二阶导数信息：

$$\boldsymbol{H} = \nabla^2 f(\boldsymbol{x}) \in \boldsymbol{R}^{n \times n} \tag{4.39}$$

对于矢量函数 $\boldsymbol{h}(x)$：

$$\boldsymbol{h}(\boldsymbol{x}) = (h_1(\boldsymbol{x}), \cdots, h_m(\boldsymbol{x}))^{\mathrm{T}} \tag{4.40}$$

构造搜索方向时利用了其雅可比矩阵 $\nabla \boldsymbol{h}(x)$，包含了目标函数的一阶导数信息：

$$\nabla \boldsymbol{h}(\boldsymbol{x}) = (\nabla h_1(\boldsymbol{x}), \nabla h_2(\boldsymbol{x}), \cdots, \nabla h_m(\boldsymbol{x}))^{\mathrm{T}} \in \mathbf{R}^{m \times n} \tag{4.41}$$

迭代的终止条件为变量的增幅步长小于 TolX，或者目标函数的变化量小于 TolFun。

1）非线性优化方法介绍

（1）最速下降法

最速下降法将迭代点 $\boldsymbol{x}_k$ 处的目标函数梯度 $\boldsymbol{g}_k$ 作为搜索方向，只需要梯度信息。

(2) 牛顿法

将目标函数 $f(\boldsymbol{x})$ 在迭代点 $\boldsymbol{x}_k$ 处二阶展开，得到

$$f(\boldsymbol{x})=f(\boldsymbol{x}_k)+\boldsymbol{g}_k^{\mathrm{T}}(\boldsymbol{x}-\boldsymbol{x}_k)+\frac{1}{2}(\boldsymbol{x}-\boldsymbol{x}_k)^{\mathrm{T}}\boldsymbol{H}_k(\boldsymbol{x}-\boldsymbol{x}_k) \tag{4.42}$$

令

$$\boldsymbol{Q}(\boldsymbol{x})=f(\boldsymbol{x}_k)+\boldsymbol{g}_k^{\mathrm{T}}(\boldsymbol{x}-\boldsymbol{x}_k)+\frac{1}{2}(\boldsymbol{x}-\boldsymbol{x}_k)^{\mathrm{T}}\boldsymbol{H}_k(\boldsymbol{x}-\boldsymbol{x}_k) \tag{4.43}$$

得到最小值点满足方程

$$\nabla\boldsymbol{Q}(\boldsymbol{x})=\boldsymbol{g}_k+\boldsymbol{H}_k(\boldsymbol{x}-\boldsymbol{x}_k)=\boldsymbol{0} \tag{4.44}$$

求解得到搜索方向为

$$\boldsymbol{p}=-\boldsymbol{H}_k^{-1}\boldsymbol{g}_k \tag{4.45}$$

(3) 共轭梯度法

共轭梯度法基于一组共轭的搜索方向寻找目标函数的最优解，一组 $n$ 维的共轭矢量 $\boldsymbol{v}_1,\cdots,\boldsymbol{v}_m$ 满足

$$\boldsymbol{v}_i^{\mathrm{T}}\boldsymbol{G}\boldsymbol{v}_j=0\,(i\neq j) \tag{4.46}$$

其中 $\boldsymbol{G}$ 为 $n\times n$ 的对称正定矩阵。

在初始迭代点采用梯度 $\boldsymbol{g}_0$ 作为搜索方向，之后迭代的搜索方向与前面的搜索方向都满足共轭关系。共轭梯度法综合了最速下降法和牛顿法，无须计算二阶导数且具有二次收敛性。

(4) 非线性最小二乘法

由矢量函数 $\boldsymbol{h}(\boldsymbol{x})$ 构成的最优化问题

$$\min\quad f(\boldsymbol{x})=\sum_{i=1}^{m}h_i^2(\boldsymbol{x})=\boldsymbol{h}(\boldsymbol{x})^{\mathrm{T}}\boldsymbol{h}(\boldsymbol{x})=\|\boldsymbol{h}(x)\|_2^2 \tag{4.47}$$

称为非线性最小二乘问题，或无约束最小平方和函数问题。

将 $\boldsymbol{h}(\boldsymbol{x})$ 在迭代点 $\boldsymbol{x}_k$ 处一阶展开

$$h_i(\boldsymbol{x})=h_i(\boldsymbol{x}_k)+\nabla h_i(\boldsymbol{x}_k)^{\mathrm{T}}(\boldsymbol{x}-\boldsymbol{x}_k) \tag{4.48}$$

由此得到线性的最小二乘问题

$$\min\quad\|\nabla\boldsymbol{h}(\boldsymbol{x}_k)(\boldsymbol{x}-\boldsymbol{x}_k)+\boldsymbol{h}(\boldsymbol{x}_k)\|^2 \tag{4.49}$$

其最优解满足

$$\nabla\boldsymbol{h}(\boldsymbol{x}_k)^{\mathrm{T}}\nabla\boldsymbol{h}(\boldsymbol{x}_k)(\boldsymbol{x}-\boldsymbol{x}_k)=-\nabla\boldsymbol{h}(\boldsymbol{x}_k)^{\mathrm{T}}\boldsymbol{h}(\boldsymbol{x}_k) \tag{4.50}$$

若 $\nabla\boldsymbol{h}(\boldsymbol{x}_k)$ 为列满秩，式(4.50)有唯一解

$$\boldsymbol{x}_{k+1}=\boldsymbol{x}_k-[\nabla\boldsymbol{h}(\boldsymbol{x}_k)^{\mathrm{T}}\nabla\boldsymbol{h}(\boldsymbol{x}_k)]^{-1}\nabla\boldsymbol{h}(\boldsymbol{x}_k)^{\mathrm{T}}\boldsymbol{h}(\boldsymbol{x}_k) \tag{4.51}$$

由此可得到搜索方向为

$$\boldsymbol{t}_k=[\nabla\boldsymbol{h}(\boldsymbol{x}_k)^{\mathrm{T}}\nabla\boldsymbol{h}(\boldsymbol{x}_k)]^{-1}\nabla\boldsymbol{h}(\boldsymbol{x}_k)^{\mathrm{T}}\boldsymbol{h}(\boldsymbol{x}_k) \tag{4.52}$$

(5) 信赖域法

信赖域法的每次迭代过程在信赖域中进行，通过求解子问题的最优值，得到一个增量，称为试探步长。将得到的新的迭代点和初始迭代点都代入原问题和子问题，分别计算两个问题中的目标函数变化量，根据两个变化量的差异判断是否接受这一试探步，并更改信赖域

的大小,进行下一次迭代。

在迭代点 $\boldsymbol{x}_k$ 处的信赖域为

$$\Omega_k=\{\boldsymbol{x}\in\mathbf{R},\|\boldsymbol{x}-\boldsymbol{x}_k\|\leqslant\Delta_k\} \tag{4.53}$$

其中 $\Delta_k$ 为信赖域半径。

将原问题中的目标函数在点 $\boldsymbol{x}_k$ 处二阶展开,构造出子问题

$$\begin{cases}\min \quad q^{(k)}(\boldsymbol{t})=f(\boldsymbol{x}_k)+\boldsymbol{g}_k^{\mathrm{T}}\boldsymbol{t}+\dfrac{1}{2}\boldsymbol{t}^{\mathrm{T}}\boldsymbol{H}_k\boldsymbol{t}\\ \text{s. t.} \quad \|\boldsymbol{t}\|\leqslant\Delta_k\end{cases} \tag{4.54}$$

其中 $f(\boldsymbol{x}_k)$为原问题目标函数在迭代点 $\boldsymbol{x}_k$ 处的函数值,$\boldsymbol{t}$ 为试探步长,$\boldsymbol{g}_k$ 为原问题目标函数在迭代点 $\boldsymbol{x}_k$ 处的梯度,$\boldsymbol{H}_k$ 为目标函数在迭代点 $\boldsymbol{x}_k$ 处的黑塞矩阵。

求解子问题得到试探步长 $\boldsymbol{t}_k$,根据试探步长分别计算原问题目标函数值的变化量

$$\mathrm{Ared}_k=f(\boldsymbol{x}_k)-f(\boldsymbol{x}_k+\boldsymbol{t}_k) \tag{4.55}$$

以及子问题中目标函数值的变化量

$$\mathrm{Pred}_k=q^{(k)}(0)-q^{(k)}(\boldsymbol{t}_k) \tag{4.56}$$

定义评价函数为

$$\mathrm{rel}_k=\frac{\mathrm{Ared}_k}{\mathrm{Pred}_k} \tag{4.57}$$

$\mathrm{rel}_k$ 的值越接近于 1 说明子问题对原问题的近似程度越好,结果的可信度也越高。可以根据 $\mathrm{rel}_k$ 的不同值,对是否接受新的迭代点进行判断,并改变信赖域的范围。

2) 非线性优化方法求解效果对比

由于线缆物性模型的外力势能表达式中不具有二次项,所以无法通过非线性最小二乘法求解,而其余几种非线性最优化方法都能求解该问题。这几种方法的求解效果对比见表 4.1,其中所求解线缆物性模型的离散点总数为 30,可以看出牛顿法具有较高的求解效率和收敛性。

**表 4.1 非线性最优化方法求解效果对比(考虑外力势能)**

| 非线性最优化方法 | 收敛性 | 求解时间 |
|---|---|---|
| 最速下降法 | 不收敛 | — |
| 牛顿法 | 收敛 | 32 ms |
| 共轭梯度法 | 不收敛 | — |
| 信赖域法 | 收敛 | 115 ms |

除了外力势能,各能量表达式均为二次形式,在不考虑外力势能的情况下线缆的总能量最小化问题为非线性最小二乘问题,利用非线性最小二乘法求解该问题具有更高的效率,同样以具有 30 个离散点的线缆作为算例,几种求解方法的效果对比见表 4.2。由该表可以看出,在忽略外力作用的情况下,非线性最小二乘法在几种非线性最优化算法中具有最快的求解速度。因此,在某些不考虑外力作用并需要高求解效率的场合,可以通过最小二乘法进行求解。

表 4.2　非线性最优化方法求解效果对比(不考虑外力势能)

| 非线性最优化方法 | 收敛性 | 求解时间 |
| --- | --- | --- |
| 最速下降法 | 不收敛 | — |
| 牛顿法 | 收敛 | 32 ms |
| 共轭梯度法 | 不收敛 | — |
| 非线性最小二乘法 | 收敛 | 16 ms |
| 信赖域法 | 收敛 | 110 ms |

### 4.4.2　GPU 加速技术

GPU 加速技术是近十年才兴起的一项高性能计算技术，但 GPU 凭借其高并行和高吞吐量，在大规模计算领域已获得广泛的应用，如医学图像、流体动力学、环境科学等。斯坦福大学发起的用于模拟蛋白质折叠过程的分布式计算工程“Folding”中各类计算设备提供的计算能力见表 4.3，可以看出采用了 GPU 的计算设备提供的计算能力已经超过仅使用 CPU 的计算设备几个数量级。

表 4.3　“Folding”工程中各计算设备提供的计算能力

| 计算设备类型 | 操作系统 | 计算能力(TFLOPS) |
| --- | --- | --- |
| CPU | Windows | 357 |
| | Mac OS X | 23 |
| | Linux | 26 |
| GPU | ATI GPU | 2 319 |
| | NVIDIA GPU | 3 203 |
| | NVIDIA Fermi GPU | 39 890 |

通常计算机 CPU 的计算能力主要由主频决定，但由于集成电路的限制，无法消除因主频提高带来的高发热量和高功耗。这使得 CPU 主频无法继续提高，只能通过增加 CPU 的核心数来提高并行计算能力。GPU 由于其工作的特点，需要快速计算屏幕上每一个像素点的颜色。这一过程通常采用并行方式，使得 GPU 的并行运算能力远远高于 CPU。GPU 的控制器较弱，对于分支指令响应较慢，而 CPU 则具有较强的控制能力，能够对分支指令进行预测并预先读取指令，减少因指令读取带来的延迟。因此，可将需要大量计算的任务交由 GPU，由 CPU 处理逻辑性较强的任务，这种异构计算方式使得个人计算机也能进行大规模的计算。

CUDA(Compute Unified Device Architecture)是 NVIDIA 公司提供的通用计算平台，本书基于该平台对线缆物性求解的 GPU 加速求解方法进行了探索，其中并行算法的设计以及内存的高效利用是影响最终效果的重要因素。

(1) 并行算法

通过非线性最优化算法求解线缆物性模型包括以下几步：

① 计算梯度和黑塞矩阵(或雅可比矩阵);

② 计算搜索方向;

③ 更新迭代点;

④ 判断迭代终止条件。

最后一步判断迭代终止条件属于分支指令,通过 CPU 执行;其余各步骤均在 GPU 上执行。

在求解过程中,线缆被约束部分的四元数和坐标为常量,其余各部分的四元数和坐标为变量,将这些变量排列为如图 4.10 所示的矢量形式。

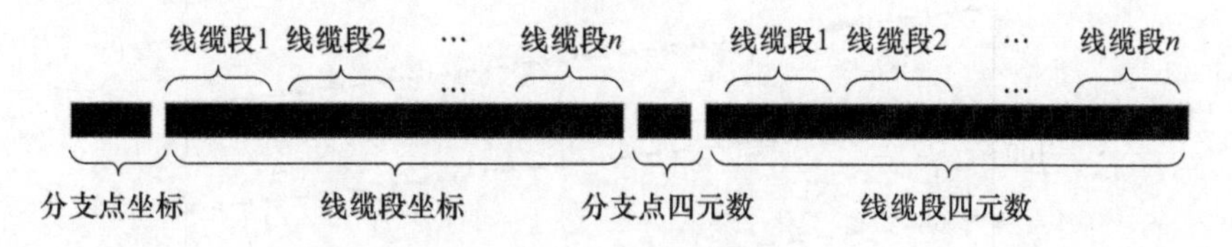


图 4.10　变量排列的规则

按照以上变量的排列规则,对于具有 30 个离散点、共 192 个变量的离散线缆,其黑塞矩阵的非零元素分布如图 4.11 所示,其雅可比矩阵的非零元素分布如图 4.12 所示。

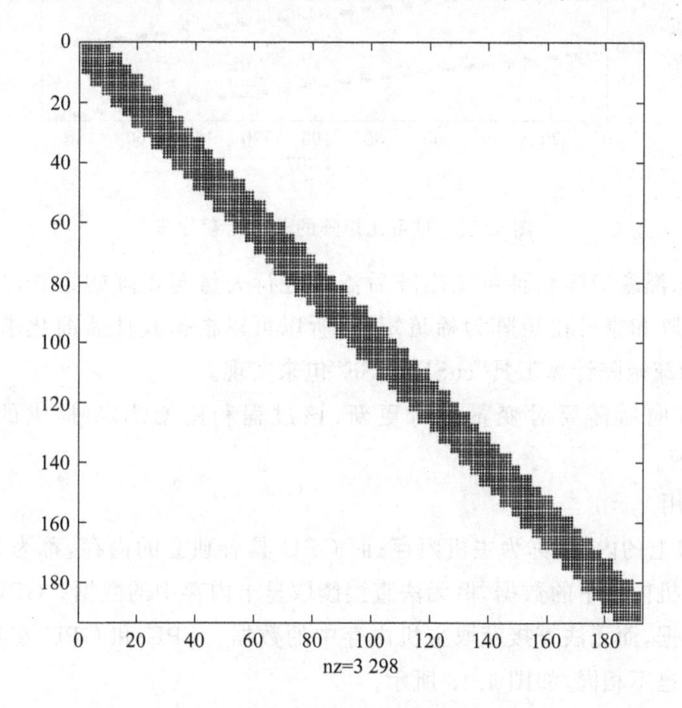


图 4.11　黑塞矩阵的非零元素分布

由图 4.11 和图 4.12 可以看出黑塞矩阵和雅可比矩阵都是稀疏矩阵,这是由于离散模型中的线缆能量计算仅与相邻的离散点和离散段有关,总能量中的二次项仅包含相邻离散点的坐标和相邻离散段的四元数。因此,当总能量对各变量求二阶导数时,只有相邻离散点的坐标和相邻离散段的四元数能得到不为零的结果。

同时,由于离散线缆模型各部分的能量只和相邻离散点、离散段有关,所以在线缆物性模型求解开始阶段就已经具有需要的数据。在计算梯度、黑塞矩阵和雅可比矩阵时，对每一部分可以并行计算，从而快速得到梯度、黑塞矩阵和雅可比矩阵。该过程通过编写核函数来实现，核函数为 GPU 上运行的函数，每个线程独立执行一个核函数，通过启动多个线程同时运行核函数可以达到并行计算的目的。

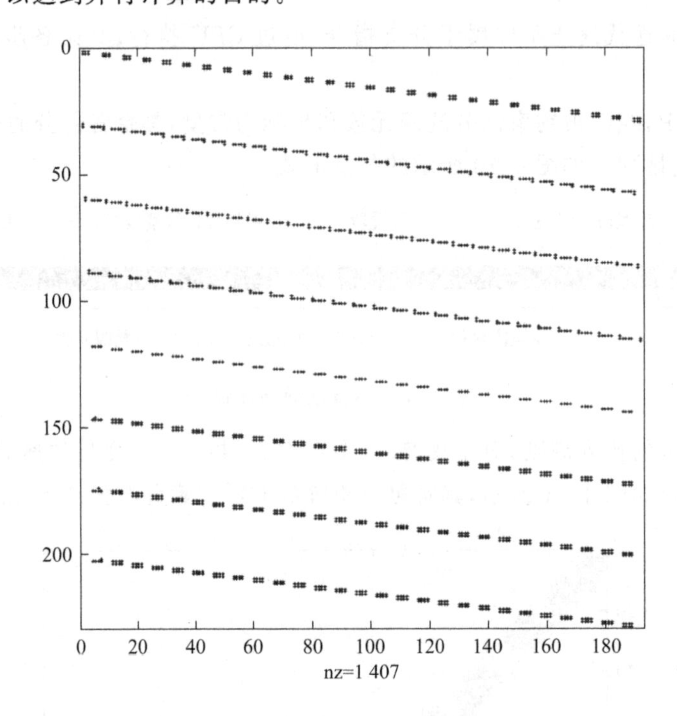


图 4.12 雅可比矩阵的非零元素分布

在获得梯度、黑塞矩阵和雅可比矩阵后需要进行矢量与矩阵的运算，从而确定搜索方向。由于黑塞矩阵和雅可比矩阵为稀疏矩阵，所以可以根据其性质简化求解，该过程利用 CUDA 提供的稀疏矩阵计算工具"cuSPARSE"包来实现。

得到搜索方向后需要对变量进行更新，该过程利用 CUDA 提供的线性代数工具"cuBLAS"来实现。

(2) 内存利用

CPU 是主机上的内存，称为主机内存；而 GPU 具有独立的内存，称为显卡内存。CPU 能够直接读取主机内存中的数据，但无法直接读取显卡内存中的数据。GPU 通常只能从显卡内存中获取数据，而无法直接获取主机内存中的数据。CPU 和 GPU 在各存储介质之间的数据传输速率也不相同，如图 4.13 所示。

在利用 GPU 进行计算时需要将数据从主机内存传输到显卡内存中，计算完成后再将数据传回。受传输速率的限制，需要尽可能地减少不必要的数据传输。在显卡上还具有多个区域用于存储数据，这些区域的访问速度也有差别，这些区域包括：

① 全局内存；

② 纹理内存；

③ 常量内存；

④ 共享内存。

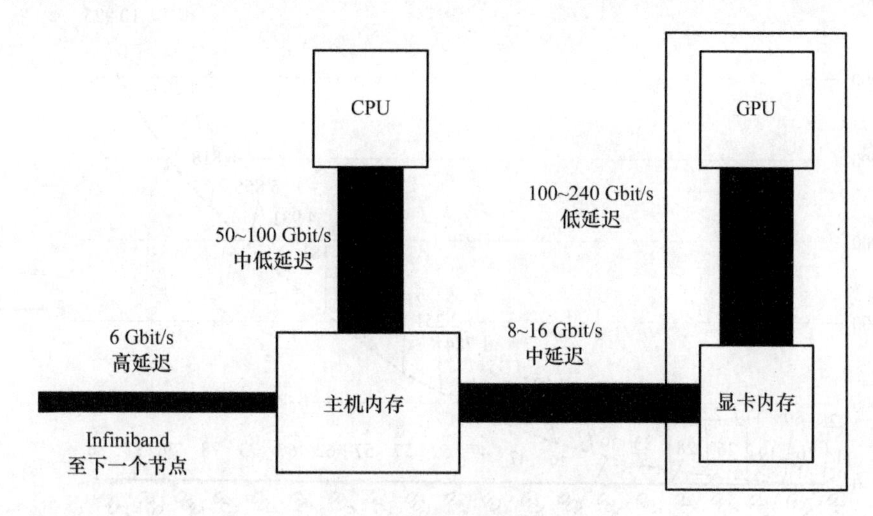


图 4.13 数据传输速率

其中全局内存是容量最大的区域,但其读取速度是最慢的。GPU 从全局内存中获取数据时会将满足合并访问要求的数据一次性读回,从而避免多次读取带来的延迟。GPU 上的线程在执行时通常以一定的数量进行组合,当同一组合中的线程需要的数据位于全局内存上的一片连续区域时,即满足合并访问要求,可以将这些数据经过一次传输传入 GPU。因此在编写 GPU 核函数代码时要考虑合并访问,采用本书所述的变量排布规则,将相邻的数据依次排列,在计算时能够最大程度地满足合并访问的要求。

纹理内存是只读内存,它提供了大量访问不连续内存的一种快速方式,从纹理内存中得到的数据会存于 GPU 缓存内,当再次获取相同数据时可直接从缓存中读取,减少了获取不连续内存中数据的耗时。

常量内存类似于纹理内存,也是只读内存,从常量内存中读取的数据也会缓存于 GPU 内。此外,当某一线程访问常量内存时,所获取到的数据还会广播到相邻线程。在计算梯度、黑塞矩阵和雅可比矩阵时将线缆的刚度和罚函数系数等不变的量存储于常量内存中,以提高内存访问效率。

由于纹理内存和常量内存都是只读内存,全局内存中数据的改变也只有在核函数运行完成后才能读取。为了在核函数运行过程中实现各线程的通信,GPU 提供了共享内存,它实际上不属于显卡内存,而是位于 GPU 内部,访问它的速度与访问 GPU 中寄存器的速度相当,但其容量较小。

(3) GPU 加速效果

通过 GPU 加速技术的应用,对具有不同离散点数目的线缆物性模型进行了求解,并将其求解所需的时间与仅用 CPU 进行求解所需的时间进行了对比,如图 4.14 所示。由该图可以看出,通过 GPU 加速求解线缆物性模型取得了良好的效果,随着线缆离散点数目的增多,加速效果更加明显,并且 GPU 加速后对于 1 000 个离散点(共 7 000 余个变量)的线缆,其求解时间仍保持在 100 ms 以内。

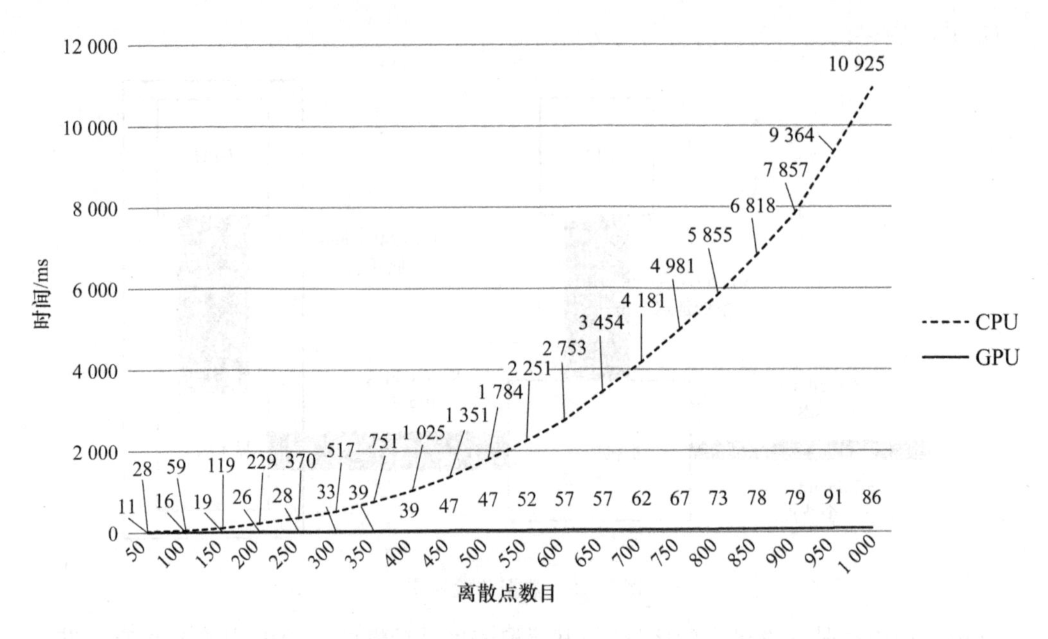


图 4.14 求解所需时间的对比

进一步得到线缆物性模型求解中 GPU 相对于 CPU 的加速比，如图 4.15 所示。

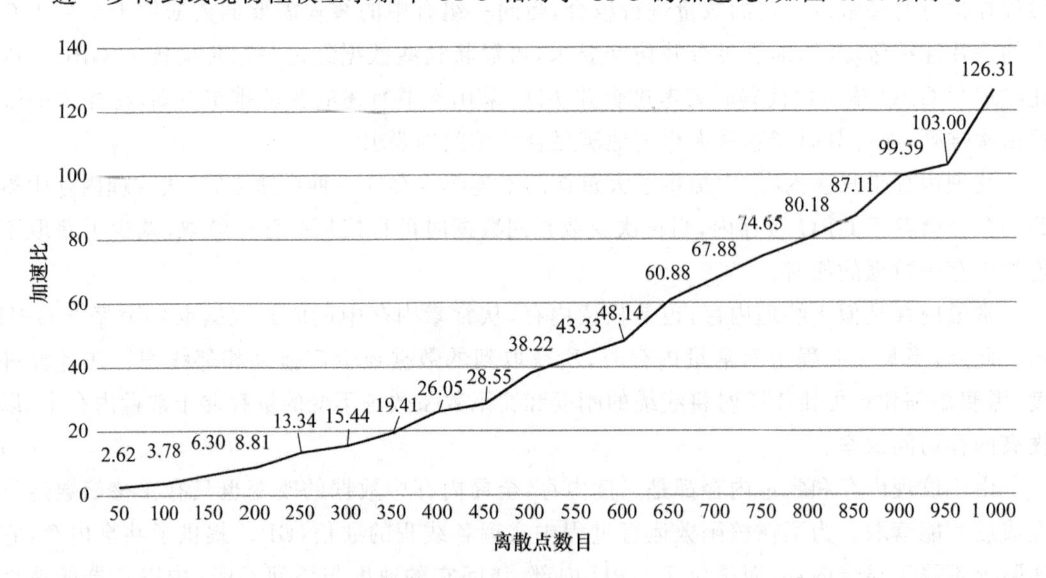


图 4.15 加速比

本书将所采用的线缆物性模型快速求解方法与 Grégoire 和 Schömer[18] 提出的方法进行了对比，如图 4.16 所示，可见本书所述方法具有更强的实时性，并支持更多的离散点数目，从而达到更高的物性模型求解精度。

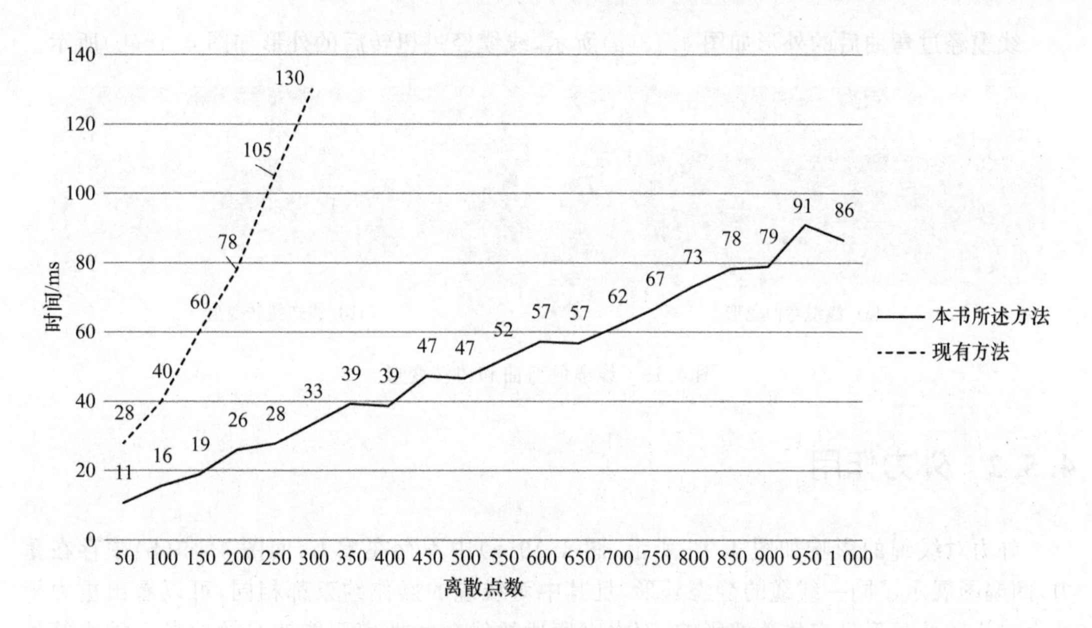


图 4.16　本书所述方法与现有方法求解效果对比

# 4.5　分支线缆的仿真效果

通过以上对分支线缆静力学平衡状态的描述，可以对处于静态的分支线缆的外形进行准确预测。本书所提出的线缆物性模型能有效地模拟线缆的弯曲、扭转变形，并考虑重力等外力对线缆外形造成的影响，还能够处理分支线缆复杂的拓扑结构。

## 4.5.1　弯曲和扭转变形

图 4.17 所示为一个具有 2 个分支点、5 个线缆段的分支线缆。对其中的一个线缆端部进行操作，其他电缆端部的位姿均保持不变。

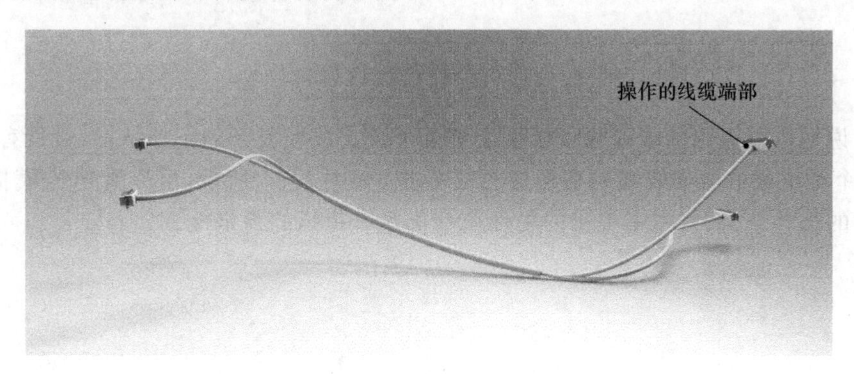


图 4.17　分支线缆操作实例

线缆经过弯曲后的外形如图 4.18(a)所示,线缆经过扭转后的外形如图 4.18(b)所示。

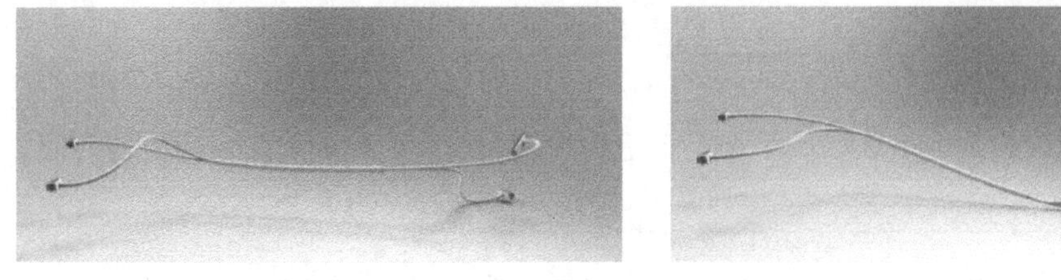

(a) 线缆弯曲变形　　(b) 线缆扭转变形

图 4.18　线缆的弯曲和扭转变形

## 4.5.2　外力作用

外力对线缆的影响如图 4.19 所示,图 4.19(a)中不存在重力,而图 4.19(b)中存在重力,两幅图展示了同一线缆的静态外形,且其中对线缆的操作约束都相同,可以看出重力等外力对线缆的外形具有显著的影响,而本书所述的线缆物性模型能够有效地考虑重力等外力因素。

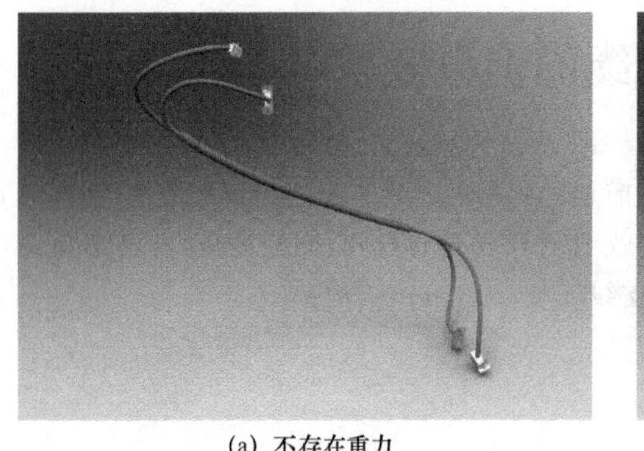

(a) 不存在重力

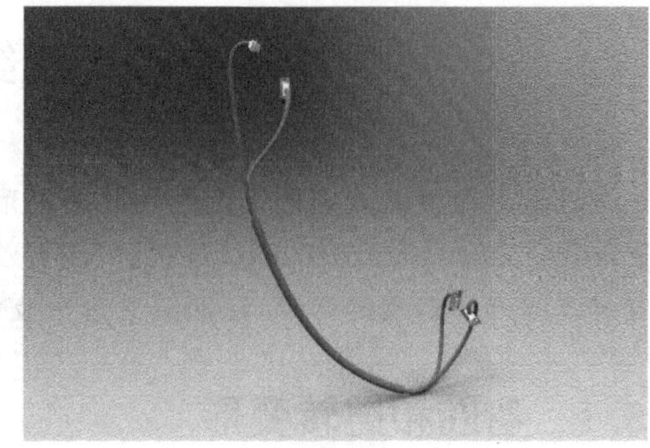

(b) 存在重力

图 4.19　外力对线缆的影响

## 4.5.3　复杂拓扑结构

为了说明本书提出的线缆物性模型能够处理分支线缆复杂的拓扑结构,对具有 14 个分支点、36 个线缆段的分支线缆的变形进行了模拟,如图 4.20 所示,可以看出当模拟的线缆具有复杂的拓扑结构时,本书提出的物性模型仍具有很强的稳定性。

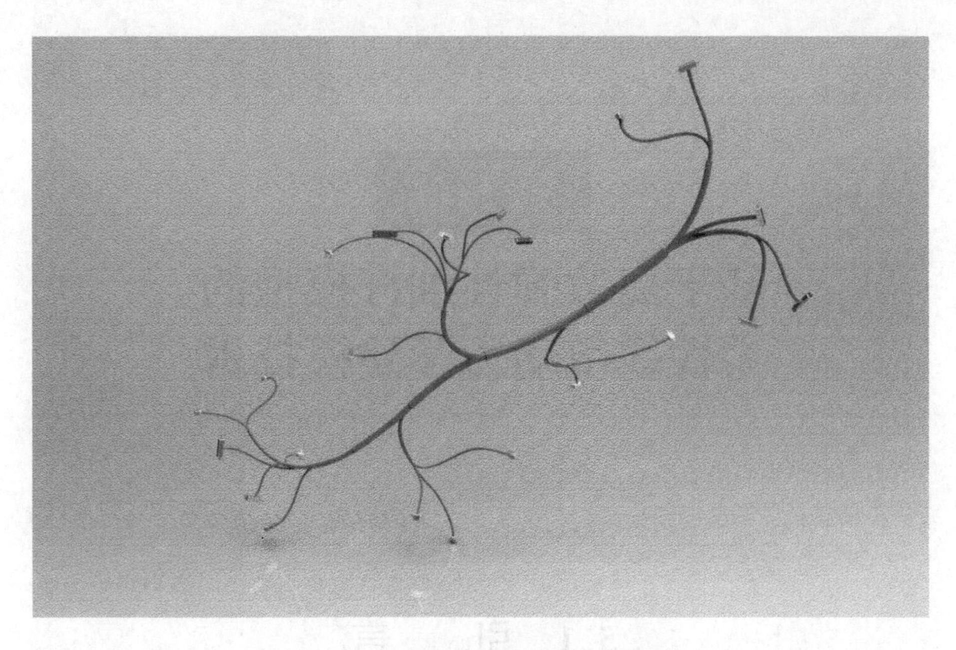

图 4.20　具有复杂拓扑结构的分支线缆

# 本章小结

本章提出了基于多分支弹性细杆模型的分支线缆静力学建模技术。本章针对分支线缆建立的多分支弹性细杆模型改进了现有的弹性细杆模型，引入了线缆分支的连续边界条件，能够真实地模拟分支线缆的弯曲和扭转变形，考虑重力等外力作用，在处理分支线缆复杂的拓扑结构方面具有足够的稳定性。该模型主要面向分支线缆的交互式虚拟装配仿真，因此在分析线缆平衡状态的基础上提出了线缆的静力学平衡模型求解方法。

首先，对线缆的连续弹性细杆模型进行了介绍，包括模型的弹性势能表达式，以及中心线-四元数的表达方式。其次，对分支线缆分支点连续的边界条件进行了研究，建立了分支线缆的多分支弹性细杆模型，并进行了离散化处理，提出了分支线缆的静力学平衡模型。再次，对分支线缆静力学模型的求解方法进行了研究，探究了多种优化方法对线缆物性模型的求解效果，并应用 GPU 加速技术对求解过程进行了加速处理。最后，对分支线缆的仿真效果进行了展示，验证了该模型能够处理具有复杂拓扑结构的分支线缆，能够对其弯曲、扭转、重力作用等进行实时的模拟。

# 第5章

# 基于离散弹性细杆模型的柔性线缆动力学建模技术

## 5.1 引　　言

上一章提出的弹性细杆模型为静力学模型，默认柔性线缆在交互式虚拟装配仿真过程中时刻处于静力学平衡状态。但在实际的线缆敷设仿真过程中，特别是在线缆的机器人自动敷设仿真过程中，线缆的动力学特性会对线缆的敷设质量产生影响。因此本章采用弹性细杆模型的中心线-角度的表示方法，建立了柔性线缆的离散弹性细杆模型，并基于离散弹性细杆模型的动力学求解方法，实现了柔性线缆变形的实时动态模拟[115]，为柔性线缆的机器人自动敷设仿真技术奠定了模型基础。最后，用一个仿真实例对所建立的线缆动力学模型进行了验证。

## 5.2 线缆的连续弹性细杆模型(中心线-角度)

### 5.2.1 线缆连续模型的动能

在上一章中，作者对线缆连续弹性细杆模型进行了介绍，并推导出模型中弹性势能的表达式，包括剪切弹性势能(一般忽略)、拉压弹性势能、弯曲弹性势能和扭转弹性势能等。对于线缆的动态仿真，还需要考虑时间的因素，在此推导模型中动能的表达式。

中心线 $\boldsymbol{r}(s,t)$ 随时间 $t$ 的变化规律取决于其平移速度

$$\dot{\boldsymbol{r}}=\frac{\partial \boldsymbol{r}}{\partial t} \tag{5.1}$$

其中，符号“ · ”表示对时间 $t$ 的偏微分。

材料框架随时间 $t$ 的变化规律取决于其角速度矢量 $\boldsymbol{\Omega}=(\Omega_1,\Omega_2,\Omega_3)^{\mathrm{T}}$，

$$\dot{\boldsymbol{d}}_k=\boldsymbol{\Omega}\times\boldsymbol{d}_k,\quad k=1,2,3 \tag{5.2}$$

角速度矢量 $\boldsymbol{\Omega}$ 可表示为

$$\boldsymbol{\Omega}=(\dot{\boldsymbol{d}}_2\cdot\boldsymbol{d}_3)\boldsymbol{d}_1+(\dot{\boldsymbol{d}}_3\cdot\boldsymbol{d}_1)\boldsymbol{d}_2+(\dot{\boldsymbol{d}}_1\cdot\boldsymbol{d}_2)\boldsymbol{d}_3=\boldsymbol{d}_3\times\dot{\boldsymbol{d}}_3+(\dot{\boldsymbol{d}}_1\cdot\boldsymbol{d}_2)\boldsymbol{d}_3 \tag{5.3}$$

当忽略线缆的剪切变形时，$\boldsymbol{d}_3$ 与单位切向矢量 $\boldsymbol{t}$ 重合，角速度矢量 $\boldsymbol{\Omega}$ 可表示为

$$\boldsymbol{\Omega}=\boldsymbol{t}\times\dot{\boldsymbol{t}}+(\dot{\boldsymbol{d}}_1\cdot\boldsymbol{d}_2)\boldsymbol{t}=\boldsymbol{t}\times\dot{\boldsymbol{t}}+\Omega_3\boldsymbol{t} \tag{5.4}$$

其中，分量 $\boldsymbol{t}\times\dot{\boldsymbol{t}}$ 用于保持框架的自适应性，由移动的中心曲线决定；$\Omega_3=\dot{\boldsymbol{d}}_1\cdot\boldsymbol{d}_2$ 是横截面绕切线方向的旋转角速度。

对比式(4.3)和式(5.4)，可以看出，材料框架在时间和空间中的演化规律具有时空对称性。

线缆的动能 $T$ 为中心线的平移动能 $T_t$ 和横截面的转动动能 $T_r$ 之和，可分别表示为

$$\begin{aligned}T&=T_t+T_r,\\ T_t&=\frac{1}{2}\int_0^L\mu\,\dot{\boldsymbol{r}}^2\,\mathrm{d}s,\\ T_r&=\frac{1}{2}\int_0^L(I_1\Omega_1^2+I_2\Omega_2^2+I_p\Omega_3^2)\,\mathrm{d}s\end{aligned} \tag{5.5}$$

其中，$\mu$ 是线缆的线密度；$I_1$ 和 $I_2$ 是横截面惯性矩；$I_p$ 是极惯性矩。

## 5.2.2 材料框架的中心线-角度表示方法

弹性细杆模型中材料框架的姿态有多种表示方法，上一章介绍了四元数的表示方法。材料框架的姿态除了用四元数表示，还可以通过与参考框架之间的夹角来表示。接下来详细介绍角度的表示方法。

如图 5.1 所示，当忽略线缆的剪切变形时，除了材料框架，线缆的横截面处还可以定义许多依附于曲线的自适应正交参考框架 $\boldsymbol{H}=\{\boldsymbol{h}_1(s,t),\boldsymbol{h}_2(s,t),\boldsymbol{t}(s,t)\}$。所谓自适应是指框架中的一个轴与线缆中心线的单位切线向量重合，另外两个向量在与单位切线向量垂直的平面，即线缆的横截面上。$\boldsymbol{H}$ 参考框架与材料框架之间的夹角为 $\theta$。

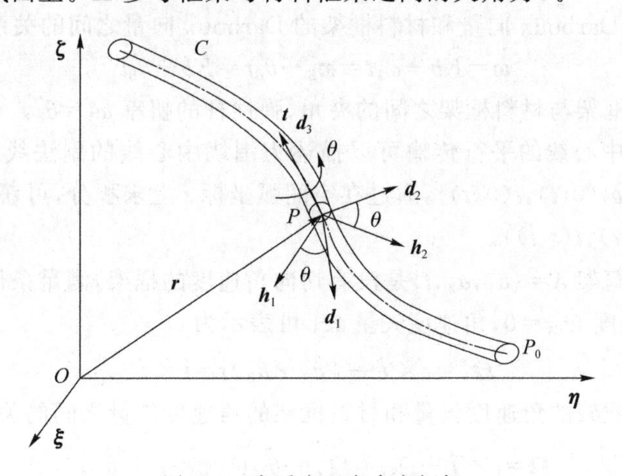


图 5.1 自适应正交参考框架

参考框架的 Darboux 矢量 $\boldsymbol{\omega}_H$ 和角速度矢量 $\boldsymbol{\Omega}_H$ 分别为

$$\boldsymbol{\omega}_H=\boldsymbol{t}\times\boldsymbol{t}'+(\boldsymbol{h}_1'\cdot\boldsymbol{h}_2)\boldsymbol{t}=K\boldsymbol{b}+\omega_{3H}\boldsymbol{t},\tag{5.6}$$

$$\boldsymbol{\Omega}_H=\boldsymbol{t}\times\dot{\boldsymbol{t}}+(\dot{\boldsymbol{h}}_1\cdot\boldsymbol{h}_2)\boldsymbol{t}=\boldsymbol{t}\times\dot{\boldsymbol{t}}+\Omega_{3H}\boldsymbol{t}\tag{5.7}$$

参考框架与材料框架之间的夹角为 $\alpha$，$\omega_3$ 与 $\omega_{3H}$、$\Omega_3$ 与 $\Omega_{3H}$ 之间的关系为

$$\omega_3=\omega_{3H}+\theta',\tag{5.8}$$

$$\Omega_3=\Omega_{3H}+\dot{\theta}\tag{5.9}$$

这样，线缆的位姿就可以简单地用线缆中心曲线 $\boldsymbol{r}(s,t)$ 和扭转角度 $\theta(s,t)$ 来表示，共四个变量，比四元数表示方法的变量少且不存在冗余约束。

自适应正交参考框架中最常见的有 Frenet 框架 $\boldsymbol{F}=\{\boldsymbol{n},\boldsymbol{b},\boldsymbol{t}\}$、无扭转 Bishop 框架 $\boldsymbol{B}=\{\boldsymbol{b}_1,\boldsymbol{b}_2,\boldsymbol{t}\}$ 和无切向角速度框架 $\boldsymbol{A}=\{\boldsymbol{a}_1,\boldsymbol{a}_2,\boldsymbol{t}\}$。

Frenet 框架 $\boldsymbol{F}=\{\boldsymbol{n},\boldsymbol{b},\boldsymbol{t}\}$ 是只由曲线决定的框架，$\boldsymbol{n}=\boldsymbol{t}'/|\boldsymbol{t}'|$ 为 $P$ 点处法线方向上的单位矢量；$\boldsymbol{b}=\boldsymbol{t}\times\boldsymbol{n}=(\boldsymbol{t}\times\boldsymbol{t}')/|\boldsymbol{t}'|$ 为 $P$ 点处副法线方向上的单位矢量。Frenet 框架的 Darboux 矢量 $\boldsymbol{\omega}_F$，用来描述曲线的弯扭程度：

$$\boldsymbol{\omega}_F=\boldsymbol{t}\times\boldsymbol{t}'+(\boldsymbol{n}'\cdot\boldsymbol{b})\boldsymbol{t}=K\boldsymbol{b}+\omega_{3F}\boldsymbol{t}=K\boldsymbol{b}+\tau\boldsymbol{t}\tag{5.10}$$

其中，$\omega_{3F}=\tau=\boldsymbol{n}'\cdot\boldsymbol{b}=|\boldsymbol{b}|$ 为曲线的挠率，为度量曲线几何扭转的参数。

Frenet 框架在空间上的变化规律依赖于 $\boldsymbol{\omega}_F$，从而可以得到 Frenet-Serret 公式。

$$\begin{cases}\boldsymbol{n}'=\boldsymbol{\omega}_F\times\boldsymbol{n}=-K\boldsymbol{t}+\tau\boldsymbol{b},\\ \boldsymbol{b}'=\boldsymbol{\omega}_F\times\boldsymbol{b}=-\tau\boldsymbol{n},\\ \boldsymbol{t}'=\boldsymbol{\omega}_F\times\boldsymbol{t}=K\boldsymbol{n}\end{cases}\tag{5.11}$$

Frenet 框架的 Darboux 向量和材料框架的 Darboux 向量之间的关系如下所示：

$$\boldsymbol{\omega}=K\boldsymbol{b}+\omega_3\boldsymbol{t}=\boldsymbol{\omega}_F+\theta_F'\boldsymbol{t}=K\boldsymbol{b}+(\tau+\theta_F')\boldsymbol{t}\tag{5.12}$$

其中，$\theta_F$ 为 Frenet 框架与材料框架之间的夹角，用于描述截面相对于 Frenet 框架的材料扭转角度。可见，弹性杆的扭率 $\omega_3=\tau+\theta_F'$，包括曲线的几何扭转和横截面的材料扭转。

无扭转 Bishop 框架 $\boldsymbol{B}=\{\boldsymbol{b}_1,\boldsymbol{b}_2,\boldsymbol{t}\}$ 是没有扭转的框架，满足条件 $\boldsymbol{b}_1'\cdot\boldsymbol{b}_2=-\boldsymbol{b}_2'\cdot\boldsymbol{b}_1=0$。其 Darboux 矢量 $\boldsymbol{\omega}_B$ 为中心线的副法线曲率，扭率 $\omega_{3B}=0$。

$$\boldsymbol{\omega}_B=\boldsymbol{t}\times\boldsymbol{t}'+(\boldsymbol{b}_1'\cdot\boldsymbol{b}_2)\boldsymbol{t}=K\boldsymbol{b}\tag{5.13}$$

Bishop 框架的 Darboux 向量和材料框架的 Darboux 向量之间的关系如下所示：

$$\boldsymbol{\omega}=K\boldsymbol{b}+\omega_3\boldsymbol{t}=\boldsymbol{\omega}_B+\theta_B'\boldsymbol{t}=K\boldsymbol{b}+\theta_B'\boldsymbol{t}\tag{5.14}$$

其中，$\theta_B$ 为 Bishop 框架与材料框架之间的夹角，弹性杆的扭率 $\omega_3=\theta_B'$。

Bishop 框架沿中心线的平行传输可以描述为围绕中心线的副法线方向 $\boldsymbol{b}$ 的旋转。给定初始值 $\{\boldsymbol{b}_1(0,t),\boldsymbol{b}_2(0,t),\boldsymbol{t}(0,t)\}$，通过在空间弧坐标 $s$ 上求积分，可获得曲线上每个点处的值 $\{\boldsymbol{b}_1(s,t),\boldsymbol{b}_2(s,t),\boldsymbol{t}(s,t)\}$。

无切向角速度框架 $\boldsymbol{A}=\{\boldsymbol{a}_1,\boldsymbol{a}_2,\boldsymbol{t}\}$ 是没有切向角速度的框架，满足条件 $\dot{\boldsymbol{a}}_1\cdot\boldsymbol{a}_2=-\dot{\boldsymbol{a}}_2\cdot\boldsymbol{a}_1=0$。其切向角速度 $\Omega_{3A}=0$，角速度矢量 $\boldsymbol{\Omega}_A$ 可表示为

$$\boldsymbol{\Omega}_A=\boldsymbol{t}\times\dot{\boldsymbol{t}}+(\dot{\boldsymbol{a}}_1\cdot\boldsymbol{a}_2)\boldsymbol{t}=\boldsymbol{t}\times\dot{\boldsymbol{t}}\tag{5.15}$$

无切向角速度框架的角速度矢量和材料框架的角速度矢量之间的关系如下所示：

$$\boldsymbol{\Omega}=\boldsymbol{t}\times\dot{\boldsymbol{t}}+\Omega_3\boldsymbol{t}=\boldsymbol{\Omega}_A+\dot{\theta}_A\boldsymbol{t}=\boldsymbol{t}\times\dot{\boldsymbol{t}}+\dot{\theta}_A\boldsymbol{t}\tag{5.16}$$

其中，$\theta_A$ 为无切向角速度框架与材料框架之间的夹角，弹性杆的切向角速度 $\Omega_3=\dot{\theta}_A$。

给定曲线上某一点处零时刻的初始值$\{\boldsymbol{a}_1(s,0),\boldsymbol{a}_2(s,0),\boldsymbol{t}(s,0)\}$，通过对时间 $t$ 求积分，可获得曲线上该点处每个时刻的值$\{\boldsymbol{a}_1(s,t),\boldsymbol{a}_2(s,t),\boldsymbol{t}(s,t)\}$。

与中心线-四元数的表示方法相比，中心线-角度的表示方法更具有优势。与 Frenet 框架相比，无扭转 Bishop 框架和无切向角速度框架更具有优势。两者间参考框架的选择将在下一节离散弹性细杆模型中进行介绍。

# 5.3 线缆的离散弹性细杆模型

## 5.3.1 线缆离散模型简介

为了方便计算，需要对线缆弹性细杆模型进行离散表达，将折线作为线缆中心线的近似。如图 5.2 所示，将线缆离散成 $n+2$ 个点$(0,1,\cdots,n+1)$和 $n+1$ 个半径为 $a$ 的圆柱段$(0,1,\cdots,n)$。点 $i$ 的位置用坐标向量 $\boldsymbol{r}_i=(x_i,y_i,z_i)^{\mathrm{T}}$ 表示，线缆段 $i$ 的切线向量是从 $i$ 点指向 $i+1$ 点的矢量 $\boldsymbol{s}^i=\boldsymbol{r}_{i+1}-\boldsymbol{r}_i$，其单位切线向量为 $\boldsymbol{t}^i=\boldsymbol{s}^i/|\boldsymbol{s}^i|$。

每个线缆段的中点处固连一个与线缆横截面相固连的材料框架$\{\boldsymbol{d}_1^i,\boldsymbol{d}_2^i,\boldsymbol{d}_3^i\}$，由于忽略了线缆的剪切变形，材料框架的 $\boldsymbol{d}_3^i$ 轴与单位切向向量 $\boldsymbol{t}^i$ 重合。线缆段的中点处还可以定义许多自适应正交参考框架，如图 5.2 中所示的参考框架 $\boldsymbol{H}=\{\boldsymbol{h}_1(s,t),\boldsymbol{h}_2(s,t),\boldsymbol{t}(s,t)\}$，该参考框架与材料框架之间的夹角为 $\theta^i$。这样，就可用每个点的位置向量 $\boldsymbol{r}_i$ 和每条线缆段上的角度 $\alpha^i$ 组成的广义坐标系 $\boldsymbol{q}=(\boldsymbol{r}_0,\theta^0,\boldsymbol{r}_1,\theta^1,\boldsymbol{r}_2,\cdots,\boldsymbol{r}_n,\theta^n,\boldsymbol{r}_{n+1})^{\mathrm{T}}$ 来表示线缆的状态。

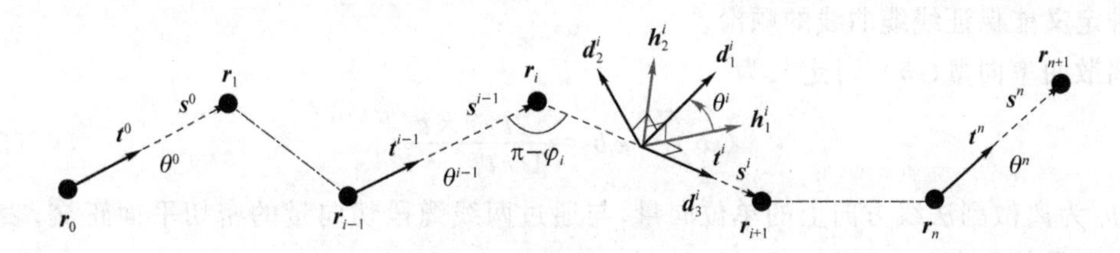


图 5.2 离散弹性细杆模型

## 5.3.2 线缆离散模型的弹性势能

忽略线缆的剪切变形后，离散弹性细杆模型中系统的总弹性势能 $U$，包括拉压弹性势能 $U_e$、弯曲弹性势能 $U_b$ 和扭转弹性势能 $U_t$。

$$U=U_e+U_b+U_t \tag{5.17}$$

离散模型中的拉压弹性势能 $U_e$ 是以线缆段为最小单元进行各线缆段拉压弹性势能的求和，其表达式为

$$U_e=\frac{1}{2}\sum_{i=0}^{n}EA\ (\upsilon_3^i-1)^2\,|\bar{\boldsymbol{s}}^i|=\frac{1}{2}\sum_{i=0}^{n}EA\left(\frac{|\boldsymbol{s}^i|}{|\bar{\boldsymbol{s}}^i|}-1\right)^2|\bar{\boldsymbol{s}}^i|=\frac{1}{2}\sum_{i=0}^{n}\frac{EA}{|\bar{\boldsymbol{s}}^i|}(|\boldsymbol{s}^i|-|\bar{\boldsymbol{s}}^i|)^2 \tag{5.18}$$

其中，$\upsilon_3^i$ 是线缆段 $i$ 上的离散拉伸应变，$|\boldsymbol{s}^i|$ 和 $|\bar{\boldsymbol{s}}^i|$ 分别是线缆段 $i$ 的当前长度和初始长度。假设线缆点最初是均匀分布的，则 $|\bar{\boldsymbol{s}}^i|=L/(n+1)$，这里 $L$ 是柔性线缆的初始总长度。$\upsilon_3^i$ 与线缆段长度之间的关系为

$$\upsilon_3^i=|\boldsymbol{r}'^i|=\frac{|\boldsymbol{r}^{i+1}-\boldsymbol{r}^i|}{|\bar{\boldsymbol{s}}^i|}=\frac{|\boldsymbol{s}^i|}{|\bar{\boldsymbol{s}}^i|} \tag{5.19}$$

离散模型中的弯曲弹性势能 $U_b$ 是以离散点处的 Voronoi 区域，即离散点处相邻两线缆段的中点之间的区域为最小单元进行各离散点处弯曲弹性势能的求和，其表达式为

$$U_b=\frac{1}{2}\sum_{i=1}^{n}E_bI\ (K_i-\bar{K}_i)^2\,\bar{l}_i=\frac{1}{2}\sum_{i=1}^{n}E_bI\left(\frac{\kappa_i-\bar{\kappa}_i}{\bar{l}_i}\right)^2\bar{l}_i=\frac{1}{2}\sum_{i=1}^{n}\frac{E_bI}{\bar{l}_i}\ (\kappa_i-\bar{\kappa}_i)^2 \tag{5.20}$$

其中，$K_i$ 是离散点 $i$ 处曲率的大小，$\kappa_i$ 是离散点 $i$ 处的离散曲率，$\bar{K}_i$ 和 $\bar{\kappa}_i$ 分别为离散点 $i$ 处的初始曲率和初始离散曲率，一般取 0。

$K_i$ 与 $\kappa_i$ 的关系为

$$K_i=|\boldsymbol{t}_i'|=\frac{\kappa_i}{\bar{l}_i} \tag{5.21}$$

其中，$\bar{l}_i=(|\bar{\boldsymbol{s}}^{i-1}|+|\bar{\boldsymbol{s}}^i|)/2$ 是指离散点 $i$ 处 Voronoi 区域的长度，即线缆段 $i-1$ 和线缆段 $i$ 的长度之和的一半。

离散曲率 $\kappa_i$ 可定义为

$$\kappa_i=2\tan\frac{\varphi_i}{2} \tag{5.22}$$

其中，$\varphi^i$ 为线缆段 $i-1$ 与线缆段 $i$ 之间的夹角。当两线缆段趋于平行时，$\kappa_i$ 接近无穷大，因此这种定义能保证线缆曲线的顺滑。

离散曲率向量 $(\kappa\boldsymbol{b})_i$ 可定义为

$$(\kappa\boldsymbol{b})_i=\kappa_i\boldsymbol{b}_i=\frac{2\boldsymbol{t}^{i-1}\times\boldsymbol{t}^i}{1+\boldsymbol{t}^{i-1}\cdot\boldsymbol{t}^i} \tag{5.23}$$

其中，$\boldsymbol{b}_i$ 为离散副法线方向上的单位向量，与通过两线缆段切向量的密切平面正交，表征离散曲率向量的方向

$$\boldsymbol{b}_i=\frac{\boldsymbol{t}^{i-1}\times\boldsymbol{t}^i}{|\boldsymbol{t}^{i-1}\times\boldsymbol{t}^i|} \tag{5.24}$$

离散模型中的扭转弹性势能 $U_t$ 也是以离散点处的 Voronoi 区域为最小单元进行各离散点处扭转弹性势能的求和，其表达式为

$$U_t=\frac{1}{2}\sum_{i=0}^{n}GI_p\ (\omega_{3i}-\bar{\omega}_{3i})^2\,\bar{l}_i=\frac{1}{2}\sum_{i=0}^{n}GI_p\left(\frac{\alpha_i-\bar{\alpha}_i}{\bar{l}_i}\right)^2\bar{l}_i=\frac{1}{2}\sum_{i=0}^{n}\frac{GI_p}{\bar{l}_i}\ (\alpha_i-\bar{\alpha}_i)^2 \tag{5.25}$$

其中，$\omega_{3i}$是离散点 $i$ 处扭率的大小；$\alpha_i$ 是离散点 $i$ 处的离散扭角；$\bar{\omega}_{3i}$和 $\bar{\alpha}_i$ 分别为离散点 $i$ 处的初始扭率和初始扭角，一般取 0。

$\omega_{3i}$与 $\alpha_i$ 的关系为

$$\omega_{3i}=\frac{\alpha_i}{\bar{l}_i} \tag{5.26}$$

离散扭角 $\alpha_i$ 的计算可以通过材料框架与参考框架之间的角度来求得,下面进行详细介绍。

### 5.3.3 线缆模型中离散扭角的计算

如图 5.3 所示,除了材料框架 $\{\boldsymbol{d}_1^i, \boldsymbol{d}_2^i, \boldsymbol{t}^i\}$,每个线缆段的中点处还可以定义无扭转 Bishop 框架 $\boldsymbol{B}=\{\boldsymbol{b}_1^i, \boldsymbol{b}_2^i, \boldsymbol{t}^i\}$ 和无切向角速度框架 $\boldsymbol{A}=\{\boldsymbol{a}_1^i, \boldsymbol{a}_2^i, \boldsymbol{t}^i\}$ 这样的自适应正交参考框架。Bishop 框架与材料框架之间的夹角为 $\theta_B^i$,无切向角速度框架与材料框架之间的夹角为 $\theta_A^i$。

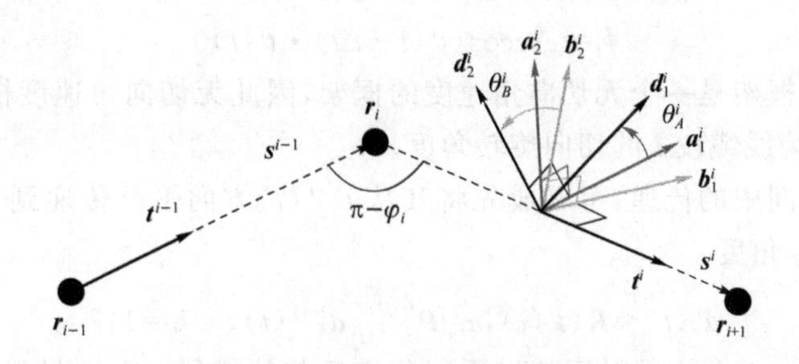


图 5.3　自适应正交参考框架

各框架的传递分为空间中的传递和时间上的传递。空间中的传递是指框架在同一时刻从线缆段 $i-1$ 到线缆段 $i$ 之间的传递,时间上的传递是指同一个线缆段上的框架从 $t-\Delta t$ 时刻到 $t$ 时刻之间的传递。

框架最简单的传递方式为平行传递,下面介绍一下平行传递的概念。如图 5.4 所示,任意两单位向量 $\boldsymbol{c}_1$ 和 $\boldsymbol{c}_2$,使向量 $\boldsymbol{c}_1$ 对准向量 $\boldsymbol{c}_2$ 的最小旋转变换,称为 $\boldsymbol{c}_1$ 向 $\boldsymbol{c}_2$ 的平行传递。

$$\boldsymbol{P}_{c_1}^{c_2}=\boldsymbol{R}(\boldsymbol{c}_1\times\boldsymbol{c}_2, \angle(\boldsymbol{c}_1, \boldsymbol{c}_2)) \tag{5.27}$$

平行传递可以认为是沿着两个向量叉乘的方向 $\boldsymbol{c}_1\times\boldsymbol{c}_2$ 旋转两个向量之间的夹角 $\angle(\boldsymbol{c}_1, \boldsymbol{c}_2)$。当 $\boldsymbol{c}_1=\boldsymbol{c}_2$ 时,$\boldsymbol{R}$ 不定义。

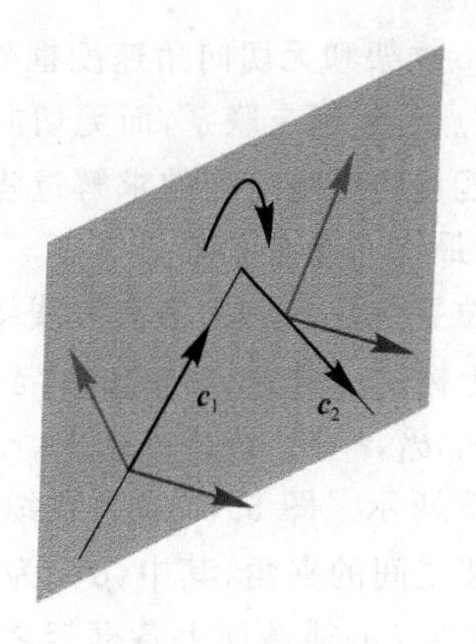


图 5.4　平行传递

Bishop 框架在空间中的传递,即在时刻 $t$ 从线缆段 $i-1$ 到线缆段 $i$ 之间的传递,为平行传递,不涉及扭转,可看成沿两线缆段的切向量叉乘的方向,即离散曲率向量方向,旋转两切

向量的夹角 $\varphi_i$。

$$\boldsymbol{b}_k^i(t)=\boldsymbol{P}_{t^{i-1}(t)}^{t^i(t)}\boldsymbol{b}_k^{i-1}(t)=\boldsymbol{R}(\boldsymbol{t}^{i-1}(t)\times\boldsymbol{t}^i(t),\varphi_i)\boldsymbol{b}_k^{i-1}(t),\quad k=1,2 \tag{5.28}$$

$$\varphi_i=\arccos(\boldsymbol{t}^{i-1}(t)\cdot\boldsymbol{t}^i(t)) \tag{5.29}$$

Bishop 框架是一个无扭转的框架，因此 Bishop 框架与材料框架之间的夹角 $\theta_B^i$ 可视为线缆段 $i$ 的扭转角度。

无切向角速度框架在时间上的传递，即线缆段 $i$ 从 $t-\Delta t$ 时刻到 $t$ 时刻之间的传递，为平行传递，不涉及切向角速度，可看成沿线缆段在两时刻的切向量叉乘的方向，旋转两切向量的夹角 $\phi_i$。

$$\boldsymbol{a}_k^i(t)=\boldsymbol{P}_{t^i(t-\Delta t)}^{t^i(t)}\boldsymbol{a}_k^i(t-\Delta t)=\boldsymbol{R}(\boldsymbol{t}^i(t-\Delta t)\times\boldsymbol{t}^i(t),\phi_i)\boldsymbol{a}_k^i(t-\Delta t),\quad k=1,2 \tag{5.30}$$

$$\phi_i=\arccos(\boldsymbol{t}^i(t-\Delta t)\cdot\boldsymbol{t}^i(t)) \tag{5.31}$$

无切向角速度框架是一个无切向角速度的框架，因此无切向角速度框架与材料框架之间的夹角 $\theta_A^i$，可视为线缆段 $i$ 的切向旋转角度。

材料框架在空间中的传递，可看成先将其从 $\boldsymbol{t}^{i-1}(t)$ 方向平行传递到 $\boldsymbol{t}^i(t)$ 方向上，然后绕 $\boldsymbol{t}^i(t)$ 方向旋转 $\alpha_i$ 角度。

$$\boldsymbol{d}_k^i(t)=\boldsymbol{R}(\boldsymbol{t}^i(t),\alpha_i)\boldsymbol{P}_{t^{i-1}(t)}^{t^i(t)}\boldsymbol{d}_k^{i-1}(t),\quad k=1,2 \tag{5.32}$$

其中，$\alpha_i$ 是线缆段 $i-1$ 上的材料框架经平行传递后与线缆段 $i$ 上的材料框架之间的角度，也就是离散点 $i$ 处的离散扭角，可以用两线缆段的扭转角度之差来表示。由于 Bishop 框架在空间中的传递为平行传递，因此离散扭角 $\alpha_i$ 即为两线缆段上 Bishop 框架与材料框架之间的夹角之差

$$\alpha_i=\theta_B^i-\theta_B^{i-1} \tag{5.33}$$

材料框架在时间上的传递，可看成先将其从 $\boldsymbol{t}^i(t-\Delta t)$ 方向平行传递到 $\boldsymbol{t}^i(t)$ 方向上，然后绕 $\boldsymbol{t}^i(t)$ 方向旋转 $\gamma^i$ 角度。

$$\boldsymbol{d}_k^i(t)=\boldsymbol{R}(\boldsymbol{t}^i(t),\gamma^i)\boldsymbol{P}_{t^i(t-\Delta t)}^{t^i(t)}\boldsymbol{d}_k^{i-1}(t-\Delta t),\quad k=1,2 \tag{5.34}$$

其中，$\gamma^i$ 是线缆段 $i$ 上 $t-\Delta t$ 时刻的材料框架经平行传递后与 $t$ 时刻的材料框架之间的角度，也就是线缆段 $i$ 的切向旋转角度。

在参考框架的选择上，Bishop 框架和无切向角速度框架都有优势，但 Bishop 框架在空间传递过程中与前面所有的离散点位置都有联系，而无切向角速度框架在时间上的传递过程仅涉及相邻两离散点，所以在能量的黑塞矩阵的求解过程中更有优势，使其呈带状分布，因此选择无切向角速度框架作为最终的参考框架。

这样，就可用每个离散点的位置向量 $\boldsymbol{r}_i$ 和每条离散线缆段上无切向角速度框架与材料框架之间的夹角 $\theta_A^i$ 组成的广义坐标系 $\boldsymbol{q}$ 来表示线缆的状态。

$$\boldsymbol{q}=(\boldsymbol{r}_0,\theta_A^0,\boldsymbol{r}_1,\theta_A^1,\boldsymbol{r}_2,\cdots,\boldsymbol{r}_n,\theta_A^n,\boldsymbol{r}_{n+1})^{\mathrm{T}} \tag{5.35}$$

离散扭角 $\alpha_i$ 的计算过程如下所示。图 5.5(a)为线缆段 $i-1$ 的横截面上材料框架、Bishop 框架与无切向角速度框架之间的夹角，其中，$\beta^{i-1}$ 为 Bishop 框架与无切向角速度框架之间的夹角。图 5.5(b)为线缆段 $i$ 的横截面上各框架之间的夹角。已知 Bishop 框架在两线缆段之间平行传递，通过引入向量 $\boldsymbol{P}_{t^{i-1}}^{t^i}\boldsymbol{a}_1^{i-1}$，即将无切向角速度框架也在空间上进行平行传递，可以保证向量 $\boldsymbol{P}_{t^{i-1}}^{t^i}\boldsymbol{a}_1^{i-1}$ 与 $\boldsymbol{b}_1^i$ 之间的夹角仍为 $\beta^{i-1}$，此时，离散扭角 $\alpha_i$ 可以表示为

$$\alpha_i=\theta_B^i-\theta_B^{i-1}=\theta_A^i-\theta_A^{i-1}+\alpha_{\mathrm{ref}}^i \tag{5.36}$$

其中，$\alpha_{\text{ref}}^{i}$为向量 $\boldsymbol{P}_{t^{i-1}}^{t^{i}}\boldsymbol{a}_1^{i-1}$ 与 $\boldsymbol{a}_1^{i}$ 之间的夹角，可通过递归的方法计算：

$$\alpha_{\text{ref}}^{i}(t)=\alpha_{\text{ref}}^{i}(t-\Delta t)+\Delta\alpha_{\text{ref}}^{i}(t) \tag{5.37}$$

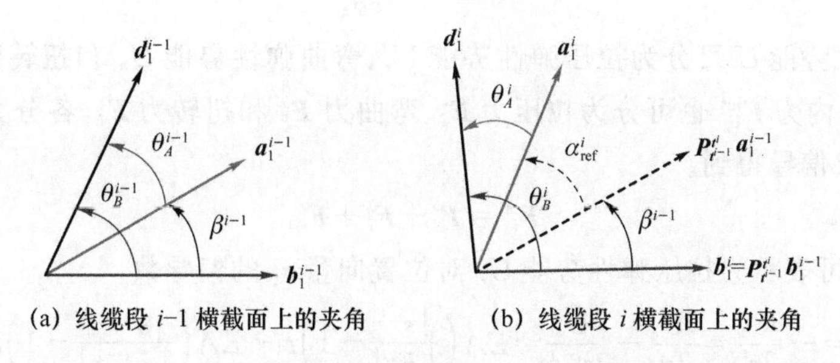


图 5.5 离散扭角 $\alpha_i$ 的计算

增量 $\Delta\alpha_{\text{ref}}^{i}(t)$的计算方法如图 5.6 所示。已知 $t-\Delta t$ 时刻的角度 $\alpha_{\text{ref}}^{i}(t-\Delta t)$，通过将向量 $\boldsymbol{P}_{t^{i-1}}^{t^{i}}(t)\boldsymbol{a}_1^{i-1}(t)$沿线缆段的切向方向 $\boldsymbol{t}^{i}(t)$旋转 $\alpha_{\text{ref}}^{i}(t-\Delta t)$的角度，可以得到向量 $\boldsymbol{R}(\boldsymbol{t}^{i}(t),\alpha_{\text{ref}}^{i}(t-\Delta t))\boldsymbol{P}_{t^{i-1}}^{t^{i}}(t)\boldsymbol{a}_1^{i-1}(t)$。这个向量与向量 $\boldsymbol{a}_1^{i}(t)$的夹角就是增量 $\Delta\alpha_{\text{ref}}^{i}(t)$。

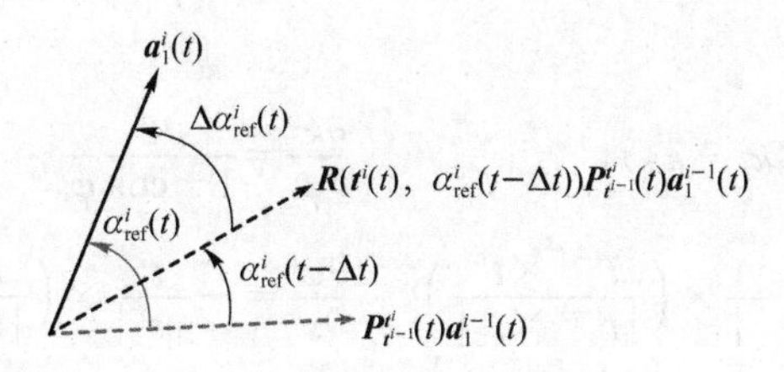


图 5.6 增量 $\Delta\alpha_{\text{ref}}^{i}(t)$的计算

## 5.3.4 线缆模型中的力和力矩

离散弹性细杆模型中系统的广义力 $\boldsymbol{F}$ 包括广义内力 $\boldsymbol{F}^{\text{int}}$和广义外力 $\boldsymbol{F}^{\text{ext}}$，

$$\boldsymbol{F}=\boldsymbol{F}^{\text{int}}+\boldsymbol{F}^{\text{ext}} \tag{5.38}$$

由作用在每个离散点上的力 $\boldsymbol{F}_i$ 和作用在每个线缆段上的力矩 $M^i$ 组成。

$$\boldsymbol{F}=(\boldsymbol{F}_0,M^0,\boldsymbol{F}_1,\cdots,\boldsymbol{F}_i,M^i,\boldsymbol{F}_{i+1},\cdots,\boldsymbol{F}_n,M^n,\boldsymbol{F}_{n+1})^{\text{T}} \tag{5.39}$$

其中，力 $\boldsymbol{F}_i$ 可分为内力 $\boldsymbol{F}_i^{\text{int}}$ 和外力 $\boldsymbol{F}_i^{\text{ext}}$，力矩 $M^i$ 可分为内力矩 $M_{\text{int}}^i$和外力矩 $M_{\text{ext}}^i$。

$$\boldsymbol{F}_i=\boldsymbol{F}_i^{\text{int}}+\boldsymbol{F}_i^{\text{ext}},\quad M^i=M_{\text{int}}^i+M_{\text{ext}}^i \tag{5.40}$$

(1) 广义内力

广义内力 $\boldsymbol{F}^{\text{int}}$可通过系统弹性势能 $U$ 对系统广义坐标 $\boldsymbol{q}$ 进行求导得到

$$\boldsymbol{F}^{\text{int}}=-\frac{\mathrm{d}U}{\mathrm{d}\boldsymbol{q}} \tag{5.41}$$

广义内力 $\boldsymbol{F}^{\text{int}}$包括内力和内力矩。作用于离散点 $i$ 处的内力 $\boldsymbol{F}_i^{\text{int}}$ 可表示为系统弹性势能 $U$ 对位置向量 $\boldsymbol{r}_i$ 的偏导数

$$\boldsymbol{F}_i^{\text{int}}=-\frac{\partial U}{\partial \boldsymbol{r}_i} \tag{5.42}$$

由于忽略了剪切变形，作用在线缆段 $i$ 上的内力矩 $M_{\text{int}}^i$的方向为线缆段的切线方向 $\boldsymbol{t}^i$，

大小可表示为系统弹性势能 $U$ 对角度 $\theta_A^i$ 的偏导数

$$M_{\text{int}}^i = -\frac{\partial U}{\partial \theta_A^i} \tag{5.43}$$

由于总弹性势能 $U$ 可分为拉压弹性势能 $U_e$、弯曲弹性势能 $U_b$ 和扭转弹性势能 $U_t$，作用于离散点 $i$ 的内力 $\boldsymbol{F}_i^{\text{int}}$ 也可分为拉压力 $\boldsymbol{F}_i^e$、弯曲力 $\boldsymbol{F}_i^b$ 和扭转力 $\boldsymbol{F}_i^t$，各分力可分别通过对各分弹性势能求偏导得到。

$$\boldsymbol{F}_i^{\text{int}} = \boldsymbol{F}_i^e + \boldsymbol{F}_i^b + \boldsymbol{F}_i^t \tag{5.44}$$

拉压力 $\boldsymbol{F}_i^e$ 可表示为拉压弹性势能 $U_e$ 对位置向量 $\boldsymbol{r}_i$ 的偏导数

$$\boldsymbol{F}_i^e = -\frac{\partial U_e}{\partial \boldsymbol{r}_i} = \frac{\partial U_e}{\partial \boldsymbol{s}^i} - \frac{\partial U_e}{\partial \boldsymbol{s}^{i-1}} = EA\left(\frac{|\boldsymbol{s}^i|}{|\bar{\boldsymbol{s}}^i|} - 1\right)\boldsymbol{t}^i - EA\left(\frac{|\boldsymbol{s}^{i-1}|}{|\bar{\boldsymbol{s}}^{i-1}|} - 1\right)\boldsymbol{t}^{i-1} \tag{5.45}$$

弯曲力 $\boldsymbol{F}_i^b$ 可表示为弯曲弹性势能 $U_b$ 对位置向量 $\boldsymbol{r}_i$ 的偏导数

$$\begin{aligned}\boldsymbol{F}_i^b &= -\frac{\partial U_b}{\partial \boldsymbol{r}_i} = \frac{\partial U_b}{\partial \boldsymbol{s}^i} - \frac{\partial U_b}{\partial \boldsymbol{s}^{i-1}} \\ &= \left(\frac{\partial U_b}{\partial \kappa^i}\frac{\partial \kappa^i}{\partial \varphi^i}\frac{\partial \varphi^i}{\partial \boldsymbol{s}^i} + \frac{\partial U_b}{\partial \kappa^{i+1}}\frac{\partial \kappa^{i+1}}{\partial \varphi^{i+1}}\frac{\partial \varphi^{i+1}}{\partial \boldsymbol{s}^i}\right) - \left(\frac{\partial U_b}{\partial \kappa^{i-1}}\frac{\partial \kappa^{i-1}}{\partial \varphi^{i-1}}\frac{\partial \varphi^{i-1}}{\partial \boldsymbol{s}^{i-1}} + \frac{\partial U_b}{\partial \kappa^i}\frac{\partial \kappa^i}{\partial \varphi^i}\frac{\partial \varphi^i}{\partial \boldsymbol{s}^{i-1}}\right)\end{aligned} \tag{5.46}$$

其中，

$$\begin{aligned}&\frac{\partial U_b}{\partial \kappa^i} = \frac{E_b I}{\bar{l}_i}(\kappa_i - \bar{\kappa}_i), \qquad \frac{\partial \kappa^i}{\partial \varphi^i} = \frac{2}{1+\cos\varphi_i}, \\ &\frac{\partial \varphi^i}{\partial \boldsymbol{s}^{i-1}} = \frac{\boldsymbol{t}^{i-1}}{|\boldsymbol{s}^{i-1}|} \times \left(\frac{\boldsymbol{t}^{i-1}\times\boldsymbol{t}^i}{|\boldsymbol{t}^{i-1}\times\boldsymbol{t}^i|}\right), \quad \frac{\partial \varphi^i}{\partial \boldsymbol{s}^i} = -\frac{\boldsymbol{t}^i}{|\boldsymbol{s}^i|} \times \left(\frac{\boldsymbol{t}^{i-1}\times\boldsymbol{t}^i}{|\boldsymbol{t}^{i-1}\times\boldsymbol{t}^i|}\right)\end{aligned} \tag{5.47}$$

所以弯曲力 $\boldsymbol{F}_i^b$ 最终可写为

$$\begin{aligned}\boldsymbol{F}_i^b = &-\frac{E_b I}{\bar{l}_i}(\kappa_i - \bar{\kappa}_i) \cdot \frac{2}{1+\cos\varphi_i} \cdot \frac{\boldsymbol{t}^i}{|\boldsymbol{s}^i|} \times \left(\frac{\boldsymbol{t}^{i-1}\times\boldsymbol{t}^i}{|\boldsymbol{t}^{i-1}\times\boldsymbol{t}^i|}\right) + \\ &\frac{E_b I}{\bar{l}_{i+1}}(\kappa_{i+1} - \bar{\kappa}_{i+1}) \cdot \frac{2}{1+\cos\varphi_{i+1}} \cdot \frac{\boldsymbol{t}^i}{|\boldsymbol{s}^i|} \times \left(\frac{\boldsymbol{t}^i\times\boldsymbol{t}^{i+1}}{|\boldsymbol{t}^i\times\boldsymbol{t}^{i+1}|}\right) + \\ &\frac{E_b I}{\bar{l}_{i-1}}(\kappa_{i-1} - \bar{\kappa}_{i-1}) \cdot \frac{2}{1+\cos\varphi_{i-1}} \cdot \frac{\boldsymbol{t}^{i-1}}{|\boldsymbol{s}^{i-1}|} \times \left(\frac{\boldsymbol{t}^{i-2}\times\boldsymbol{t}^{i-1}}{|\boldsymbol{t}^{i-2}\times\boldsymbol{t}^{i-1}|}\right) - \\ &\frac{E_b I}{\bar{l}_i}(\kappa_i - \bar{\kappa}_i) \cdot \frac{2}{1+\cos\varphi_i} \cdot \frac{\boldsymbol{t}^{i-1}}{|\boldsymbol{s}^{i-1}|} \times \left(\frac{\boldsymbol{t}^{i-1}\times\boldsymbol{t}^i}{|\boldsymbol{t}^{i-1}\times\boldsymbol{t}^i|}\right)\end{aligned} \tag{5.48}$$

扭转力 $\boldsymbol{F}_i^t$ 可表示为扭转弹性势能 $U_t$ 对位置向量 $\boldsymbol{r}_i$ 的偏导数

$$\begin{aligned}\boldsymbol{F}_i^t &= -\frac{\partial U_t}{\partial \boldsymbol{r}_i} = \frac{\partial U_t}{\partial \boldsymbol{s}^i} - \frac{\partial U_t}{\partial \boldsymbol{s}^{i-1}} \\ &= \left(\frac{\partial U_t}{\partial \alpha_i}\frac{\partial \alpha_i}{\partial \boldsymbol{s}^i} + \frac{\partial U_t}{\partial \alpha_{i+1}}\frac{\partial \alpha_{i+1}}{\partial \boldsymbol{s}^i}\right) - \left(\frac{\partial U_t}{\partial \alpha_{i-1}}\frac{\partial \alpha_{i-1}}{\partial \boldsymbol{s}^{i-1}} + \frac{\partial U_t}{\partial \alpha_i}\frac{\partial \alpha_i}{\partial \boldsymbol{s}^{i-1}}\right)\end{aligned} \tag{5.49}$$

其中，

$$\frac{\partial U_t}{\partial \alpha_i} = \frac{GI_p}{\bar{l}_i}(\alpha_i - \bar{\alpha}_i), \quad \frac{\partial \alpha_i}{\partial \boldsymbol{s}^{i-1}} = \frac{1}{2|\boldsymbol{s}^{i-1}|}(\kappa\boldsymbol{b})_i, \quad \frac{\partial \alpha_i}{\partial \boldsymbol{s}^i} = \frac{1}{2|\boldsymbol{s}^i|}(\kappa\boldsymbol{b})_i \tag{5.50}$$

所以扭转力 $\boldsymbol{F}_i^t$ 最终可写为

$$\begin{aligned}\boldsymbol{F}_i^t=&\frac{GI_p}{\bar{l}_i}(\alpha_i-\bar{\alpha}_i)\cdot\frac{1}{2|\boldsymbol{s}^i|}(\kappa\boldsymbol{b})_i+\frac{GI_p}{\bar{l}_{i+1}}(\alpha_{i+1}-\bar{\alpha}_{i+1})\cdot\frac{1}{2|\boldsymbol{s}^i|}(\kappa\boldsymbol{b})_{i+1}-\\&\frac{GI_p}{\bar{l}_{i-1}}(\alpha_{i-1}-\bar{\alpha}_{i-1})\cdot\frac{1}{2|\boldsymbol{s}^{i-1}|}(\kappa\boldsymbol{b})_{i-1}-\frac{GI_p}{\bar{l}_i}(\alpha_i-\bar{\alpha}_i)\cdot\frac{1}{2|\boldsymbol{s}^{i-1}|}(\kappa\boldsymbol{b})_i\end{aligned}\tag{5.51}$$

由于系统弹性势能中只有扭转弹性势能 $U_t$ 涉及角度 $\theta_A^i$，因此力矩 $M_{\text{int}}^i$ 可表示为扭转弹性势能 $U_t$ 对角度 $\theta_A^i$ 的偏导数

$$M_{\text{int}}^i=-\frac{\partial U_t}{\partial\theta_A^i}=\frac{\partial U_t}{\partial\alpha_{i+1}}-\frac{\partial U_t}{\partial\alpha_i}=\frac{GI_p}{\bar{l}_{i+1}}(\alpha_{i+1}-\bar{\alpha}_{i+1})-\frac{GI_p}{\bar{l}_i}(\alpha_i-\bar{\alpha}_i)\tag{5.52}$$

(2) 广义外力

除内力和内力矩外，柔性线缆在仿真过程中还会受到外力和外力矩的作用，统称为广义外力 $\boldsymbol{F}^{\text{ext}}$。作用于各离散点处的外力 $\boldsymbol{F}_i^{\text{ext}}$ 主要包括重力 $\boldsymbol{F}_i^g$、阻尼力 $\boldsymbol{F}_i^d$ 和周围环境给它的接触力 $\boldsymbol{F}_i^c$，作用于各离散段的外力矩 $M_{\text{ext}}^i$ 主要为接触力矩 $M_c^i$。

$$\boldsymbol{F}_i^{\text{ext}}=\boldsymbol{F}_i^g+\boldsymbol{F}_i^d+\boldsymbol{F}_i^c=m_i\boldsymbol{g}-k_d\boldsymbol{v}_i+\boldsymbol{F}_i^c\tag{5.53}$$

$$M_{\text{ext}}^i=M_c^i\tag{5.54}$$

其中，$m_i$ 是离散点 $i$ 的质量，$\boldsymbol{g}$ 是重力加速度。假设柔性线缆的质量 $m$ 均匀分布在各离散点处，则 $m_i=m/(n+2)$。$k_d$ 是阻尼系数，$\boldsymbol{v}_i=(v_{ix},v_{iy},v_{iz})^{\mathrm{T}}$ 是离散点 $i$ 的速度，阻尼力与速度方向相反，用于表示能量的消耗和防止线缆的过度振动。接触力 $\boldsymbol{F}_i^c$ 主要包括法向支撑力和摩擦力。接触力 $\boldsymbol{F}_i^c$ 和接触力矩 $M_c^i$ 的详细情况将在第 7 章中进行详细介绍。

## 5.4 线缆模型的动力学求解

在实际的线缆敷设仿真过程中，特别是在线缆的机器人自动敷设仿真过程中，机器人的运动较为迅速，线缆的动力学特性会对线缆的敷设质量产生影响。离散弹性细杆模型主要面向柔性线缆的机器人自动敷设仿真过程，因此，下面采用动力学求解方法对柔性线缆的离散弹性细杆模型进行求解。

已知离散弹性细杆中系统的广义坐标 $\boldsymbol{q}$ 和广义力 $\boldsymbol{F}$ 可分别用式(5.35)和式(5.39)来表示，那么根据牛顿定律可以得到柔性线缆的动力学方程

$$\boldsymbol{F}=\boldsymbol{M}\frac{\mathrm{d}^2\boldsymbol{q}}{\mathrm{d}t^2}\tag{5.55}$$

其中，$\boldsymbol{M}$ 是广义质量矩阵，是大小为$(4n+7)\times(4n+7)$的对角矩阵，由每个离散点的质量 $m_i$ 和每个离散段的惯性矩 $J^i=m_ia^2/2$ 组成。

$$\boldsymbol{M}=\operatorname{diag}(m_0,m_0,m_0,J^0,\cdots,m_i,m_i,m_i,J^i,\cdots,m_{n+1},m_{n+1},m_{n+1})\tag{5.56}$$

为了便于计算，可以将时间 $t$ 进行离散，那么每个时刻系统的速度可以用广义速度 $\boldsymbol{U}$ 来表示，包括每个离散点的平移速度 $\boldsymbol{v}_i$ 和每个离散线缆段围绕切线方向 $\boldsymbol{t}^i$ 的旋转角速度 $u_i$

$$\boldsymbol{U}=(\boldsymbol{v}_0,u_0,\boldsymbol{v}_1,\cdots,\boldsymbol{v}_i,u_i,\cdots,\boldsymbol{v}_n,u_n,\boldsymbol{v}_{n+1})^{\mathrm{T}}\tag{5.57}$$

这样，系统的动力学运动方程就可以描述为

$$\begin{cases}\boldsymbol{U}(t)=\boldsymbol{M}\backslash(\boldsymbol{F}(t-\Delta t)\cdot\Delta t)+\boldsymbol{U}(t-\Delta t),\\ \boldsymbol{q}(t)=\boldsymbol{q}(t-\Delta t)+\boldsymbol{U}(t)\cdot\Delta t\end{cases}\tag{5.58}$$

其中，$\Delta t$ 是时间步长。

上述时间积分法是一种显式方法，与隐式方法相比，该方法简单、直观、快速、易于实现。但要注意的是，这种方法不适用于刚度过大的柔性体，时间步长也应该足够小。为了保证算法的稳定性，如果刚度增加，则应相应地减小时间步长。

## 5.5 线缆动力学模型验证

为了验证所建立的柔性线缆的离散弹性细杆动力学模型的有效性，本节对柔性线缆的类钟摆运动进行了仿真模拟，并与实验结果进行了比较。

仿真中所使用的参数数值见表 5.1。其中，柔性线缆的初始长度、截面半径和线密度等材料参数，可通过尺寸和重量测量实验方便而准确地获得。柔性线缆的拉伸杨氏模量、弯曲杨氏模量和剪切模量等材料参数，通过测量实验只能粗略地得到它们的估计值，不能得到准确值。对于这些参数，可以通过一个学习过程来确定，具体方法将在 11.4 节中进行介绍。其他参数，如离散段初始长度、阻尼系数、时间步长等，与柔性线缆实际对象无关，可以根据以往的经验在仿真中设定。

**表 5.1 线缆仿真参数**

| 仿真参数 | 参数值 | 仿真参数 | 参数值 |
|---|---|---|---|
| 初始长度 $L$/m | 0.5 | 剪切模量 $G$/Pa | 3.0e4 |
| 截面半径 $a$/m | 6e−4 | 离散段初始长度 $\lvert s^i \rvert$/m | 0.01 |
| 线密度 $\mu$/(kg/m) | 7e−4 | 阻尼系数 $k_d$/N·(m/s)$^{-1}$ | 2e−4 |
| 拉伸杨氏模量 $E$/Pa | 6.1e4 | 时间步长 $\Delta t$/s | 1e−3 |
| 弯曲杨氏模量 $E_b$/Pa | 2.3e4 | | |

柔性线缆的类钟摆运动的仿真结果和实验结果如图 5.7 所示。线缆的一端一直固定在一个位置，将线缆的另一端在水平方向上拉直，然后释放另一端，获得线缆的动态运动。从图 5.7 中可以看出，线缆的振幅越来越小，仿真结果与实验结果基本保持一致。但由于在该过程中线缆的速度变化较大，所以在仿真中线缆末端回落会有一些延迟，可以通过增大线缆刚度来改善。

为了更加细致地进行定量比较，对仿真和实验结果中不同位置处（用数字顺序表示）线缆的运动时长、末端位置、振幅角度（与垂直方向的夹角）和阻尼率（振幅角减小的百分比）等进行了比较，详细的数值比较结果见表 5.2。由该表可知，仿真结果和实验结果的平均时长误差约为 0.09 s，平均位置误差约为 0.05 m，平均振幅角度误差约为 3.8°，平均阻尼率误差约为 0.09；误差在可接受范围以内，验证了本书提出的离散弹性细杆模型的有效性，能够对柔性线缆的动力学过程进行模拟。

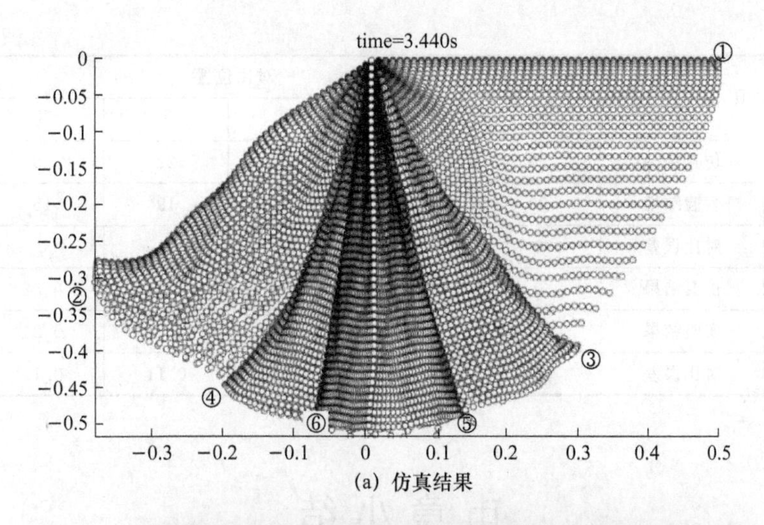


(a) 仿真结果

(b) 实验结果

图 5.7　柔性线缆的类钟摆运动

**表 5.2　仿真结果与实验结果的定量对比**

| 对比项 | | 对比位置 | | | | | |
|---|---|---|---|---|---|---|---|
| | | ① | ② | ③ | ④ | ⑤ | ⑥ |
| 运动时长/s | 仿真结果 | 0 | 0.70 | 0.60 | 0.62 | 0.58 | 0.60 |
| | 实验结果 | 0 | 0.90 | 0.65 | 0.61 | 0.50 | 0.48 |
| | 对比误差 | 0 | 0.20 | 0.05 | 0.01 | 0.08 | 0.12 |
| 末端位置/m | 仿真结果 | (0.5,0) | (−0.376, −0.274) | (0.298, −0.391) | (−0.198, −0.446) | (0.134, −0.486) | (−0.070, −0.496) |
| | 实验结果 | (0.5,0) | (−0.321, −0.374) | (0.223, −0.439) | (−0.157, −0.464) | (0.133, −0.467) | (−0.098, −0.478) |
| | 对比误差 | 0 | 0.114 | 0.089 | 0.045 | 0.019 | 0.033 |

续 表

| 对比项 | | 对比位置 | | | | | |
|---|---|---|---|---|---|---|---|
| | | ① | ② | ③ | ④ | ⑤ | ⑥ |
| 振幅角度/(°) | 仿真结果 | 90 | 50 | 34 | 22 | 15 | 9 |
| | 实验结果 | 90 | 40 | 25 | 19 | 15 | 10 |
| | 对比误差 | 0 | 10 | 9 | 3 | 0 | 1 |
| 阻尼率 | 仿真结果 | 0 | 0.44 | 0.32 | 0.35 | 0.32 | 0.40 |
| | 实验结果 | 0 | 0.56 | 0.38 | 0.24 | 0.21 | 0.33 |
| | 对比误差 | 0 | 0.12 | 0.06 | 0.11 | 0.11 | 0.07 |

## 本章小结

本章提出了基于离散弹性细杆模型的柔性线缆动力学建模技术，该模型主要面向柔性线缆的机器人自动敷设仿真。在连续弹性细杆模型的基础上，建立了基于离散弹性细杆模型的柔性线缆动力学模型，采用中心线-角度的表示方法减少了冗余变量和多余约束，并研究了模型的动力学求解方法，实现了柔性线缆动态变形的实时模拟。

首先，对连续弹性细杆模型进行了介绍，分析了该模型中动能的表达式，采用了中心线-角度的表示方法，以减少冗余变量和多余约束。其次，基于离散弹性细杆模型建立了柔性线缆的动力学模型，根据连续弹性势能表达式求得了离散模型中弹性势能的表示方法，对弹性势能表达式中涉及的离散扭角的计算方法进行了介绍，并最终得到了模型中的力和力矩，包括广义内力（内力和内力矩）与广义外力（外力和外力矩）。再次，基于离散弹性细杆模型的动力学求解方法，实现了模型的实时求解。最后，用一个柔性线缆的类钟摆运动作为实例，对仿真结果和实验结果进行了数值定量对比，验证了所提出模型的有效性，证明了该模型能够对柔性线缆的动态变形进行实时的模拟。

# 第二部分　柔性线缆的交互式虚拟装配仿真技术

# 第6章

# 柔性线缆的交互式虚拟装配仿真技术研究现状

## 6.1 引　言

早期的产品装配仿真研究成果主要集中在刚性体方面，虚拟环境下刚性零件的装配仿真已相对成熟，并得到了较广泛的工程应用。而线缆由于具有柔性，在对其进行装配操作的过程中常常产生缠绕、变形过大等问题，故线缆的装配难度较刚性零件大，线缆的虚拟装配仿真技术目前仍在研究阶段。在虚拟环境下进行线缆的交互式装配仿真，能够在虚拟环境下对产品进行仿真验证，以评价其可装配性，并快速设计装配工艺。如果验证不通过，可以提前修改并完善线缆设计，确保线缆的可装配性[116]。

## 6.2 商业化软件

目前，一些商业三维设计软件提供了部分线缆交互式布线设计模块，如PTC公司在Pro/E上提供的Pro/Diagram、Pro/Cabling、Pro/Routing等布线模块，西门子PLM软件公司在UG上提供的UG/Wiring、UG/Harness，达索公司在CATIA上提供的ECR(Electrical Cableway Routing)等。应用这些设计软件，可以在一定程度上解决线缆布线设计问题，但这些软件通常采用几何曲线表示线缆，没有考虑线缆的物理属性，在设计精度和真实性上仍有较大的局限性。

法国ESI集团开发了虚拟现实解决方案和可视化设计制造决策平台IC.IDO，其中的Route模块(专业布线系统模块)，能够处理大量密集的布线数据，对于布线后的线缆长度关注度高；Flexible模块(布线系统和接头模块)能够创建和修改布线系统和接头，可用于涉及柔性部件的虚拟仿真，包括线缆信息建模、线缆形状仿真、线缆长度计算、沉浸式布线方案展示、柔性线缆与刚体部件间的干涉检查、线缆几何形状导出和线缆路径规划等功能，还可以实现线缆装配的碰撞检测、干涉检查等。德国Fraunhofer研究所开发的IPS(Industrial Path Simulation)软件，是专门用于解决工业路径规划问题的软件平台。其中的Cable Simulation模块[117,118]可为软管和线束等柔性结构的优化设计、虚拟装配验证等提供整体的解决方案,能够对柔性管线施加运动,实时计算出不同材料或不同长度柔性管线的变形,同时也可以计算出柔性管线上的力和弯矩等;能够根据设定的目标,对柔性管线的长度、卡箍的位置等进行优化。以上两个线缆虚拟装配仿真软件系统已在工程中获得了一些应用,但由于采用的物性模型还不够完善,其仿真的真实性仍存在不足。

## 6.3 自主开发软件

许多学者致力于软件方面的学术研究,独立开发了一些交互式虚拟设计和装配仿真系统[119,120]。例如 Park 等[121]提出了基于多 Agent 的布线方法,为线缆设计实现并行工程提供支持。他们开发了 First-Link 的多 Agent 原型系统,并用飞机中的布线设计对该分布式 Agent 框架进行了测试。

自 2000 年开始,Ng、Ritchie 等[122-126]开发了一套沉浸式虚拟现实环境下的人机交互布线系统 CHIVE(Cable Harnessing In Virtual Environments)。如图 6.1 所示,设计人员可通过头盔显示器以及三维鼠标等交互式设备,在虚拟环境中进行线缆设计和装配仿真,以及对设计结果进行干涉检查。但他们所使用的线缆模型主要是几何模型,仿真结果不够真实。另外,他们还对沉浸式的线缆设计系统 Co-Star 进行了系统设计的描述和用户使用的评价[127],通过大量的表现分析以及用户意图的获取,对系统进行了深层次的评估,加深了对沉浸式交互系统中重要用户接口要求的理解。

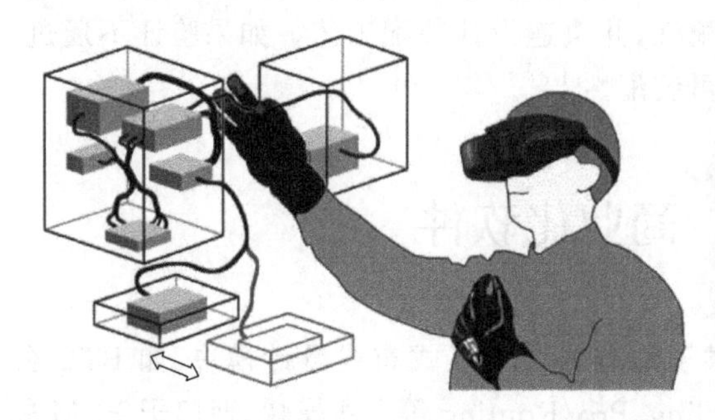

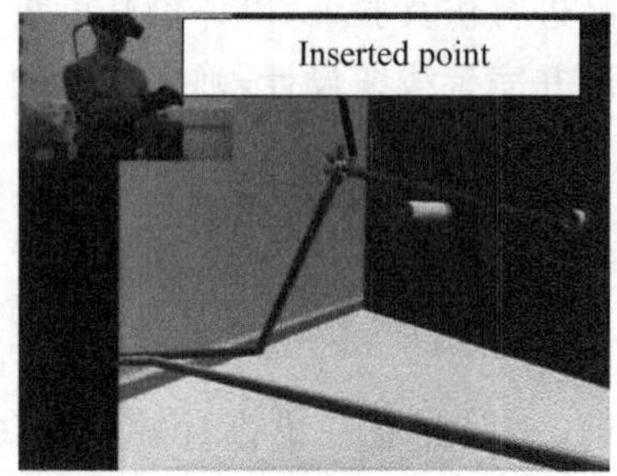


图 6.1 Ritchie 等开发的沉浸式虚拟现实环境下的人机交互布线系统[126]

Hergenröther 等[128]开发了一种线缆装配规划系统(该系统采用简化的线缆显示模型,可以在虚拟空间中进行线缆设计),并实现了线缆的装配/拆卸过程仿真。Vance 等[129]基于 JACK 软件开发了一个沉浸式的虚拟现实应用程序 VRHose,用于橡胶软管的交互设计。

Mikchevitch 等[130,131]开发了一套集成了实时与交互力学仿真方法的系统,用于柔性零件拆装过程的仿真。利用"实时模型"和"交互力学模型",生成相互补充的两层体系来控制柔性部件模型,精确地辅助用户进行虚拟装配工艺规划。其工作原理是"实时模型"利用简化的力学条件生成一个大致的几何形态,"交互力学模型"则根据完整的力学边界条件生成精确的几何形态及受力状况,当"实时模型"偏差较大时,利用"交互力学模型"进行修正。

Valentini 等[88]将增强现实技术运用到线缆的设计中,通过建立合理的增强现实环境,可以在增强现实环境中实现用户对线缆的实时操作,用于解决线缆布局和装配问题,如图 6.2 所示。

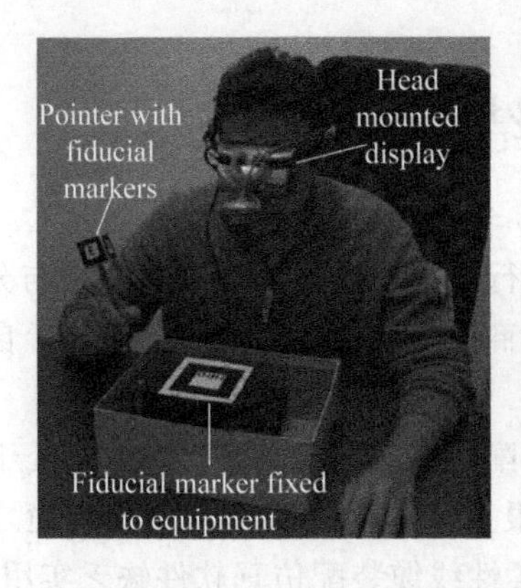

图 6.2 Valentini 等在增强现实环境下进行线缆的交互式布线[88]

Xia 等[132]对基于力反馈的复杂产品虚拟装配规划环境系统进行了研究，并在该系统的基础上对线缆的设计和布线展开了研究，将力反馈应用从刚性零件扩展到柔性零件，提供了一种有效的交互式仿真方法[133]。

北京理工大学数字化制造实验室在国内率先开展了柔性线缆和管路的虚拟装配研究，开发了一套虚拟装配工艺规划(Virtual Assembly Process Planning，VAPP)系统[14]，能够在虚拟环境下进行线缆的布局设计，装配过程仿真，以及活动线缆的运动仿真等。郑轶等[134]指出线缆管路等可变形体零件的装配技术是虚拟装配的关键技术之一，将虚拟环境与线缆装配布线相结合非常有必要。万毕乐等[135,136]分析了借助于虚拟现实技术进行线缆和管路装配规划的优点，提出了虚拟环境下线缆和管路装配规划系统的总体业务流程，建立了虚拟环境下线缆和管路装配规划系统的体系结构并开发了原型系统。刘检华等[7,77]在研究活动线缆建模与运动仿真的过程中，提出了与活动线缆运动仿真方法相适应的数据结构，通过“路径关键点”和“路径”两个层面在空间及时间两个维度上对线缆运动过程中的位姿进行了表达和记录。王志斌[137]提出了在线缆装配仿真中，操作电连接器或者线缆本身使其到达待装配位置，继续对电连接器或者线缆局部进行调整装配到位，然后对同一路径上的线缆分支进行固定和捆扎操作。所有操作统一进行碰撞检测，在线缆碰撞时高亮碰撞处，并停止运动，整个装配过程中线缆的实时变形状态由物理模型进行计算。

魏发远等[45]提出根据刚性组件和柔性线缆的不同特点，分别对其进行建模与装配规划，并通过这种方式实现了线缆与结构件的“刚-柔混合系统”。他们认为产品的装配和拆卸互为逆过程，并通过对拆卸过程求逆的方法得到了线缆的装配序列及装配路径，其中线缆的装配操作包括线缆电连接器的插接和整个线缆零件的移动。

王金芳等[138,139]利用 Pro/E 二次开发工具包，以及 Oracle 数据库和 Visual C++集成开发环境，设计并开发了基于 Pro/E 的线缆装配规划原型系统，建立了线缆的三维几何模型和系统装配对象信息模型，对人机交互式线缆装配规划系统关键技术进行了研究。

Liu 等[140]等针对机电产品中细长柔性零件的设计和装配规划问题，提出了一种在增强现实环境下对基于物理的细长柔性零件进行操作的新方法，采用离散动力学方法建立了细长柔性零件的物理模型，并在合理构建增强现实环境的基础上，提出了一种基于操作面板的实时交互算法，使用户能够在增强现实的场景中与虚拟细长柔性零件进行交互操作。

# 本章小结

本章对柔性线缆的交互式虚拟装配仿真技术进行了国内外研究现状的总结与分析。首先介绍了目前存在的与柔性线缆设计与仿真有关的商业软件，其次对国内外学者自主开发的一些柔性线缆虚拟设计与仿真软件进行了介绍。

综上所述，目前相对于刚性零件，柔性线缆的装配仿真技术还不够成熟，尚处于研究阶段。现有研究对线缆物理属性的全面性考虑不足，很少考虑柔性线缆与周围环境之间的碰撞接触变形响应，仿真的真实性存在不足。现有的柔性线缆装配仿真软件缺乏实用性，尚不能很好地满足工业生产的实际需要。

# 第7章

# 单根线缆的交互式虚拟装配仿真技术

## 7.1 引　言

作为复杂产品的重要组成部分，柔性线缆的装配过程占整个产品装配的比重很大。由于线缆的柔性和装配空间的狭窄复杂，线缆的装配目前大多以手工装配为主，在实际装配过程中经常发生错漏装、装配工艺不合理、发生干涉等现象。随着CAD技术和虚拟现实技术的发展，在虚拟环境下进行线缆的装配仿真逐渐引起人们的关注。通过虚拟仿真，人们能够预测线缆装配过程中可能发生的问题，验证线缆的可装配性，提前修改产品设计，缩短设计周期、降低装配成本，提高产品的一次装配合格率。线缆的交互式虚拟装配仿真由于能够更加有效地利用人的经验，操作起来更方便，因此在线缆的装配仿真中得到广泛关注。

本章重点研究单根线缆的交互式虚拟装配仿真技术。首先，分析了单根线缆的交互式虚拟装配仿真流程。其次，实现了装配仿真过程中控制点、电连接器和卡箍等对单根线缆的运动学约束。再次，提出了一种基于接触力和接触力矩的单根线缆碰撞接触响应算法，实现了单根线缆与周围环境之间的碰撞接触响应，并进行了仿真和实验验证。最后，设计并开发了单根线缆的交互式虚拟装配仿真系统，对单根线缆的交互式虚拟装配过程进行了仿真实例验证。

## 7.2 单根线缆的交互式虚拟装配仿真流程

单根线缆的交互式虚拟装配仿真主要是指对线缆进行交互式装配操作，将其装配到目标位置，并关注在装配过程中线缆的装配空间是否充足，装配路径是否合理，线缆是否发生剐蹭、缠绕，装配过程中线缆变形是否过大等问题。由于在线缆的交互式虚拟装配仿真过程中，线缆始终做低速运动，所以可以假设整个仿真过程是准静态的，即在每一时刻线缆都处于平衡状态，并用第3章中提出的弯扭复合弹簧质点模型对线缆的形态进行实时的求解。

单根线缆的交互式虚拟装配仿真流程如图7.1所示。

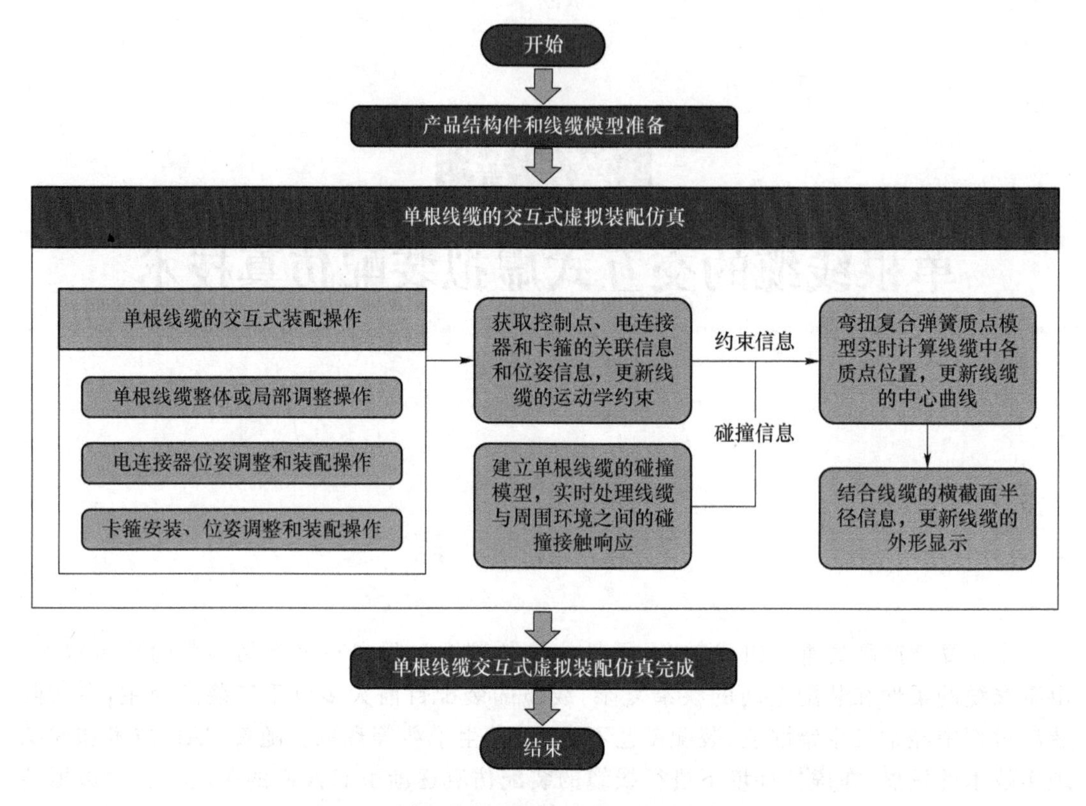


图 7.1　单根线缆的交互式虚拟装配仿真流程

准备好产品结构件和单根线缆的模型，并导入系统。然后，进行单根线缆的交互式装配操作，包括对单根线缆整体或局部位置进行调整操作，对电连接器进行位姿调整和装配操作，对卡箍进行安装、位姿调整和装配操作等。

单根线缆的交互式装配操作会对线缆产生运动学约束的作用，包括对线缆进行整体和局部调整时对控制点的约束、来自电连接器和卡箍的约束等。在装配操作过程中需要不断地获取控制点、电连接器和卡箍的关联信息和位姿信息，通过添加和去除弹簧等方式不断地更新线缆被约束点和被约束段的运动学约束，并将约束信息反馈到线缆物性模型中。

同时，在单根线缆的交互式虚拟装配仿真过程中，线缆可能会与周围环境发生碰撞接触，从而产生变形响应。因此，本书提出了一种基于接触力和接触力矩的单根线缆碰撞接触响应算法，系统将提前建立单根线缆的碰撞模型，并在仿真过程中基于该算法实时处理线缆与周围环境之间的碰撞接触响应，然后将碰撞信息反馈到线缆物性模型中。

基于单根线缆的运动学约束信息和碰撞信息，线缆的物性模型即弯扭复合弹簧质点模型，将实时计算出线缆中各质点的位置，并用 3.6 节中介绍的分段贝塞尔曲线拟合方法拟合线缆的中心曲线。

最后，结合线缆的横截面半径信息，更新线缆在虚拟环境中的外形显示。不断地进行线缆的交互式装配操作，直到线缆到达待装配位置并装配到位，完成线缆的交互式虚拟装配仿真。

在线缆的交互式虚拟装配仿真流程中，线缆的运动学约束和碰撞接触响应是非常关键的技术，下面将分别进行详细的介绍。

# 7.3 单根线缆的运动学约束

线缆的交互式装配操作会涉及线缆的运动学约束,包括对线缆进行整体和局部调整时控制点的约束、来自电连接器和卡箍的约束等。本节通过添加和去除弹簧等方式实现了控制点、电连接器和卡箍等对线缆的运动学约束作用,包括位置、位姿、方向和长度约束等。

## 7.3.1 控制点的约束

线缆的调整操作是通过控制点来实现的。控制点,即被夹持控制进行操作的线缆质点,是一种被约束点。在对线缆进行整体调整操作时,线缆所有的质点都为控制点;在对线缆进行局部调整操作时,控制点的数量为一个或几个。控制点对线缆具有位置上的约束作用。

在线缆的整体调整操作中,所有的线缆质点都为被约束点,所以所有质点的位置将同时发生变化,其相对位置不会发生变化,因此线缆的形态也不会发生变化。在线缆的局部调整操作中,只有一个或几个线缆质点为被约束点,被约束点位置的变化会影响其他未约束点的位置,需要通过线缆的物性模型,即弯扭复合弹簧质点模型,对线缆的变形进行实时的计算。

当线缆的调整操作结束以后,需要释放所有控制点的约束作用,所有的被约束点都将重新变为未约束点。因此,控制点的约束作用不是一成不变的,需要不断获取控制点的关联信息和位置信息,更新约束信息的出现与消失,并及时反馈给线缆物性模型。

图 7.2 所示为模拟的控制点的约束作用,可以看出,当鼠标所指的控制点(被约束点)的位置发生变化时,线缆其他未被约束的质点也将通过线缆模型计算发生位置的变化,从而使线缆形态发生变化。

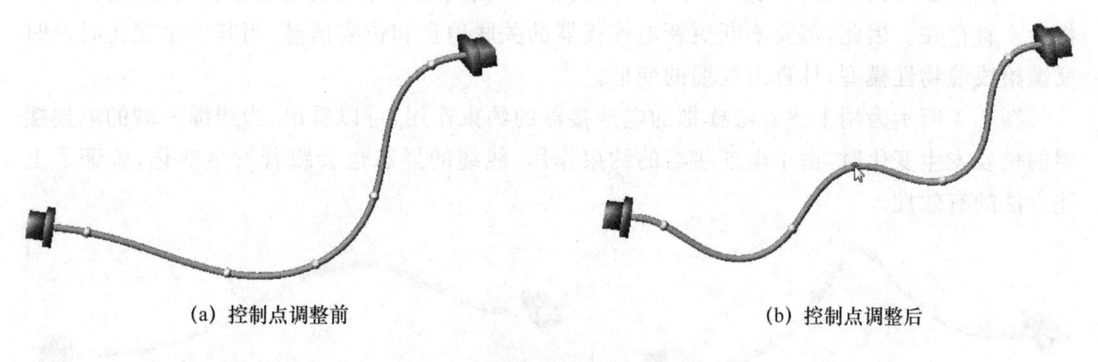

(a) 控制点调整前　　(b) 控制点调整后

图 7.2 单根线缆的局部调整

## 7.3.2 电连接器的约束

在线缆的装配过程中,一般通过电连接器间的插装将线缆安装到电气设备上。电连接器主要分为两种,一种是插头式电连接器,一种是插座式电连接器。一般前者固连在线缆两端,后者固定在电气设备上。对连接器的约束处理是将与其相固连的线缆一端的两个质点视为被约束点，电连接器对这两个被约束点分别具有位姿和方向上的约束作用。

如图7.3所示，线缆两端连接着电连接器。那么与两电连接器相固连的线缆两端点0、$n$将变为被约束点，具有位姿上的约束作用，其位置将分别跟随两电连接器位置的变化而变化，电连接器的转动也会影响线缆两端的相对扭转角度。此外，电连接器对线缆端部具有切向方向上的约束作用，电缆两端总是趋向于沿着电连接器的出线方向伸出。为了表示这种约束作用，可以将其转化为对质点1和$n-1$的方向约束。可以在与电连接器相固连的线缆两端点0、$n$处分别添加一个约束弹簧，这种约束弹簧与弯曲弹簧类似，因此质点1和$n-1$会受到相应约束弹簧的作用力：

$$\boldsymbol{F}_1^c=\frac{k^c\beta_0^*}{l_1}\frac{\boldsymbol{u}_1\times(\boldsymbol{u}_0^*\times\boldsymbol{u}_1)}{\sin\beta_0^*}, \tag{7.1}$$

$$\boldsymbol{F}_{n-1}^c=\frac{k^c\beta_n^*}{l_n}\frac{\boldsymbol{u}_n\times(\boldsymbol{u}_{n+1}^*\times\boldsymbol{u}_n)}{\sin\beta_n^*} \tag{7.2}$$

其中，$k^c$指约束弹簧的弹性系数，根据以往的经验，其值可设为$k^b$的三倍；$\boldsymbol{u}_0^*$和$\boldsymbol{u}_{n+1}^*$是两个电连接器伸出方向的单位向量；$\beta_0^*$是$\boldsymbol{u}_0^*$和$\boldsymbol{u}_1$之间的夹角；$\beta_n^*$是$\boldsymbol{u}_{n+1}^*$和$-\boldsymbol{u}_n$之间的夹角。

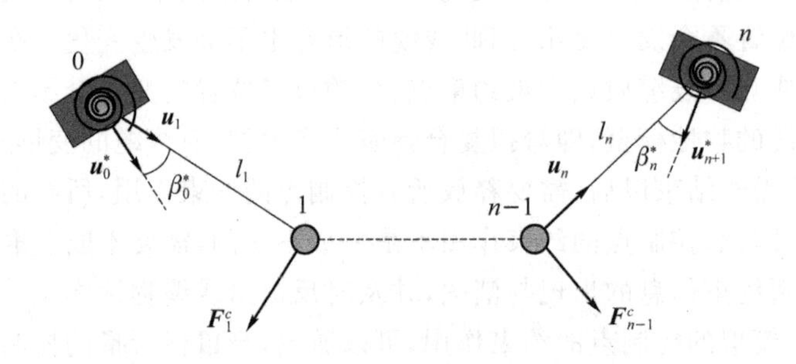


图7.3　电连接器约束示意图

电连接器的约束包括位姿和方向上的约束，一旦线缆端部与电连接器相固连，这种约束将会一直存在。因此，需要不断更新电连接器的关联信息和位姿信息，当其发生变化时及时反馈给线缆物性模型，计算出线缆的变形。

图7.4所示为用上述方法模拟的电连接器的约束作用，可以看出，当线缆一端的电连接器的位姿发生变化时，由于电连接器的约束作用，线缆的形态也会跟着发生变化，验证了上述方法的有效性。

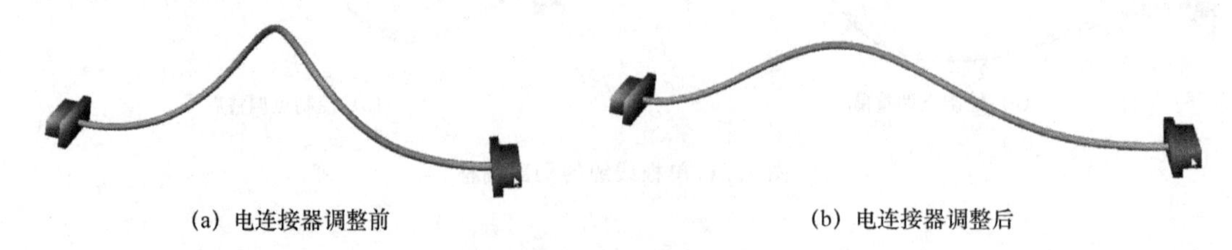

(a) 电连接器调整前　　(b) 电连接器调整后

图7.4　电连接器的约束作用

## 7.3.3　卡箍的约束

在线缆的装配过程中，由于线缆具有柔性，通常需要用卡箍将线缆固定到适当的位置，防止其在外力的作用下随意移动，使线缆保持适当的外形，使线缆的布局更加整齐美观。卡箍的操作是将与卡箍相连的线缆段两端的质点视为被约束点，将与卡箍相邻的两线缆段视为被约束段，卡箍对两被约束点具有位置上的约束作用，对两被约束段具有长度上的约束作用。由于线缆可以在卡箍内转动，所以此处忽略了卡箍对线缆扭转的约束作用。

如图 7.5 所示，线缆体上固定一卡箍，卡箍的中间位置 $\boldsymbol{x}_i^*$ 在线缆段 $i$ 上，那么被卡箍固定的线缆段 $i$ 的位姿只能随着卡箍位姿的变化而变化。为了表示这种约束作用，可以将线缆段 $i$ 两端的质点 $i-1$ 和 $i$ 视为被约束点，去除两质点之间的线性弹簧，并将两质点置于卡箍的两端，即卡箍对其具有位置上的约束作用。

$$\boldsymbol{x}_{i-1}=\boldsymbol{x}_i^*-(l_i^*/2)\boldsymbol{u}_i^*, \tag{7.3}$$

$$\boldsymbol{x}_i=\boldsymbol{x}_i^*+(l_i^*/2)\boldsymbol{u}_i^* \tag{7.4}$$

其中，$\boldsymbol{u}_i^*$ 指卡箍出线方向上的单位向量，$l_i^*$ 为卡箍的长度。

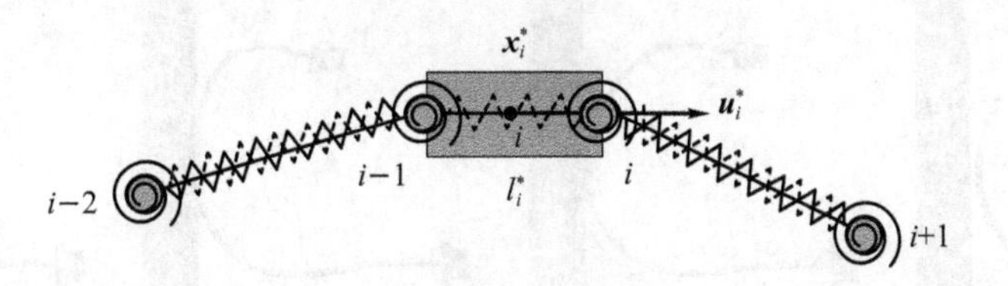


图 7.5　卡箍约束示意图

该方法可能会造成线缆段 $i$ 长度上的增大或减小，为了改善这一问题，可将线缆段 $i-1$ 和 $i+1$ 视为被约束段，将线缆段 $i$ 长度的变化平均分摊到线缆段 $i-1$ 和 $i+1$ 上，即卡箍对其具有长度上的约束作用。线缆段 $i$ 的初始长度为 $l_i^0$，添加约束后长度变为 $l_i^*$，长度变化了 $l_i^0-l_i^*$。线缆段 $i-1$ 和 $i+1$ 的初始长度分别为 $l_{i-1}^0$ 和 $l_{i+1}^0$，将长度变化量 $l_i^0-l_i^*$ 平均分摊到线缆段 $i-1$ 和 $i+1$ 上，则线缆段 $i-1$ 和 $i+1$ 的初始长度将分别变为

$$l_{i-1}^{0*}=l_{i-1}^0+\frac{l_i^0-l_i^*}{2}, \tag{7.5}$$

$$l_{i+1}^{0*}=l_{i+1}^0+\frac{l_i^0-l_i^*}{2} \tag{7.6}$$

因此，卡箍对两被约束点具有位置上的约束作用，对两被约束段具有长度上的约束作用。当卡箍被安装到线缆上时，这种约束将会产生。当卡箍未被安装或被移除时，这种约束将会消失。因此，需要不断更新卡箍的关联情况和位姿信息，更新约束信息的出现与消失，并及时反馈给线缆物性模型，计算出线缆的变形。

图 7.6 所示为用上述方法模拟的卡箍的约束作用，可以看出，当安装在线缆上的卡箍的位置发生变化时，由于卡箍的约束作用，线缆的形状也会随之发生改变，验证了上述方法的有效性。

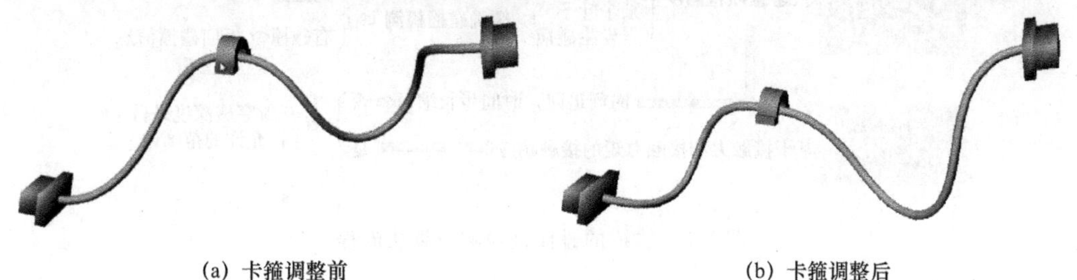

(a) 卡箍调整前　　(b) 卡箍调整后

图 7.6　卡箍的约束作用

## 7.4 线缆的碰撞接触响应

线缆快速而准确的碰撞接触响应，是提高线缆装配仿真真实感的基础。因为线缆是柔性体，当线缆与周围环境发生碰撞接触时，会产生变形响应，通过改变自身位姿来防止与其他物体发生穿透，如图 7.7 所示。所以在线缆的装配仿真过程中，不仅要检测到线缆是否发生了碰撞，还要在线缆发生碰撞时及时向物性模型反馈碰撞信息，实现线缆的接触变形响应。而且不同于静态线缆，线缆的虚拟装配仿真要实现实时的装配操作，所以对碰撞接触响应的效率有较高的要求。

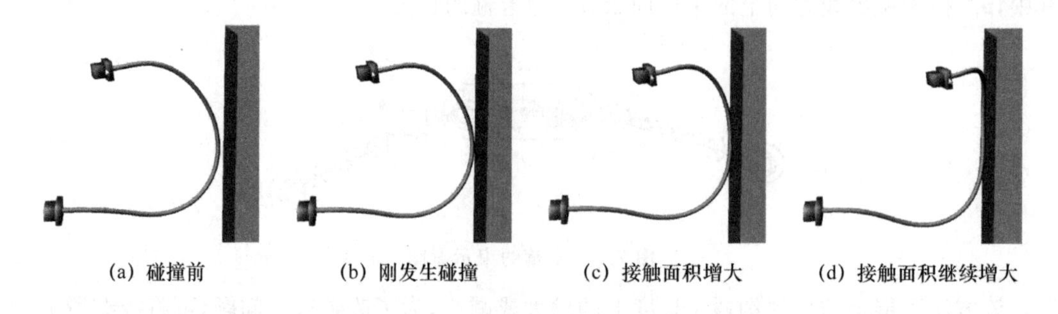


图 7.7 线缆的碰撞接触响应

本书提出了一种基于接触力和接触力矩的线缆碰撞接触响应算法，算法流程如图 7.8 所示。首先建立线缆的碰撞模型，包括球形层次包围盒和三角面片构造的圆柱体包围盒。其次进行线缆的碰撞检测，先用线缆的球形层次包围盒进行快速的碰撞检测，若检测到某个叶子节点发生碰撞，则改用三角面片构造线缆段的圆柱体包围盒，进行精确的碰撞检测，若真发生了碰撞，则返回发生碰撞信息。最后判断穿透深度是否在允许的范围内：若不在，则用“时间退回和时间步长缩短”的方法实现线缆的稳定碰撞和接触；若在，则根据碰撞信息用一种基于接触力和接触力矩的方法实现线缆的接触变形响应，防止发生进一步的穿透。下面进行碰撞检测和接触响应方法的详细介绍。

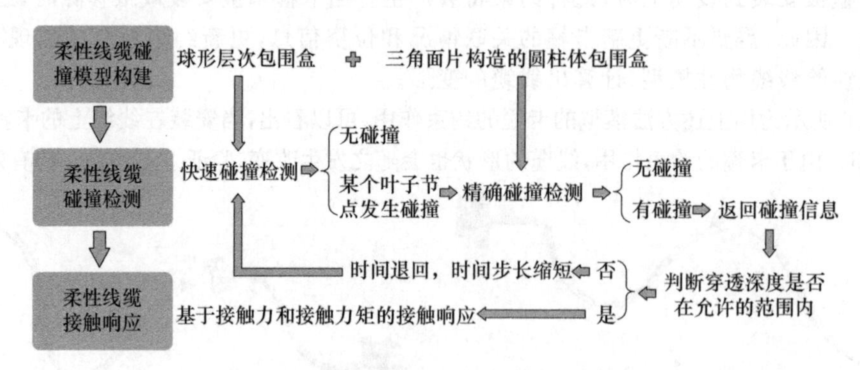


图 7.8 线缆的碰撞接触响应算法流程

## 7.4.1 线缆的碰撞检测

目前常用的碰撞检测方法有层次包围盒法(Bounding Volume Hierarchy,BVH)、空间剖分法(Space Decomposition)、基于距离场的方法、基于图像空间的方法,以及智能算法等。其中最常用的方法是层次包围盒法,包围盒可分为沿坐标轴的包围盒(Aligned Axis Bounding Box, AABB)[141]、方向包围盒(Oriented Bounding Box, OBB)[142]、包围球(Spheres)[143]、k-Dop(Discrete Orientation Polytope)[144]以及凸包(Convex Hull)[145]等不同的类型。

在虚拟装配仿真过程中,线缆的几何形态不断发生变化,所以其碰撞模型不能像刚性结构件一样是固定的,而是需要实时重建,实时检测,所以本书采用了实时性较强的球形层次包围盒法(Spherical Bounding Volume Hierarchy,SBVH)进行快速碰撞检测,其中层次树的叶子节点为包围每个线缆段的最小包围球,根节点为包含了整个线缆的最小包围球,包围盒的建立是自下而上的过程,如图 7.9(a)所示。线缆在变形的过程中,包围球层次树的结构不会改变,改变的只是包围球的大小和位置,所以能快速建立和更新,提高了碰撞检测的效率。

利用球形层次包围盒法进行线缆的碰撞检测是自上而下的过程。当未检测到碰撞时,则线缆未发生碰撞;当检测到某些叶子节点,即某些线缆段对应的包围球发生碰撞时,则线缆可能发生了碰撞,返回这些线缆段的序号,并将这些线缆段改用三角面片构造其圆柱体包围盒,如图 7.9(b)所示,进行精确的碰撞检测,即可确定是否真正发生了碰撞,若发生了碰撞,则返回发生碰撞的线缆段序号 $i$、碰撞位置、碰撞法向 $\boldsymbol{n}$、穿透深度等精确的碰撞信息。

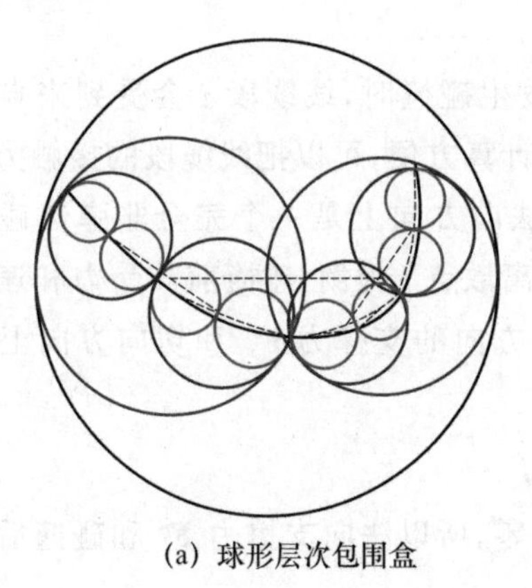

(a) 球形层次包围盒　　(b) 三角面片构造的圆柱体包围盒

图 7.9 线缆的碰撞模型

在上述碰撞检测的过程中,当检测到碰撞时,发生碰撞的线缆段可能已经与周围环境产生了很大的穿透深度。为了避免模型之间的大穿透,实现线缆的稳定碰撞,可以采用“时间退回和时间步长缩短”的方法。如图 7.10 所示,当在时刻 $t$ 检测到某个线缆段 $i$ 发生碰撞并与周围环境发生穿透时,判断穿透深度是否在允许的范围内。若不在,则将时间退回到上

一个时间步 $t-\Delta t$，用 $t-\Delta t$ 时刻离散段两端的线缆点的速度 $\boldsymbol{v}_i(t-\Delta t)$ 和 $\boldsymbol{v}_{i-1}(t-\Delta t)$，计算出线缆段上碰撞位置点的速度 $\boldsymbol{v}^i(t-\Delta t)$，然后用该速度与两碰撞点之间的距离 $s^i(t-\Delta t)$ 来估计一个新的较短的时间步长 $\Delta t_{\text{new}}$。用新的时间步长 $\Delta t_{\text{new}}$ 计算出线缆离散点新的位置后，再次执行碰撞检测。如果穿透深度仍不在允许的范围内，则重复上述过程，直到发生碰撞的线缆段在新的时间步长后的穿透深度处于允许的范围以内。

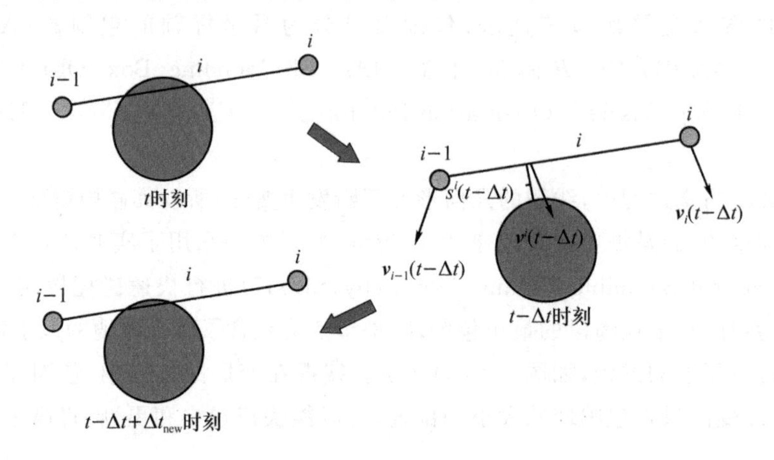


图 7.10 线缆的稳定碰撞

## 7.4.2 线缆的接触响应

当线缆与周围环境发生碰撞时，会受到力的作用，产生接触变形，防止发生进一步的穿透，这就是线缆的接触响应。本书在实现线缆碰撞检测的基础上，采用了一种基于接触力和接触力矩的接触响应实现方法。

具体过程如下。如图 7.11 所示，当线缆段 $i$ 发生碰撞时，线缆段 $i$ 会受到来自碰撞物体的接触力，包括法向支撑力和切向摩擦力。为了计算方便，可以把线缆段的接触力转移到线缆段两端的离散点 $i-1$ 和 $i$ 上，并假设碰撞在法向方向上是一个完全非弹性碰撞的过程，即法向方向上的力和速度都会变为零。以线缆离散点 $i$ 为例，碰撞前其受力和速度分别为 $\boldsymbol{F}_i'$ 和 $\boldsymbol{v}_i'$，碰撞发生时，它会受到沿碰撞法向 $\boldsymbol{n}$ 方向的支撑力 $\boldsymbol{F}_i^n$ 和切向方向上的摩擦力 $\boldsymbol{F}_i^f$。

$$\boldsymbol{F}_i^c=\boldsymbol{F}_i^n+\boldsymbol{F}_i^f \tag{7.7}$$

支撑力 $\boldsymbol{F}_i^n$ 使受力 $\boldsymbol{F}_i'$ 和速度 $\boldsymbol{v}_i'$ 的法向分量变为零，所以法向支撑力 $\boldsymbol{F}_i^n$ 和碰撞后离散点的速度 $\boldsymbol{v}_i$ 可以表示为

$$\boldsymbol{F}_i^n=-\boldsymbol{F}_i'^n=-(\boldsymbol{F}_i'\cdot\boldsymbol{n})\times\boldsymbol{n}=(\boldsymbol{F}_i'\cdot(-\boldsymbol{n}))\times\boldsymbol{n}, \tag{7.8}$$

$$\boldsymbol{v}_i=\boldsymbol{v}_i'-(\boldsymbol{v}_i'\cdot\boldsymbol{n})\times\boldsymbol{n} \tag{7.9}$$

线缆离散点在碰撞法向上的合力为零，只能沿着切向移动，那它就会受到摩擦力 $\boldsymbol{F}_i^f$ 的作用[146]。如果速度的大小 $|\boldsymbol{v}_i|$ 不等于零，那么此时的摩擦力为动摩擦力 $\boldsymbol{F}_i^{fd}$，其大小为动摩擦系数 $k_d$ 与法向支撑力大小 $F_i^n$ 的乘积，其方向与速度 $\boldsymbol{v}_i$ 相反。

$$\boldsymbol{F}_i^f=\boldsymbol{F}_i^{fd}=-k_d F_i^n \frac{\boldsymbol{v}_i}{|\boldsymbol{v}_i|} \tag{7.10}$$

如果$|\boldsymbol{v}_i|$等于零，或者由于能量的损耗变为零，此时摩擦力将变为静摩擦力 $\boldsymbol{F}_i^{fs}$，与$\boldsymbol{F}_i'^t$（$\boldsymbol{F}_i'$与 $\boldsymbol{F}_i{}^n$ 向量之和，或者 $\boldsymbol{F}_i'$的切向分量）大小相等，方向相反。此时，线缆点受力为零，将保持静止。

$$\boldsymbol{F}_i^f=\boldsymbol{F}_i^{fs}=-\boldsymbol{F}_i'^t=-(\boldsymbol{F}_i'+\boldsymbol{F}_i^n) \tag{7.11}$$

当 $\boldsymbol{F}_i'^t$超过最大静摩擦力 $F_{\max}^{fs}$（静摩擦系数 $k_s$ 与法向支撑力大小 $F_i{}^n$ 的乘积）时，线缆离散点将再次移动，摩擦也就变为动摩擦。

$$F_{\max}^{fs}=k_s F_i^n \tag{7.12}$$

此外，线缆的弹性细杆模型还涉及接触力矩。作用在线缆离散点 $i-1$ 和 $i$ 上的摩擦力 $\boldsymbol{F}_{i-1}^f$ 和 $\boldsymbol{F}_i^f$，会在线缆段 $i$ 上产生轴向的接触力矩 $\boldsymbol{M}_c^i$，可以表示为

$$\boldsymbol{M}_c^i=[(\boldsymbol{F}_{i-1}^f+\boldsymbol{F}_i^f)\times\boldsymbol{n}]\cdot\boldsymbol{u}_i \tag{7.13}$$

其中，$\boldsymbol{u}_i$ 指线缆段 $i$ 的单位切向向量。

值得注意的是，当 $\boldsymbol{F}_i'$或 $\boldsymbol{v}_i'$在法向 $\boldsymbol{n}$ 方向上的投影为正时，线缆离散点趋向于离开碰撞区域，此时，接触力应为零。

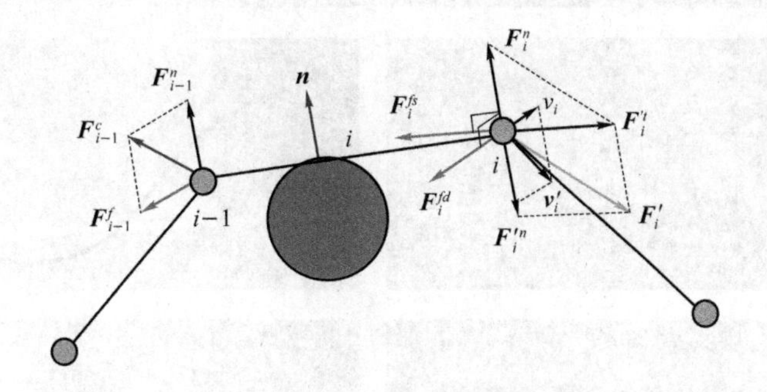


图 7.11　线缆的接触响应示意图

## 7.4.3　仿真与实验验证

为了更加真实地验证线缆的碰撞接触响应算法，本节对线缆的碰撞接触过程进行了模拟仿真，并进行了相关的实验，与仿真结果进行了对比验证。本节研究了两个案例，仿真和实验的对比结果如图 7.12 所示。案例一为位于桌面上的线缆的右端不断旋转并逐渐靠近左端的过程，线缆的仿真和实验结果如图 7.12(a)所示。案例二为在桌面边缘的线缆下落的过程，线缆右端先落在平面上，然后左端逐渐下降，最终悬挂在桌面边缘，变形仿真和实验结果如图 7.12(b)所示。

从图 7.12 中可以看出，仿真得出的线缆的变形与实验结果吻合较好，说明线缆的碰撞接触响应实现方法真实有效，弯扭复合弹簧质点模型能够准确地描述线缆在发生碰撞和接触时的变形。

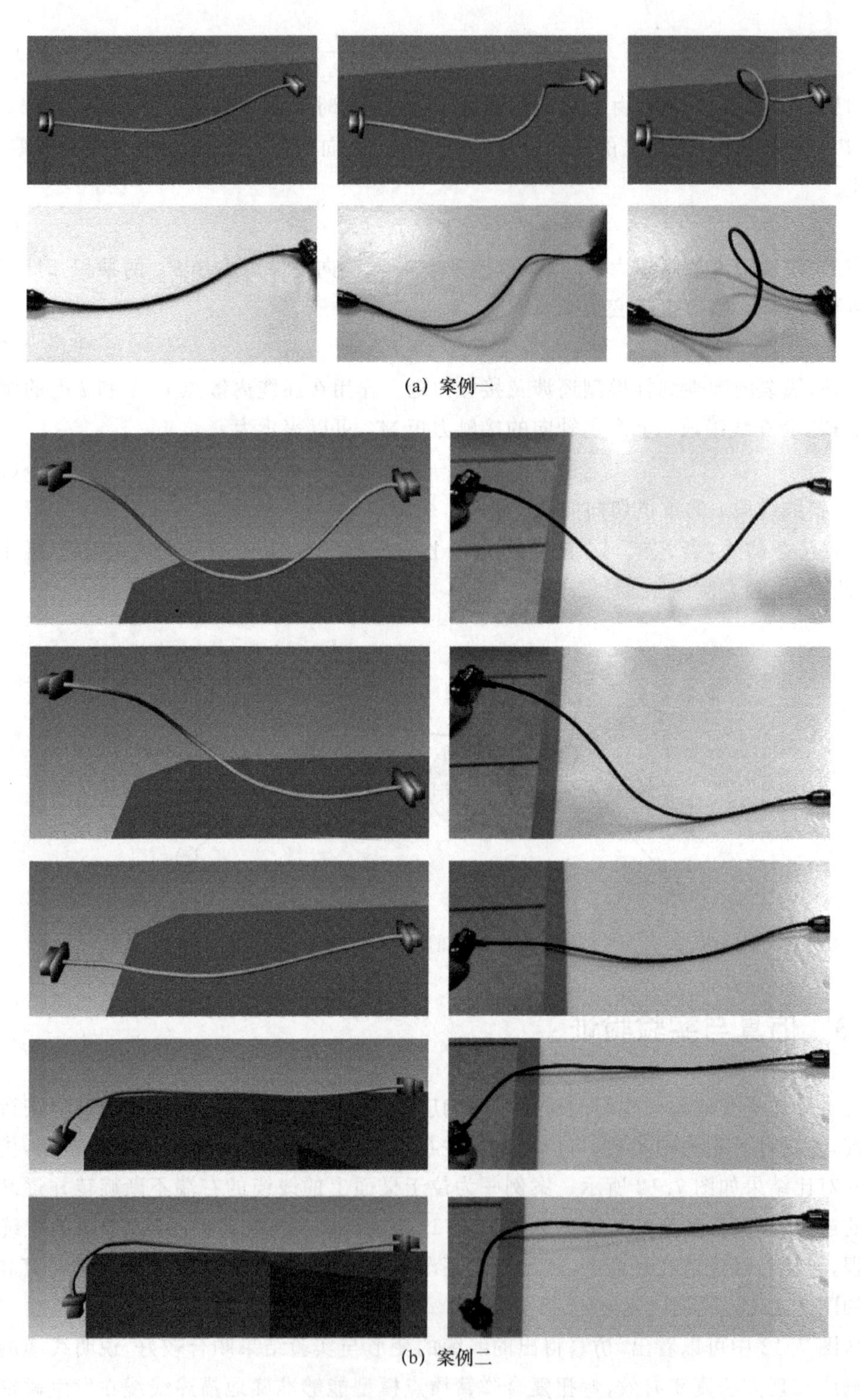

(a) 案例一

(b) 案例二

图 7.12 线缆碰撞接触响应的仿真与实验结果

# 7.5 仿真系统的实现与实例验证

## 7.5.1 仿真系统的实现

基于上述关键技术，本节设计并开发了一个单根线缆的交互式虚拟装配仿真系统。该系统以虚拟样机为基础，以线缆的布局设计、技术要求、约束规则等作为输入，以人为中心，充分发挥人的主观能动性，通过计算机提供的虚拟环境，实现了单根线缆的交互式虚拟装配仿真。该系统为复杂产品中单根线缆的实际装配工作提供了技术及工具支持，从而缩短了产品的研发周期，减少了开发和生产成本，提高了产品质量。同时，从软件系统的角度出发，该系统能够满足功能化、模块化、工具化、可视化、实用化的要求，具有良好的通用性、集成性和可拓展性。

该系统的开发和运行环境见表 7.1。该系统基于三维造型引擎 Acis 16 和三维渲染引擎 Hoops 15 开发工具包，在 Microsoft Visual Studio 2005 环境下利用 C/C++语言进行开发。该系统可以运行在 Windows 7 及以上系统，内存 4 G 及以上，用键盘和鼠标作为输入设备，用显示器和投影等作为输出设备，对于较大规模的模型，可根据实际情况相应地提高系统的配置。产品的三维模型可用 Pro/E、UG 等三维 CAD 软件进行设计，并可通过基于 InterOP 工具开发的模型转换接口将产品装配体模型和零件模型分别转换为描述装配关系的“. xml”和 Acis 模型对应的“. sat”格式文件，导入到该系统中。同样，该系统生成的线缆三维模型可保存为“. sat”格式，也可在三维 CAD 系统中打开。

表 7.1 系统的开发和运行环境

| 系统指标 | | 系统参数 |
| --- | --- | --- |
| 硬件环境 | CPU | 3.40 GHz Intel Core i7-3770 CPU |
| | 图形显卡 | NVIDIA GeForce GTX 650 Ti |
| | 内存 | 4 GB |
| | 输入设备 | 键盘、鼠标 |
| | 输出设备 | 显示器、投影 |
| 软件环境 | 操作系统 | Windows 7、Windows 8、Windows 10 |
| | 设计软件 | Pro/ E、UG |
| | 开发语言 | C/C++ |
| | 开发工具 | Microsoft Visual Studio 2005 |
| | 软件包 | 三维造型引擎 Acis 16 |
| | | 三维渲染引擎 Hoops 15 |
| | | 模型转换工具 InterOP |

模型转换接口的界面如图 7.13 所示。该接口程序可将 Pro/E、UG 等三维 CAD 软件设计的装配体和零件模型转换为“. xml”格式的装配关系描述文件和“. sat”格式的 Acis 零

件模型文件。在选定源文件的设计软件和模型类型后，再分别选择源文件和目标文件的路径，即可实现相应模型的格式转换。

图 7.13　模型转换接口界面

单根线缆的交互式虚拟装配仿真系统主界面如图 7.14 所示。主界面主要由上侧的菜单栏和工具栏、下侧的提示信息输出窗口、左侧的产品结构树等功能面板、右侧的线缆装配功能面板和中间的三维显示及交互操作窗口等组成。其中部分交互界面采用 BCG 浮动窗口来实现，使系统具备良好的功能扩展性，并尽可能地扩大交互操作区的可视范围。

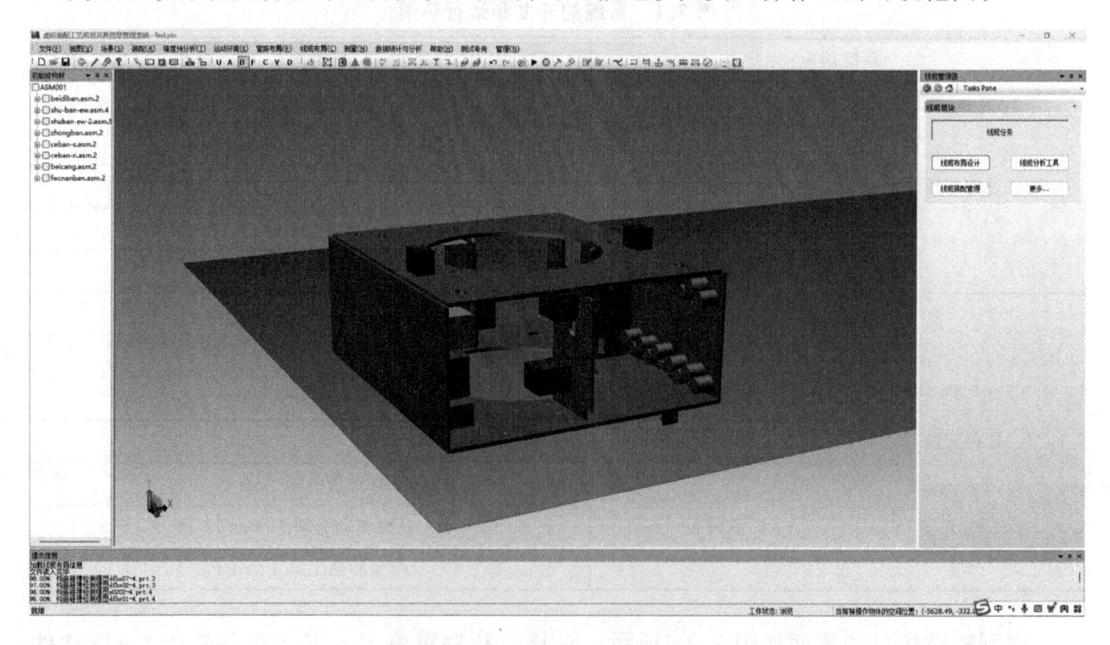

图 7.14　单根线缆的交互式虚拟装配仿真系统主界面

在“线缆管理器”面板中单击“线缆装配管理”按钮，再在“线缆装配管理”面板勾选“启用物理模型”，即可启动线缆物理模型，在线缆装配过程中对线缆形态进行实时求解。单击“参数设置”按钮，弹出“模型参数设置”对话框，可对参数进行设置，如图 7.15 所示。

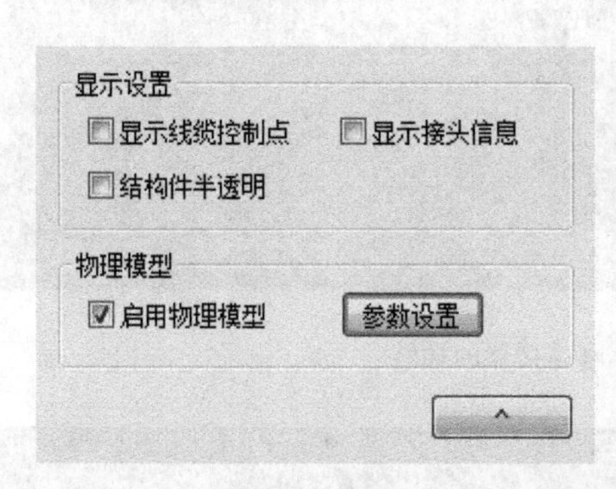


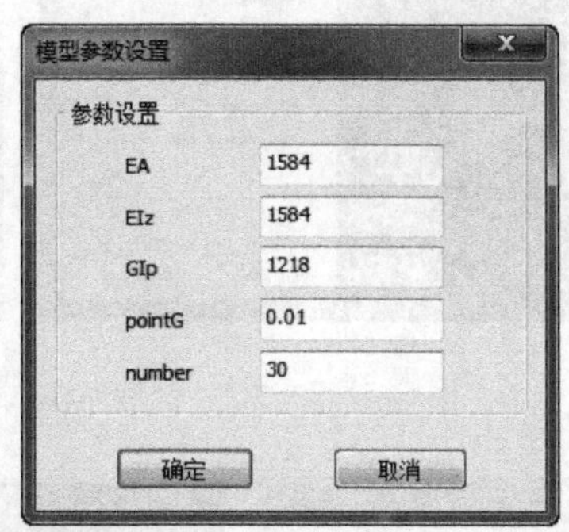


图 7.15 线缆物理模型启动

选中某一线缆零件或线缆附件(接头、卡箍)，选择菜单“装配→装配零部件”，或者直接单击工具栏中的“装配零部件”按钮(图 7.16)，按住左键(平移)或右键(旋转)拖动鼠标，即可对其进行装配操作。

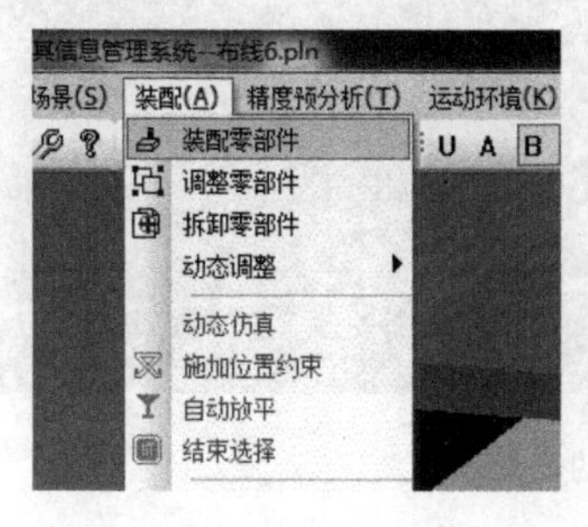

图 7.16 进入线缆装配模块

典型的装配操作步骤主要包括线缆的整体移动和局部调整(图 7.17)、电连接器的插装(图 7.18)和卡箍的安装(图 7.19)等。

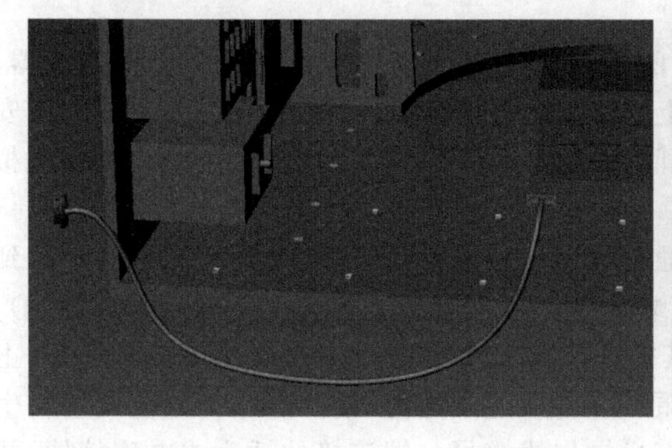

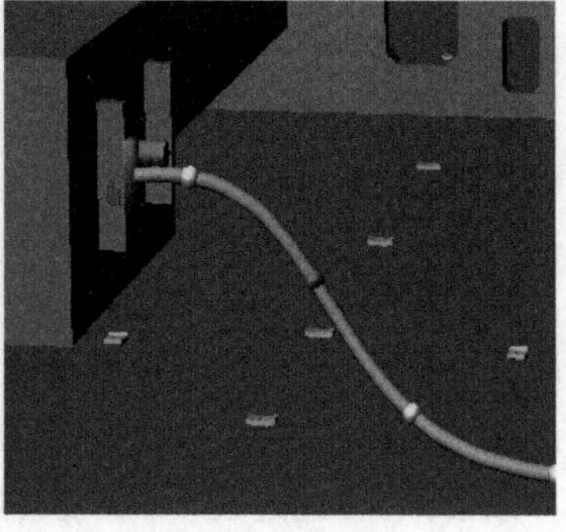

图 7.17 线缆的整体移动和局部调整

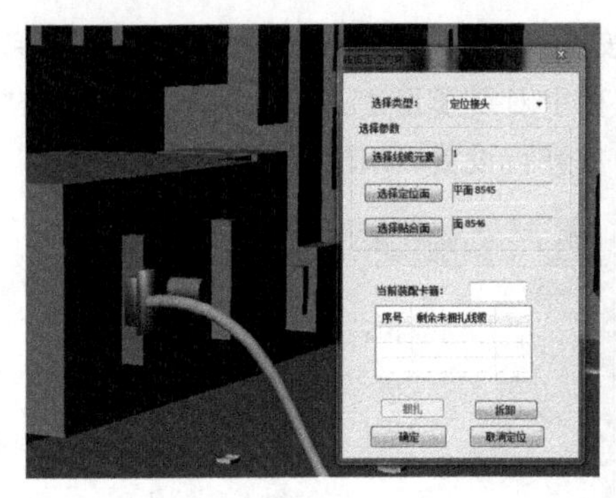

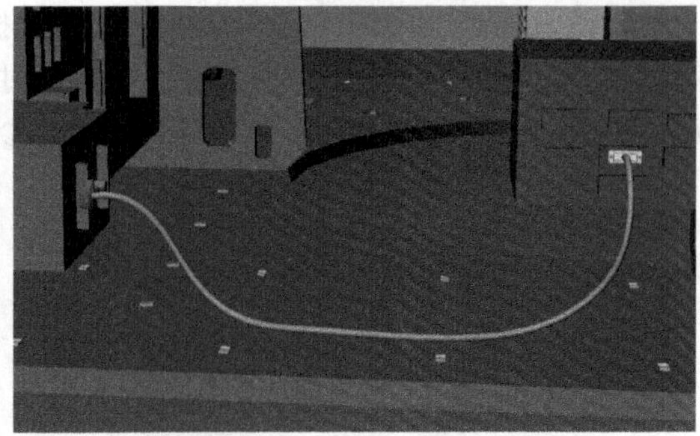

图 7.18　电连接器的插装

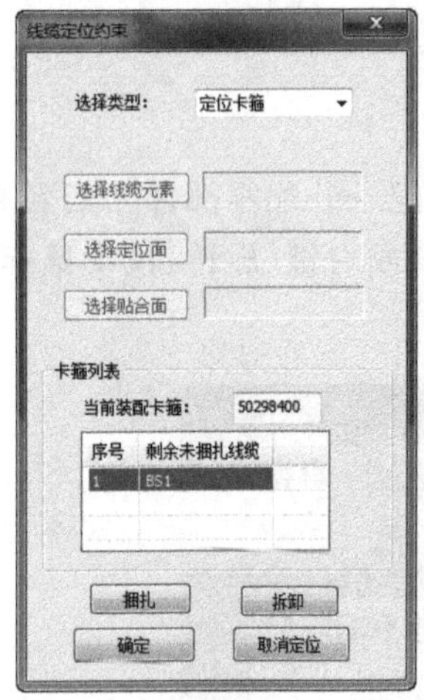

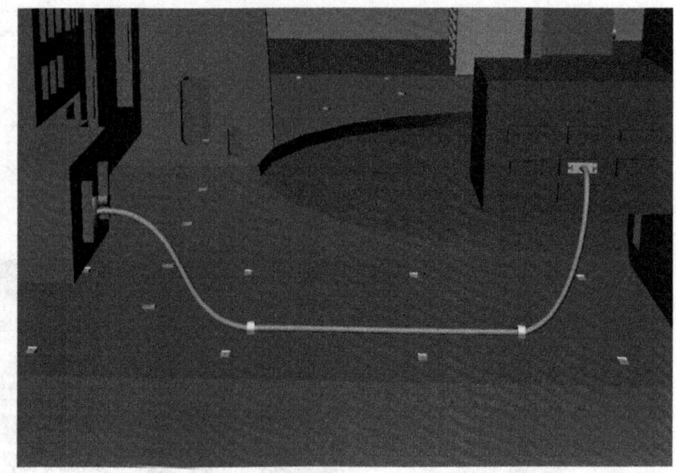

图 7.19　卡箍的安装

## 7.5.2　仿真实例验证

为了验证单根线缆交互式虚拟装配仿真系统的可靠性，本节进行了单根线缆交互式虚拟装配仿真的应用实例验证。

如图 7.20 所示，插座式电连接器 B01-X3 是电气设备 B01 上的第三个电连接器，插座式电连接器 C02-X7 是电气设备 C07 上的第七个电连接器。装配任务是将单根线缆安装到插座式电连接器 B01-X3 和 C02-X7 之间，并用卡箍进行固定。单根线缆的交互式虚拟装配仿真过程如下。

图 7.20(a)：将所需的 CAD 模型通过模型转换接口进行格式转换，并将其导入到装配仿真系统中。图 7.20(b)：操作整根线缆，将其移动至装配目标位置附近。图 7.20(c)：操作线缆一端连接的插头式电连接器，将其插到设备 B01 上的插座式电连接器 B01-X3 上。从该图中可以看到，在此过程中，线缆与周围零件发生了碰撞(箭头所指处)，但线缆发生了接触变形，避免了穿透的发生。图 7.20(d)：操作线缆另一端连接的插头式电连接器，并将其插到设备 C07 上的插座式电连接器 C02-X7 上。图 7.20(e)：局部调整线缆的形态，即通过操作线缆控制点，使线缆贴近零件表面。图 7.20(f)：用两个卡箍将线缆固定在零件表面，并调整卡箍的位置，使线缆形态更加自然，完成线缆的装配。

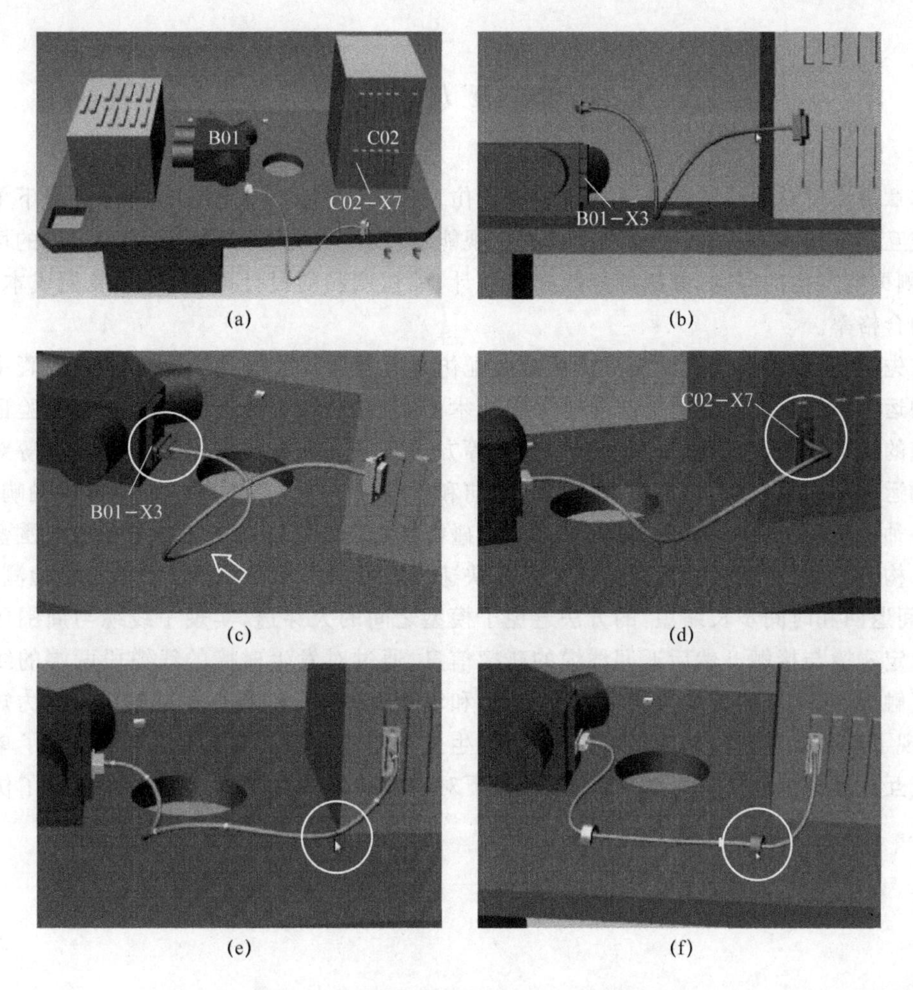


图 7.20 单根线缆的交互式虚拟装配仿真

图 7.21 所示为通过交互式虚拟装配仿真系统装配完成后的线缆。从图 7.20 的案例和图 7.21 的仿真结果可以看出，该系统能够对单根线缆的交互式装配过程进行仿真，仿真过程中电连接器、卡箍和控制点的运动学约束能够顺利实现，线缆的碰撞检测和接触响应也能顺利完成，线缆的弯扭复合弹簧质点模型能够真实地模拟线缆的静态变形，计算效率也能够满足交互式装配操作的实时性要求。

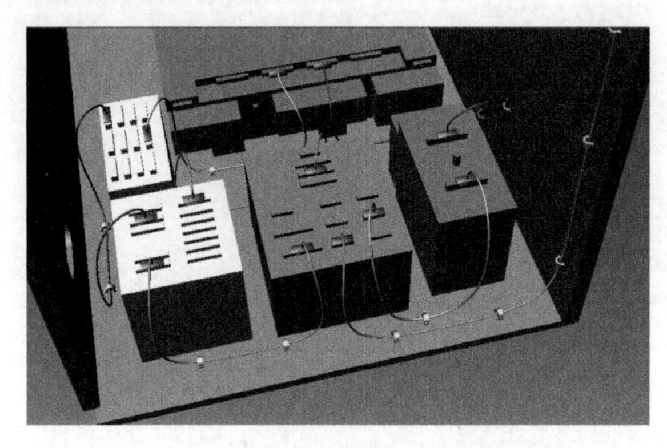

图 7.21 交互式虚拟装配完成后的线缆

# 本章小结

本章提出了单根线缆的交互式虚拟装配仿真技术。该技术能够实现虚拟环境下单根线缆的交互式虚拟装配仿真，充分发挥人的主观能动性，在仿真过程中验证单根线缆的可装配性，预测可能发生的问题，并提前修改布线设计，缩短产品的设计周期、降低装配成本，提高产品的合格率。

首先，分析了单根线缆的交互式虚拟装配仿真流程。其次，介绍了装配仿真过程中单根线缆的运动学约束和碰撞接触响应等关键技术的实现方法，并进行了仿真和实验验证。针对线缆的运动学约束，通过添加和去除弹簧等方式实现了控制点、电连接器和卡箍等对单根线缆的运动学约束作用，包括位置、位姿、方向和长度约束等。针对线缆的碰撞接触响应，提出了一种基于接触力和接触力矩的单根线缆碰撞接触响应算法。通过球形层次包围盒和三角面片构造的圆柱体包围盒相结合的方法，快速而准确地实现了单根线缆的碰撞检测，并采用“时间退回和时间步长缩短”的方法避免了模型之间的大穿透，实现了线缆与周围环境之间的稳定碰撞与接触。然后返回线缆的碰撞信息，通过对发生碰撞的线缆段两端的线缆点添加接触力（包括法向支撑力和切向摩擦力）和对发生碰撞的线缆段添加轴向接触力矩的方法，实现了单根线缆的接触变形响应，防止发生进一步的穿透。最后，设计并开发了单根线缆的交互式虚拟装配仿真系统，在虚拟环境下对单根线缆的交互式装配过程进行了仿真实例验证。

# 第8章

# 分支线缆的交互式虚拟装配仿真技术

## 8.1 前　言

上一章介绍了单根线缆的交互式虚拟装配仿真技术，现实中除了单根线缆，更多的是具有分支结构的分支线缆，因此，本章重点介绍分支线缆的交互式虚拟装配仿真技术。分支线缆交互式虚拟装配过程仿真的目的是提供一种分支线缆装配工艺制定、验证以及展示的手段[106]。仿真过程中需要利用线缆物性模型对线缆的外形进行模拟和预测，在此采用第4章介绍的多分支弹性细杆模型对分支线缆进行物性建模，并对其中的干涉和接触情况进行提示。另外，为了实现刚柔混合装配过程的回放和装配动画的生成，还需要对装配过程进行建模，记录线缆的各装配操作。

因此本章首先分析了分支线缆的交互式虚拟装配仿真流程；其次，建立了分支线缆的信息模型和虚拟实体模型，以实现基于多分支弹性细杆模型的分支线缆操作约束的更新和虚拟实体的显示；再次，建立了刚柔混合的装配过程模型，以实现刚柔混合装配过程的回放；最后，设计并开发了分支线缆的交互式虚拟装配仿真系统，对分支线缆的交互式虚拟装配过程进行了仿真实例验证。

## 8.2 分支线缆的交互式虚拟装配仿真流程

分支线缆的交互式虚拟装配仿真流程可以通过图8.1表示。

整个过程与单根线缆的仿真流程类似，但由于分支线缆具有更加复杂的拓扑结构，所以在仿真开始时需要建立分支线缆的信息模型和实体模型，前者用于存储分支线缆的拓扑、几何和物理特性等信息，以及装配中的各种操作约束信息，后者用于实现分支线缆在虚拟环境中的表达。

当用户操作虚拟环境中的线缆进行装配，使线缆的操作约束发生改变时，需要对分支线缆的信息模型进行更新。根据已更新的分支线缆信息模型，得到分支线缆物性模型的边界条件，求解分支线缆的物性模型，以获得分支线缆的初始外形。然后根据分支线缆的外形，更新分支线缆的虚拟实体模型，使得线缆外形的变化能够在虚拟环境中体现并反馈给用户。此外，为了实现刚柔混合装配过程的回放，还需要建立装配过程模型，进行线缆装配操作的记录，回放通过获取装配过程模型中每一时刻线缆的位姿，并更新线缆实体模型来实现。

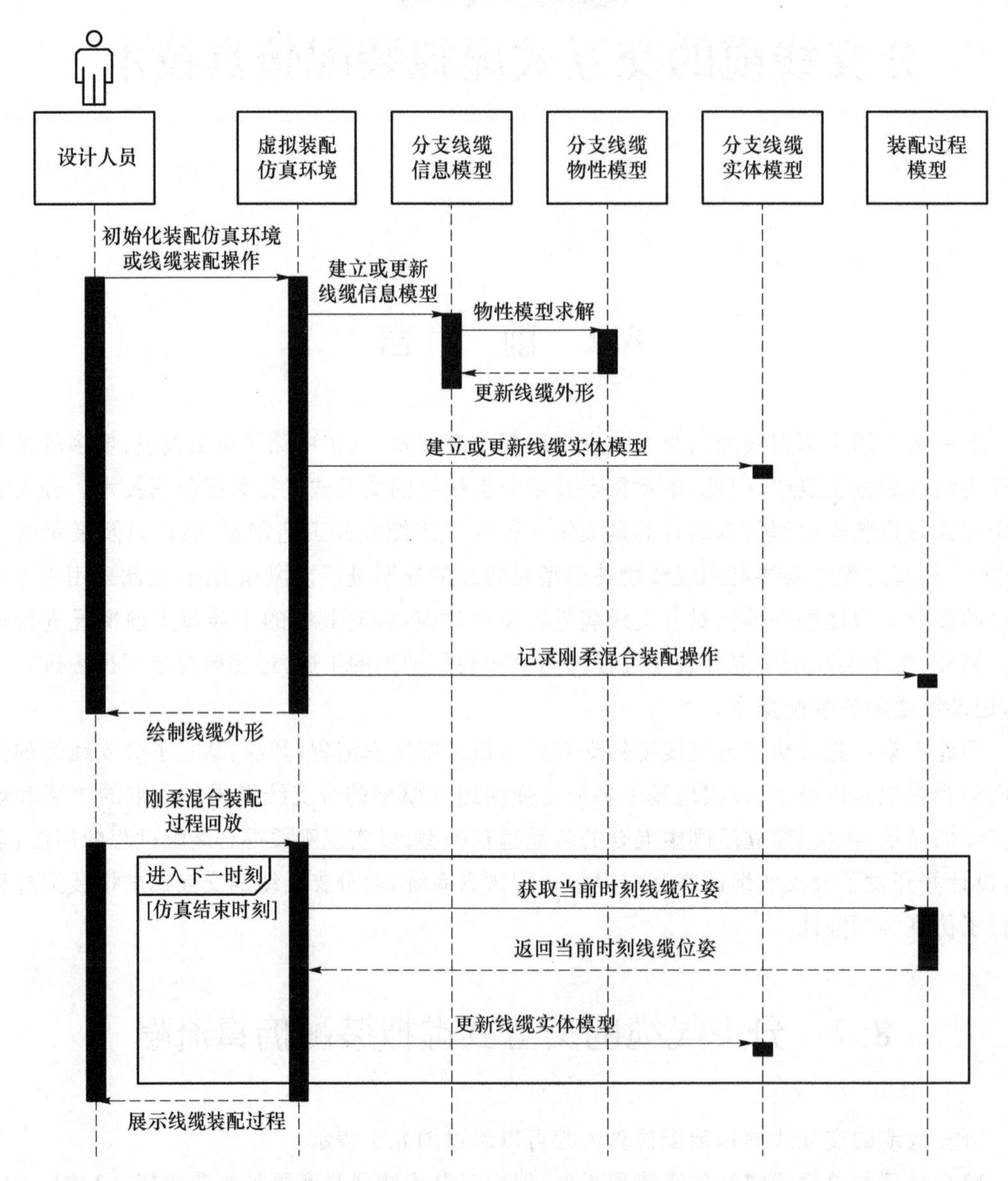


图 8.1　分支线缆交互式虚拟装配仿真时序图

下面对分支线缆交互式虚拟装配仿真中涉及的分支线缆的信息模型、分支线缆的虚拟实体模型和刚柔混合的装配过程模型等关键技术进行介绍。

# 8.3 分支线缆的信息模型

分支线缆的信息模型是求解分支线缆物性模型和建立分支线缆虚拟实体的基础。该模型除了需要对分支线缆的拓扑、几何以及材料属性进行描述，还要考虑装配中的各种操作约束信息，以便于物性模型的求解。已有研究中的分支线缆信息模型大多从拓扑和几何的角度对分支线缆信息进行组织，较少体现装配中的操作约束。由于装配中的操作约束是造成线缆变形的原因，并为线缆物性模型的求解提供了边界条件，因此从操作约束的角度建立线缆的信息模型更符合装配仿真应用的特点。

## 8.3.1 分支线缆的信息模型描述

分支线缆在装配过程中受到的操作约束如图 8.2 所示，操作约束来自电连接器、卡箍、夹持工具等。由于操作约束的存在，被约束部分的自由度受到限制，线缆段被“分割”为多个部分。

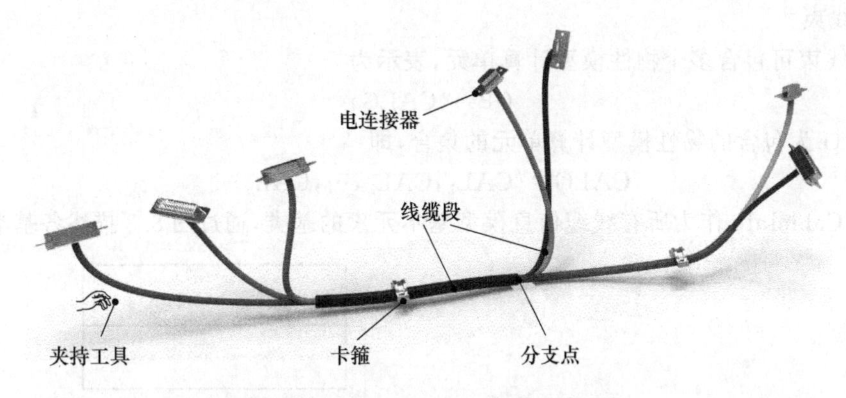


图 8.2 装配过程中分支线缆的约束情况

建立线缆信息模型时，可将线缆抽象为操作约束 CC、分支点 BP、亚线缆段 SS、物性模型计算单元 CAL 以及线束 CB 五种基本元素。下面对这几种基本元素进行说明。

(1) 操作约束

操作约束在装配过程中对线缆的自由度进行限制，包括电连接器、卡箍、夹持工具等，操作约束数目和位姿的改变会引起线缆外形的变化。操作约束 CC 可表示为

$$CC=\{CT, CP, SSG\} \tag{8.1}$$

其中，CT 是操作约束的类型，CP 是操作约束的位姿，SSG 为所约束的亚线缆段的集合，表示为

$$SSG=\{SS_1, SS_2, \cdots, SS_n\} \tag{8.2}$$

(2) 分支点

分支点连接各个分支，并记录所连接的亚线缆段的信息。分支点 BR 可以表示为

$$BR=\{SSG\} \tag{8.3}$$

其中 SSG 是分支点所连接的亚线缆段的集合。

(3) 亚线缆段

通过操作约束将线缆段划分为亚线缆段，亚线缆段的两端可以为操作约束或分支点，将亚线缆段 SS 表示为

$$SS=\{HE,TE,HR,TR,SG,SP,CAL\} \tag{8.4}$$

其中 HE 和 TE 分别表示亚线缆段的首端和尾端，HR 和 TR 分别表示亚线缆段两端受约束部分与操作约束的相对位置关系，SG 为线缆的长度、半径以及中心线插值点坐标等几何信息，SP 为线缆的材料属性信息，CAL 为亚线缆段所属的物性模型计算单元。

(4) 物性模型计算单元

由于操作约束的“分割”作用，对操作约束位姿的改变只会影响一部分亚线缆段的外形，物性模型的求解也只针对这一部分亚线缆段进行。将一组以分支点相连接，以操作约束为边界的亚线缆段组合在一起形成亚线缆段的集合，作为物性模型的计算单元。各物性模型计算单元之间的形变相互独立，只有当物性模型计算单元中的操作约束位姿发生改变时，才会影响该物性模型计算单元中所有亚线缆段的外形。

物性模型计算单元 CAL 表示为

$$CAL=\{SSG,CB\} \tag{8.5}$$

其中 SSG 为包含的亚线缆段的集合，CB 为物性模型计算单元所属的线束。

(5) 线束

一个线束可包含多个物性模型计算单元，表示为

$$CB=\{CALG\} \tag{8.6}$$

其中 CALG 为包含的物性模型计算单元的集合，即

$$CALG=\{CAL_1,CAL_2,\cdots,CAL_n\} \tag{8.7}$$

引入 CableInfo 作为所有线缆信息模型基本元素的基类，通过图 8.3 描述各基本元素间

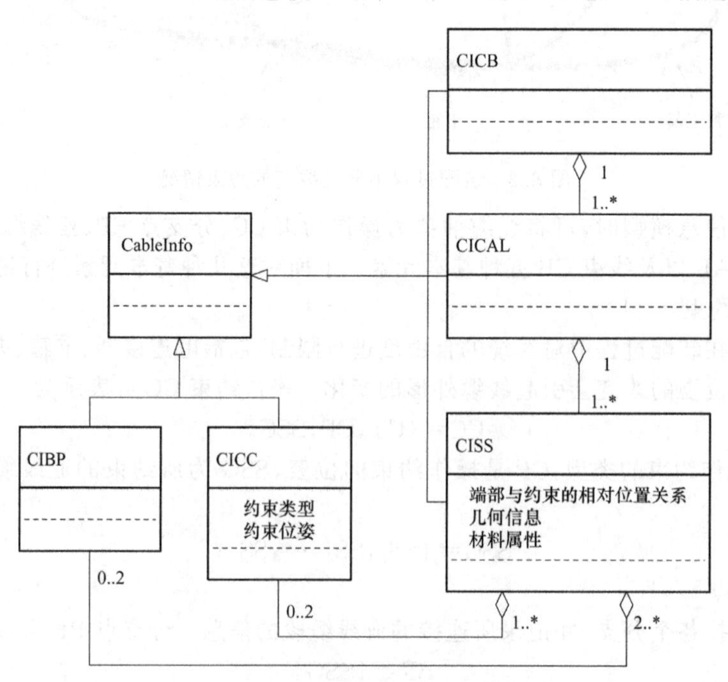


图 8.3　线缆信息模型类图

的关系，其中 CICB 为线束，CICAL 为物性模型计算单元，CISS 为亚线缆段，CICC 为操作约束，CIBP 为分支点。

通过分支线缆的信息模型对操作约束信息进行有效的组织和管理，从而实现对操作约束信息、线缆拓扑信息、线缆几何信息以及线缆物理特性的表达。当操作约束发生变化时，如改变约束的位置、姿态或者添加、减少操作约束，分支线缆信息模型能随之更新，为线缆物性模型提供所需的边界条件。

## 8.3.2 操作约束的边界条件

分支线缆在装配过程中，由于各种操作约束的作用会发生变形，这些操作约束来源于电连接器、卡箍以及操作人员(或机械臂)的夹持。为了求解装配过程中分支线缆的形变，需要确定物性模型的边界条件，分析各种操作约束的效果。

(1) 电连接器的约束

常见的电连接器如图 8.4 所示，将其中与线缆相连的面称为连接面，连接面的外法向方向为连接方向。

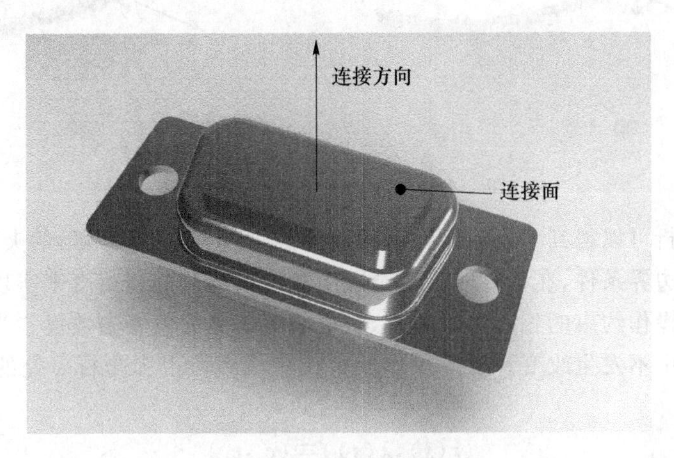


图 8.4　电连接器示意图

电连接器产生的操作约束使线缆与电连接器相连的一端的截面与连接面重合，对线缆段的约束效果如图 8.5 所示，其局部坐标系的 $z$ 轴方向与连接方向平行。由于局部坐标系的 $z$ 轴正向指向弧坐标增大的方向，对于头端的截面，$z$ 轴正向与电连接器连接方向一致，如图 8.5(a)所示，而尾端的截面与连接方向相反，如图 8.5(b)所示。

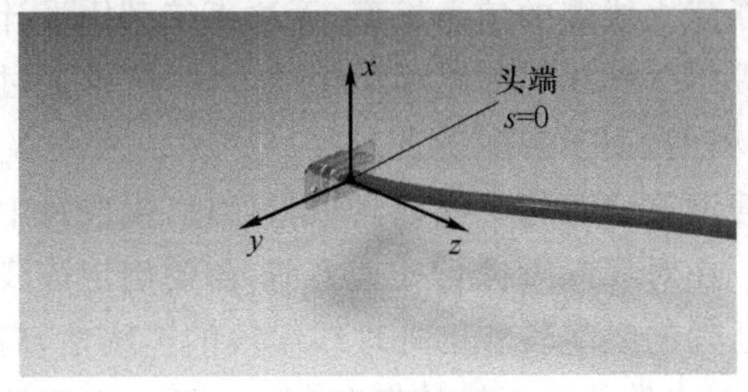


(a) 线缆段头端

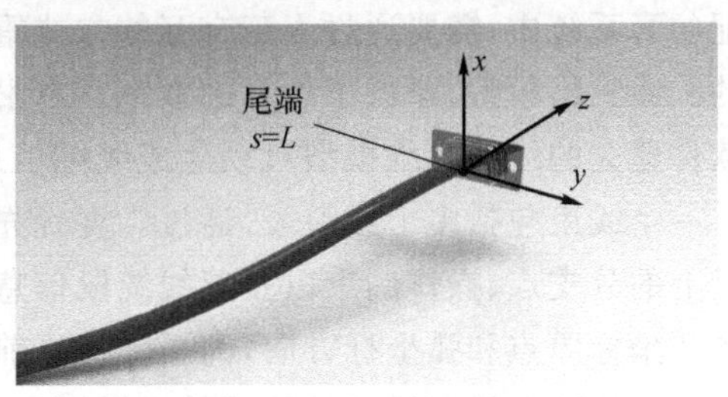


(b) 线缆段尾端

图 8.5　电连接器对线缆段的约束效果

电连接器产生的边界条件为位置边界条件，其中线缆中心线端点的坐标为电连接器上连接处的坐标，而线缆端部截面与电连接器的连接面重合，且相对位置保持不变。对于电连接器在线缆头端的情况，可以直接利用电连接器的连接方向作为截面的朝向，而对于电连接器在线缆尾端的情况，需要对电连接器的连接方向进行翻转才能表示截面的朝向。线缆端部截面绕 $z$ 轴的转动，可由其与电连接器连接面的相对位置关系得到。

（2）卡箍及夹持约束

卡箍和夹持都是对线缆段中间部分的约束，对线缆段的约束效果如图 8.6 所示，两者不同的是卡箍用于将线缆固定于刚性结构件，而夹持是装配过程中的临时约束。在这两种约束方式中，线缆与操作约束之间不发生相对移动，且与操作约束始终保持不变的相对位置关系。因此，卡箍和夹持产生的边界条件也为位置边界条件，线缆被约束部分的中心线上点的坐标和截面位置都与操作约束有关，通过其与操作约束的相对位置关系得到。

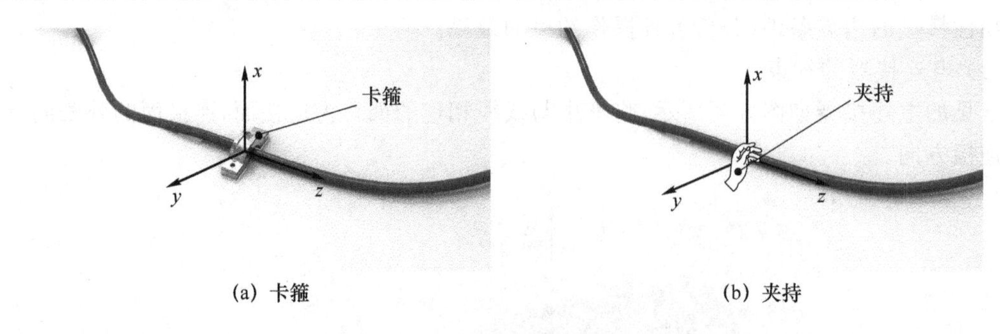


(a) 卡箍　　(b) 夹持

图 8.6　卡箍和夹持对线缆段的约束效果

通过以上分析可以得到，电连接器、卡箍以及操作人员（或机械臂）的夹持产生的操作约束都体现为位置边界条件，在计算时可通过减少被约束部分的自由度来实现约束效果，即根据被约束部分与操作约束的相对位置关系，将被约束部分的位置参数设置为常量，在求解能量最小值的过程中不发生改变。对于操作约束位于线缆段上弧坐标 $s$ 处的情况，边界条件表示为

$$(\boldsymbol{r}(s),\boldsymbol{\lambda}(s))\equiv(\boldsymbol{c}_r,\boldsymbol{c}_\lambda) \tag{8.8}$$

其中 $\boldsymbol{c}_r$ 和 $\boldsymbol{c}_\lambda$ 分别表示线缆被约束部分的位置和方向。

## 8.3.3　分支线缆信息模型的生成方法

主流的三维建模软件都支持线缆的布局设计，如 CATIA 和 Creo 等。但在大部分虚拟装配仿真系统中，需要通过人工交互的方式重新建立线缆的信息模型，无法直接利用设计产生的线缆三维模型，降低了仿真的效率。本书提出一种线缆信息模型生成方法，能够通过建模软件建立的线缆三维模型自动生成线缆信息模型，用于装配仿真。

一个线束包括多个线缆段，通过广度优先搜索算法对每个线缆段进行处理，生成每个线缆段上的分支点、操作约束以及亚线缆段信息。在对线缆段进行处理之前，需要确定该线缆段的弧坐标原点和弧坐标方向，为了保持当前处理的线缆段和已处理线缆段的连续性，需要保证当前处理的线缆段和已处理的线缆段在分支点处的中心线的切向方向一致。对于计算机辅助设计软件建立的线缆三维模型，当前处理的线缆段和已处理的线缆段需要满足在分支点处的中心线切向间夹角为锐角。生成亚线缆段之后，根据其连接关系将其加入到所属的线缆物性模型计算单元中。如果当前没有亚线缆段所属的物性模型计算单元，则建立一个新的物性模型计算单元，并将亚线缆段加入到该物性模型计算单元中，同时将该物性模型计算单元加入到所属的线束中。其中，广度优先遍历、线缆段的处理和亚线缆段的生成是关键步骤，下面进行详细说明。

(1) 广度优先遍历

① 定义两个集合，未处理的线缆段集合 $G_{uncon}$、已处理线缆段集合 $G_{coned}$；

② 定义一个队列，待处理的线缆段队列 $Q_{next}$；

③ 将位于待处理队列 $Q_{next}$ 首端中的线缆段 $bs_{curr}$ 出队；

④ 处理该线缆段 $bs_{curr}$，并加入已处理线缆段集合；

⑤ 将与当前处理线缆段 $bs_{curr}$ 相连的未处理线缆段 $bs_{uncon}$ 入队，同时从未处理线缆段集合 $G_{uncon}$ 中删除 $bs_{uncon}$。

(2) 线缆段的处理

① 在已处理线缆段集合中寻找与当前线缆段 $ss_{curr}$ 具有连接关系的线缆段 $ss_{coned}$；

② 通过比较当前处理线缆段 $ss_{curr}$ 和与其相连的线缆段 $ss_{coned}$ 在连接处的中心线切向的夹角，确定当前处理线缆段 $ss_{curr}$ 的弧坐标原点与弧坐标系方向；

③ 从弧坐标原点开始到弧坐标终点结束依次生成操作约束、分支点和亚线缆段；

④ 将生成的亚线缆段加入到所属物性模型计算单元中。

(3) 亚线缆段的生成

① 获取亚线缆段 ss 两端的基本元素 $extrem_1$ 和 $extrem_2$，即建立或直接获取已存在的操作约束或分支点；

② 建立亚线缆段 ss 与两端连接基本元素 $extrem_1$ 和 $extrem_2$ 的关联，对于端部具有操作约束的情况，还需要获取操作约束与亚线缆段端部之间的相对空间位置关系；

③ 获取亚线缆段 ss 的长度、半径和中心线插值点等几何信息。

## 8.4 分支线缆的虚拟实体模型

为了实现虚拟环境中分支线缆的表示，需要建立分支线缆虚拟实体模型。由于线缆具有柔性，虚拟实体模型会在装配过程中发生外形的变化。但目前的虚拟装配仿真系统通常只能实现刚体零件装配过程的仿真，仿真过程中各零件只有位姿的变化，而无法改变其外形。因此，现有装配仿真系统的特点给线缆虚拟实体模型的建立造成了困难。

(1) 分支线缆虚拟实体模型的组成

由于线缆具有长度远大于直径的特点，线缆的变形主要体现在中心线的弯曲和截面的扭转，而截面的变形并不明显。因此，可以将分支线缆的虚拟实体模型建立为一系列铰接的刚性圆柱段，其中圆柱段的直径与线缆的直径相等，线缆外形的变化可以由刚性圆柱段的位移和旋转来体现。为了消除刚性圆柱段间转动形成的间隙，使其在视觉上更真实，在每个圆柱段相连接的部分加入刚性球，刚性球的直径与线缆的直径相等，最终建立的分支线缆虚拟实体模型如图 8.7 所示。

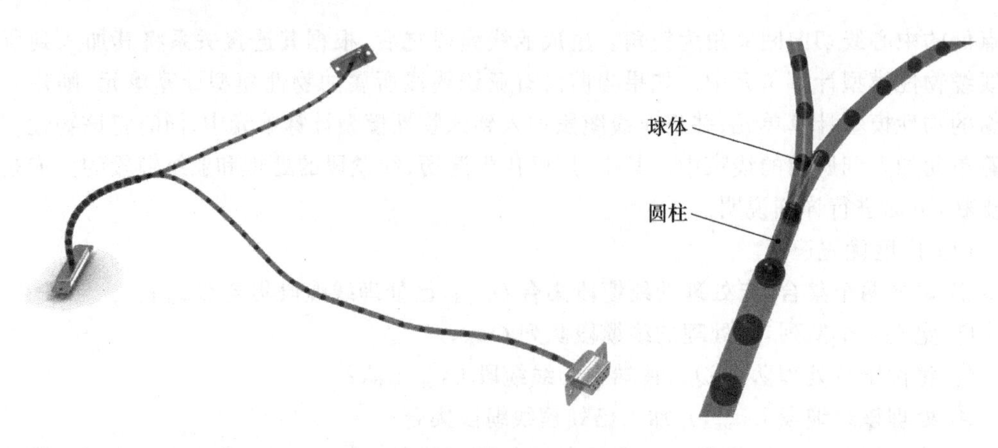


图 8.7　分支线缆虚拟实体模型

(2) 分支线缆虚拟实体模型的数据结构

将线缆中的刚性圆柱段和刚性球与其所属的亚线缆通过包含关系进行组织和管理，其中每个亚线缆段包含一个刚性圆柱段集合和一个刚性球集合，集合中包含构成该亚线缆段的所有刚性圆柱段和刚性球。为了与线缆信息模型对应，以便对虚拟实体模型进行更新，虚拟实体模型中同样包括了物性模型计算单元以及线束这两个基本元素。通过图 8.8 表示分支线缆虚拟实体模型的数据结构，CableVirtualSolid 是所有线缆虚拟实体元素的基类，CVSP 和 CVCY 分别为刚性球和刚性圆柱段，CVSPG 和 CVCYG 分别为刚性球和刚性圆柱段的集合，CVSS、CVCAL 和 CVCB 分别表示亚线缆段、线缆物性模型计算单元以及线束的虚拟实体。

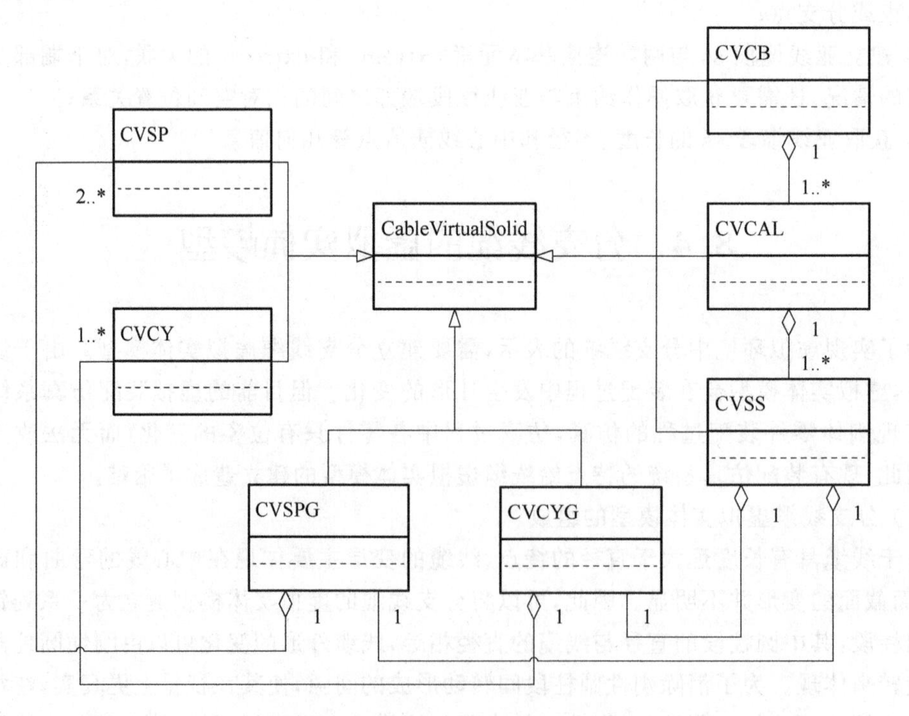


图 8.8　分支线缆虚拟实体类图

(3) 分支线缆虚拟实体模型的建立和更新

分支线缆的外形由离散刚体表示,分支线缆的形变由各刚体的位移和转动实现,当建立分支线缆的实体模型和对实体模型进行更新时需要确定各刚体的位置。其位置与线缆的中心线有关,在线缆离散模型中线缆的中心线被描述为一系列的离散点,根据显示的精细程度可对这些离散点进行插值,得到更加平滑的曲线,各刚体的位姿便通过这些插值点确定。

其中刚性球的位姿较容易确定,只需要通过平移变换将刚性球移动到各个插值点处。由于在将刚性球导入装配仿真环境时,其中心与世界坐标系原点重合,在表示平移变换的变换矩阵 $\boldsymbol{T}_{sp\_trans}$ 中位移量等于插值点的坐标。最终刚性球的位姿矩阵为

$$\boldsymbol{T}_{sp}=\boldsymbol{T}_{sp\_trans} \tag{8.9}$$

刚性圆柱段位于两个相邻插值点之间,其轴线需要与两个相邻插值点的连线重合,因此需要进行平移变换 $\boldsymbol{T}_{cy\_trans}$ 和旋转变换 $\boldsymbol{T}_{cy\_rot}$。在刚性圆柱段导入装配仿真环境时,其轴线中点与世界坐标系原点重合,轴线与世界坐标系 $\zeta$ 轴平行,所以平移变换的位移量等于两相邻插值点连线中点的坐标,而旋转变换的旋转角度为两相邻插值点连线方向与世界坐标系 $\zeta$ 轴的夹角。最终刚性圆柱段的位姿矩阵为

$$\boldsymbol{T}_{cy}=\boldsymbol{T}_{cy\_rot}\times\boldsymbol{T}_{cy\_trans} \tag{8.10}$$

## 8.5 刚柔混合的装配过程模型

由于复杂产品中存在大量的柔性线缆和刚性零件,且装配过程中线缆不仅具有位姿的变化,外形也会发生改变。为了描述产品的装配过程,并驱动虚拟环境中刚性零件和线缆的虚拟实体模型进行装配过程的仿真,以支持装配工艺的制定和展示,需要建立适用于刚柔混合的装配过程模型。

刚柔混合的装配过程包括对线缆和刚性零件的装配,整个过程通过图 8.9 所示的装配过程模型进行描述和记录。Activity 是所有操作的基类,线缆和刚性零件的装配分别由 CableAct 和 RigidPartAct 表示。由于线缆的移动和变形是由电连接器、卡箍等操作约束引起的,所以在线缆操作 CableAct 中包含电连接器操作 ConnectorAct 和卡箍操作 CollarAct。另外,线缆虚拟实体的外形变化表示为 CableRepAct,它也属于线缆操作的一部分,包含了线缆虚拟实体中的刚性球和刚性圆柱段的位姿变化。

各项装配操作占用的时间通过"操作开始时间"和"操作持续时间"来描述,其中"操作开始时间"表示该操作开始执行的时刻与前一操作完成的时刻的延迟,"操作持续时间"表示该操作的耗时。

刚性零件、电连接器和卡箍在操作中的位姿变化通过装配路径来描述,线缆虚拟实体的外形改变也由组成线缆的刚性球和刚性圆柱段的路径来描述。装配路径 track 为一系列连续的位姿矩阵的集合,它记录了各个时刻虚拟实体在虚拟环境中的位姿,可以表示为

$$\text{track}=\{T_0, T_1, \cdots, T_n\} \tag{8.11}$$

对于线缆来说,其每一时刻的外形通过物性模型求解得到,然后根据上节给出的方法计算组成线缆虚拟实体的各刚体的位姿。

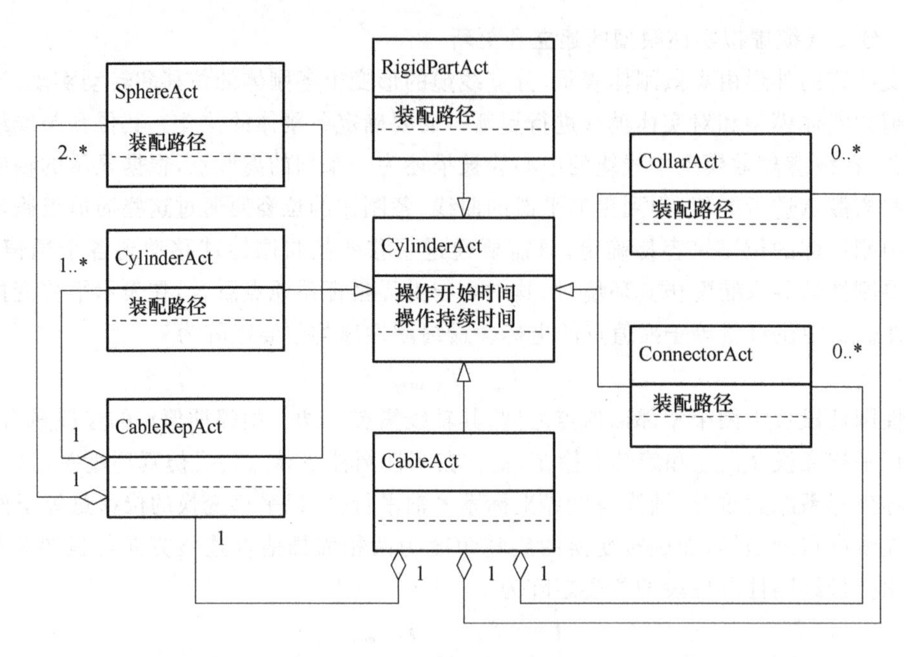


图 8.9　刚柔混合装配过程模型

通过以上对装配过程的建模，可以将线缆和刚性零件的装配操作进行统一的组织和管理，并通过设置操作的前驱和后继来实现操作顺序的表达。图 8.10(a)表示串行操作，每个操作完成后才进行其后继的操作，每个操作也只有在其前驱操作完成后才开始执行。图 8.10(b)表示并行操作，各并行操作同时开始执行，当所有操作完成后才开始后继操作的执行。

图 8.10　装配操作顺序的表达

一个操作可能包含多个子操作，如图 8.11 所示，其中 Start 和 End 分别表示操作的开始和结束，各子操作同样通过前驱和后继表示执行顺序，同时各子操作也可以包含多个操作。由于线缆的装配操作包含对卡箍、电连接器和线缆的移动，所有的移动操作需要同时进行，如图 8.12 所示。

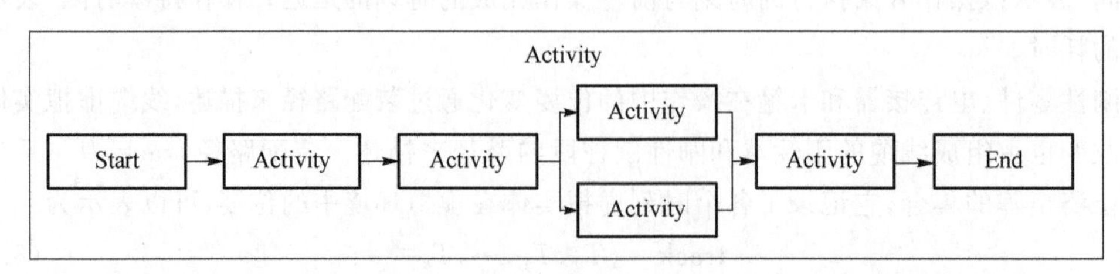


图 8.11　子装配操作的表达

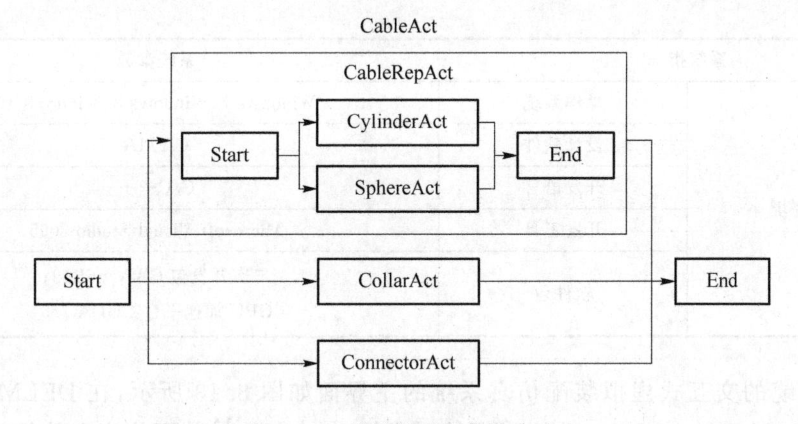


图 8.12　线缆装配操作的表达

# 8.6　仿真系统的实现与实例验证

## 8.6.1　仿真系统的实现

基于上述关键技术，针对复杂产品中分支线缆的装配工艺制定、验证和展示，本节在法国达索公司推出的 DELMIA 软件平台上开发了分支线缆的交互式虚拟装配仿真系统。该系统的主要功能是通过分支线缆的装配仿真确定线缆的装配工艺，并对分支线缆的可装配性进行验证，对不符合可装配性的线缆布局结果返回修改。在确定线缆的装配工艺后，与刚性结构件的装配工艺共同形成产品的三维装配工艺，用于三维工艺的展示，指导车间现场的生产，以提高生产过程中线缆的装配质量和生产效率。

系统基于 DELMIA 软件进行二次开发，采用 C/C＋＋语言进行编写，详细的开发工具、依赖软件包以及运行环境见表 8.1。其中硬件环境为测试用计算机使用的硬件，并不是必需的硬件要求，但对于大规模的仿真需要根据实际情况升级计算机的配置。仿真系统能够利用 CATIA 的三维模型，经测试软件在 Windows 7、Windows 8、Windows 10 的 32 位和 64 位系统上都能良好运行。

表 8.1　系统的开发和运行环境

| 系统指标 | | 系统参数 |
|---|---|---|
| 硬件环境 | CPU | 2.80 GHz Intel Core i5-2300 |
| | 图形显卡 | NVIDIA GeForce GTX 960 |
| | 内存 | 4 GB |
| | 输入设备 | 键盘、鼠标 |
| | 输出设备 | 显示器、投影 |

**续表**

| 系统指标 | | 系统参数 |
|---|---|---|
| 软件环境 | 操作系统 | Windows 7、Windows 8、Windows 10 |
| | 设计软件 | CATIA |
| | 开发语言 | C/C++ |
| | 开发工具 | Microsoft Visual Studio 2005 |
| | 软件包 | 二次开发包 CAA V5R19；<br>GPU 加速平台 CUDA 7.5 |

分支线缆的交互式虚拟装配仿真系统的主界面如图 8.13 所示，在 DELMIA 软件的“DPM-Assembly Process Simulation”环境下运行，其中与线缆装配仿真有关的工具条包括初始化线缆装配仿真环境、线缆交互操作以及添加线缆装配工序三个按钮。

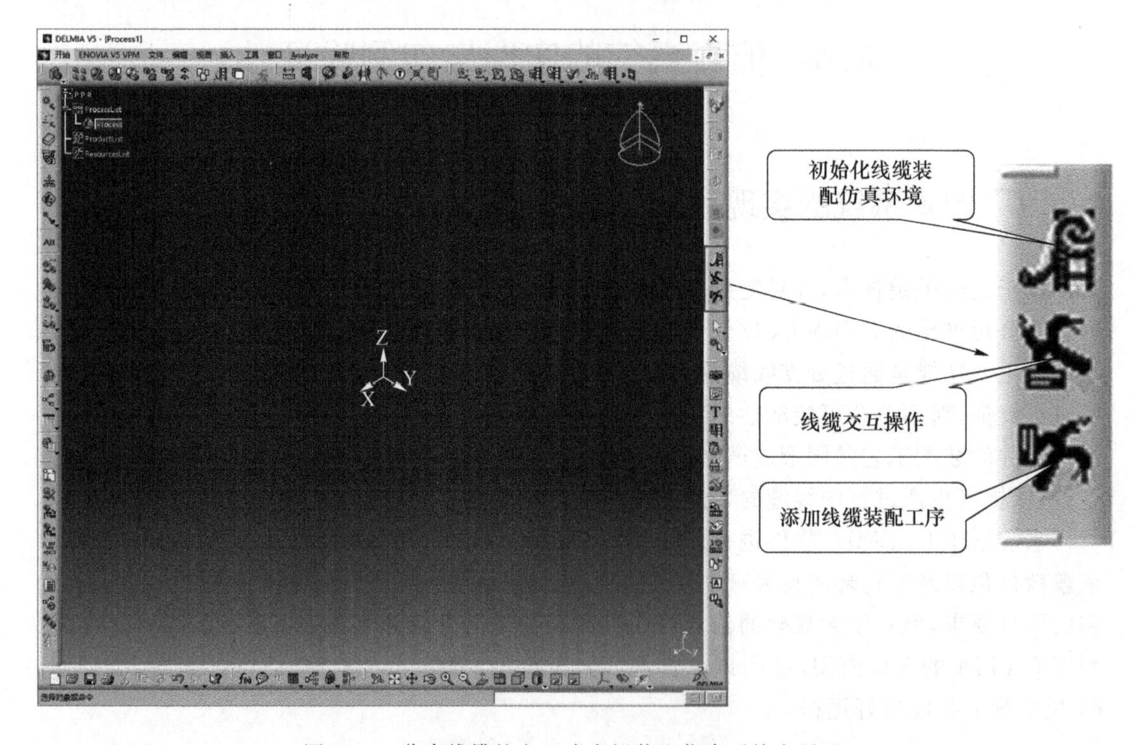


图 8.13　分支线缆的交互式虚拟装配仿真系统主界面

在进行线缆装配仿真之前需要对线缆三维模型进行转换，生成能为仿真所用的线缆信息模型、虚拟实体模型。通过工具条中的“初始化线缆装配仿真环境”按钮开始生成线缆装配仿真所需的数据，弹出对话框(如图 8.14 所示)，选择仿真过程中对线缆形变进行求解的物性模型。

对物性模型的相关参数进行设置，包括材料属性、罚函数、模型精度和终止条件，如图 8.15 所示。

最后，对线缆实体模型显示的精细程度进行设置，如图 8.16 所示。

线缆的交互操作功能通过单击工具条中的“线缆交互操作”按钮启动，弹出如图 8.17 所示的对话框，可以选择对线缆整体进行操作还是只对线缆的某一部分进行操作。

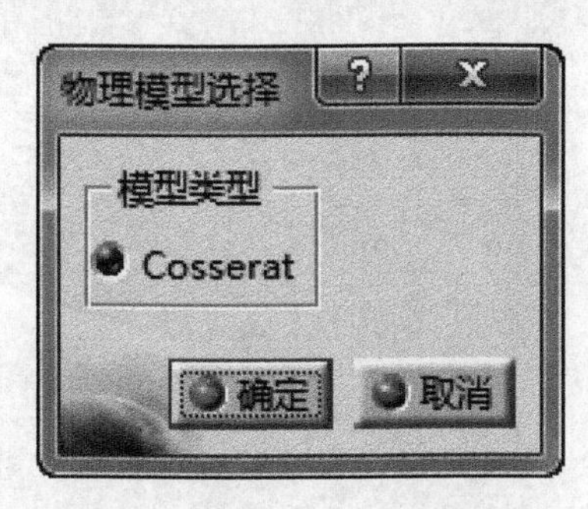


图 8.14 线缆物性模型选择

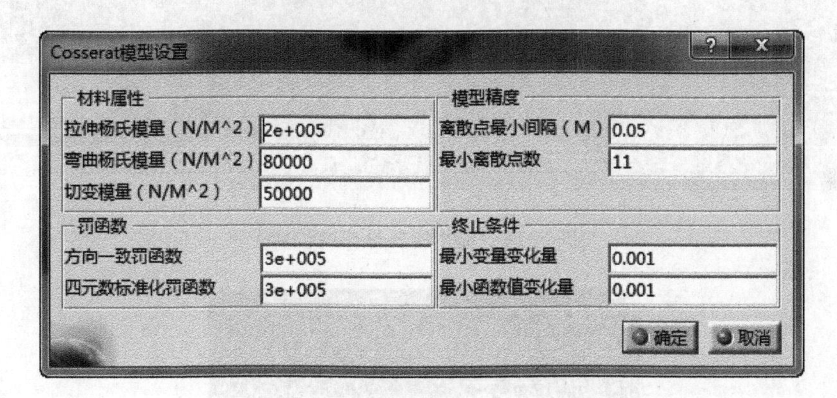


图 8.15 线缆物性模型参数设置

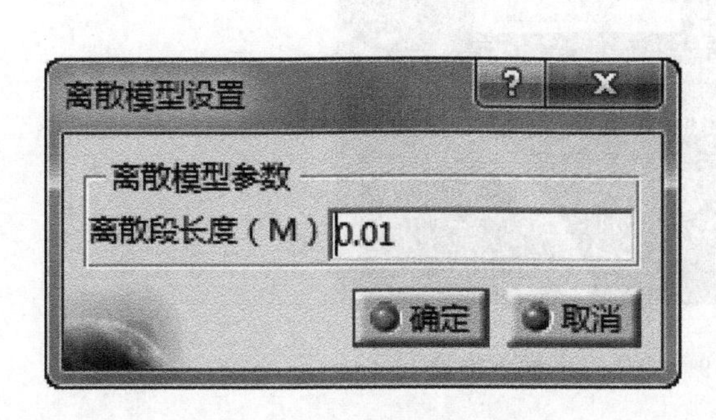

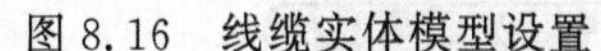

图 8.16 线缆实体模型设置　　　　图 8.17 选择移动方式

在启动线缆交互操作后，可通过单击电连接器、卡箍或控制点等选定所要操作的位置。在所选定的位置处会出现罗盘，如图 8.18 所示，通过罗盘可以完成移动和旋转操作。通过线缆的交互操作可以对线缆的可装配性进行验证，寻找合适的装配路径和装配顺序，为装配工艺的制定提供参考。

通过单击工具条中的“添加线缆装配工序”按钮进行线缆装配工序的添加，先在工序树中选择需要插入工序的位置，如图 8.19 所示。

在弹出的“工序设置”对话框中选择工序类型以及插入方式，如图 8.20 所示。

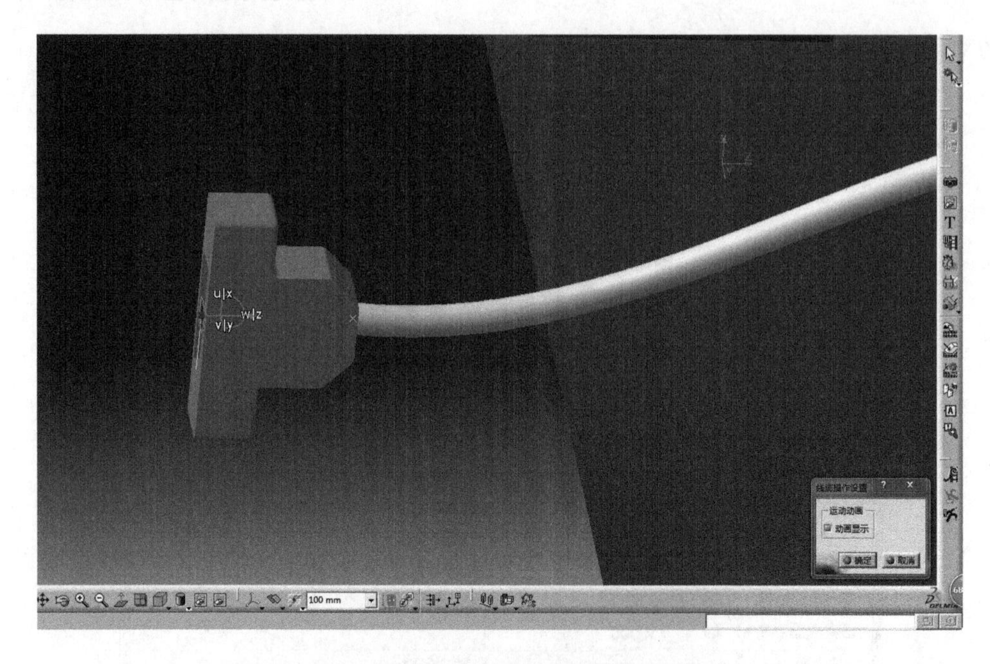

图 8.18　选择所要操作的位置

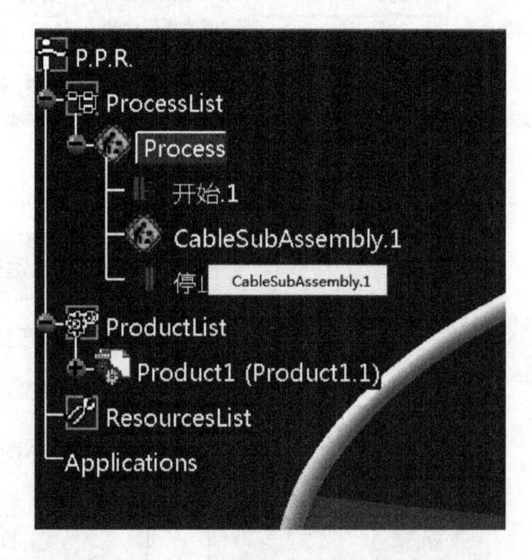


图 8.19　选择工序插入位置

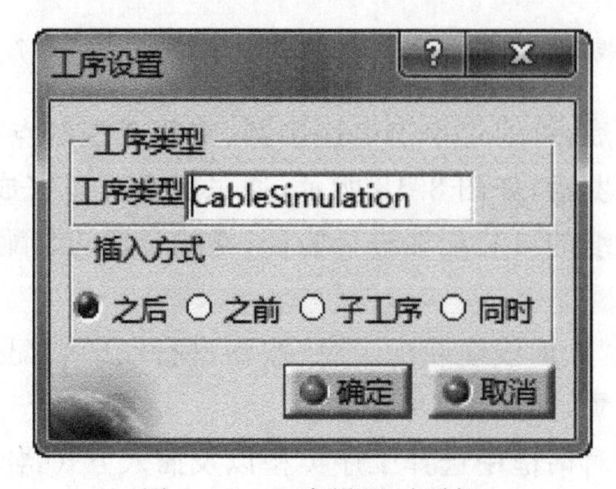


图 8.20　工序设置对话框

然后需要对线缆的装配顺序和装配路径进行设置，通过类似于线缆交互操作的方式选择需要操作的线缆，并将线缆移动到目标位置。在“线缆装配仿真工序”对话框中对生成工序的具体参数进行设置，如图 8.21 所示。

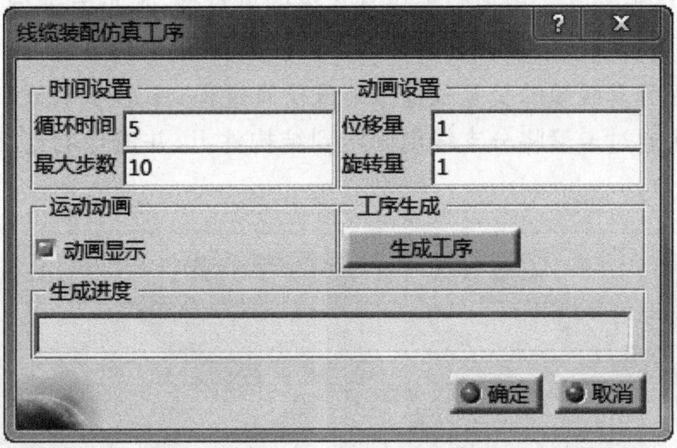

线缆装配仿真工序

时间设置

循环时间 5

最大步数 10

动画设置

位移量 1

旋转量 1

运动动画

动画显示

工序生成

生成工序

生成进度

确定　取消

图 8.21　线缆装配仿真工序设置

生成线缆装配工序后的工序树如图 8.22 所示，其中“CableSimulation”为线缆的装配工序，包括线缆实体模型的移动以及操作约束的变化。

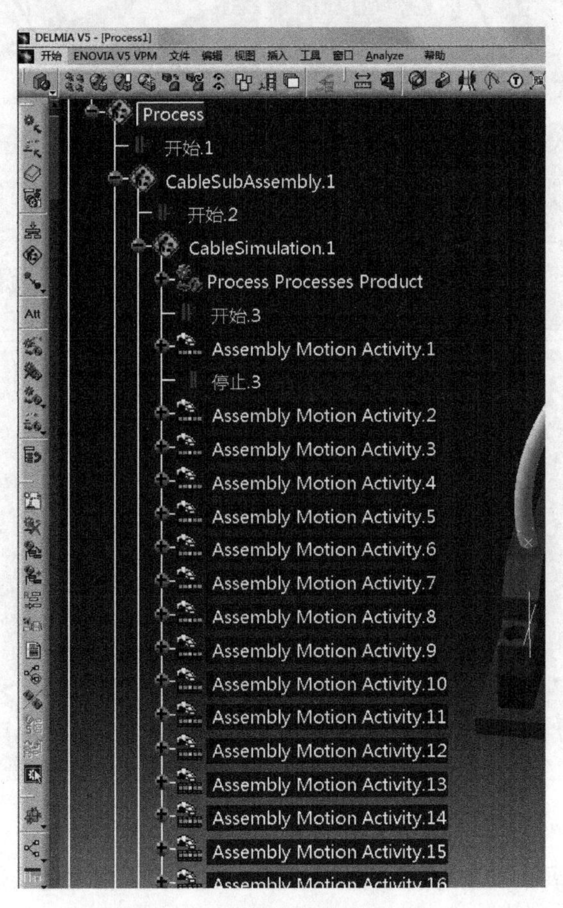


图 8.22　生成的线缆装配工序

## 8.6.2 仿真实例验证

为了验证分支线缆交互式虚拟装配仿真系统的可靠性，本小节进行了分支线缆交互式虚拟装配仿真的应用实例验证。

图 8.23 所示为分支线缆的交互式虚拟装配仿真过程，首先将待装配的分支线缆移至其安装位置附近，其次通过卡箍将分支线缆固定到结构件上，并进行电连接器的插装，最后实现整个线束的装配。

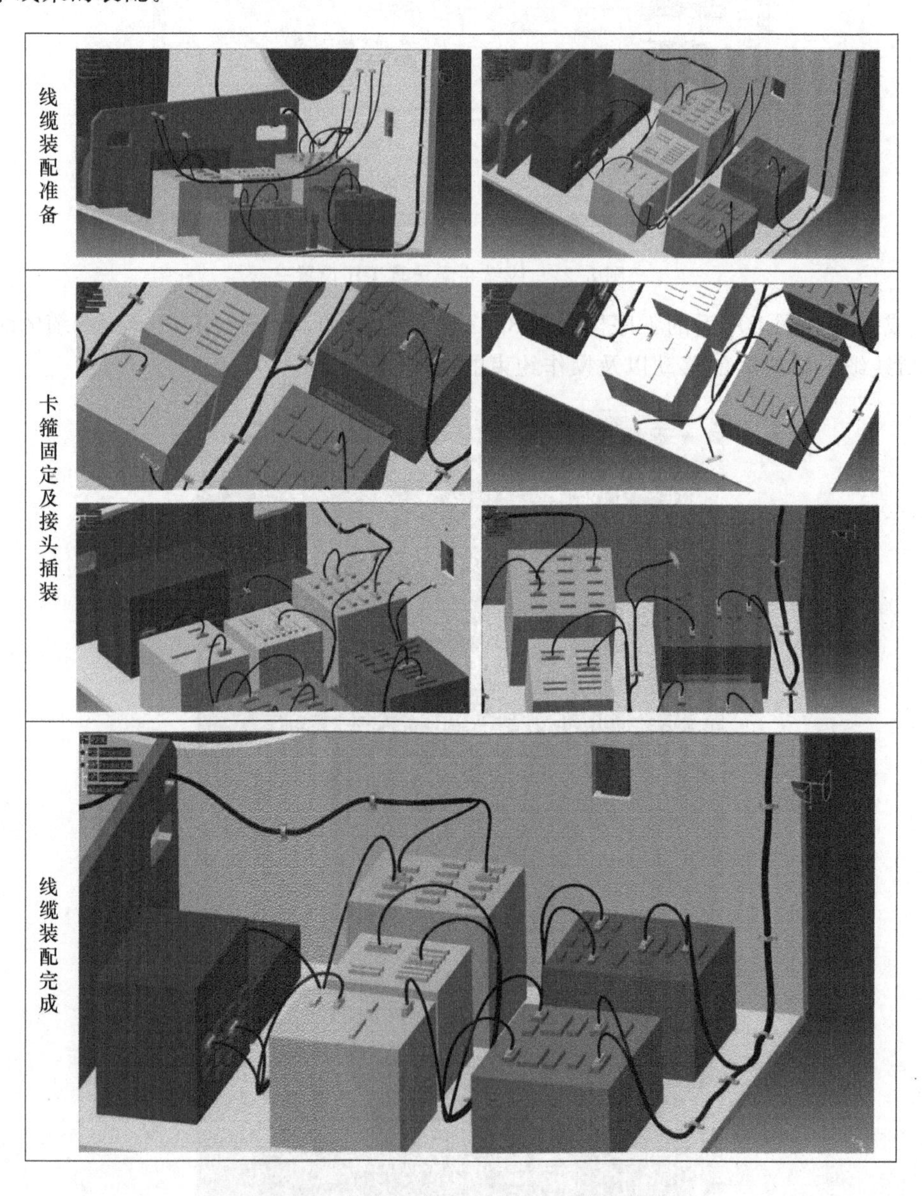


图 8.23 分支线缆的交互式虚拟装配仿真

为了更加真实地展示线缆的装配过程，采用光线追踪软件对场景进行了渲染，某分支线缆的装配仿真过程如图 8.24 所示，线缆装配完成后的外形如图 8.25 所示。从仿真结果可以看出，分支线缆交互式虚拟装配仿真系统能够对分支线缆的交互式装配过程进行仿真，仿真过程中电连接器、卡箍和夹持的操作约束能够顺利实现，多分支弹性细杆模型能够真实地模拟分支线缆的静态变形，计算效率能够满足交互式装配操作的实时性要求。

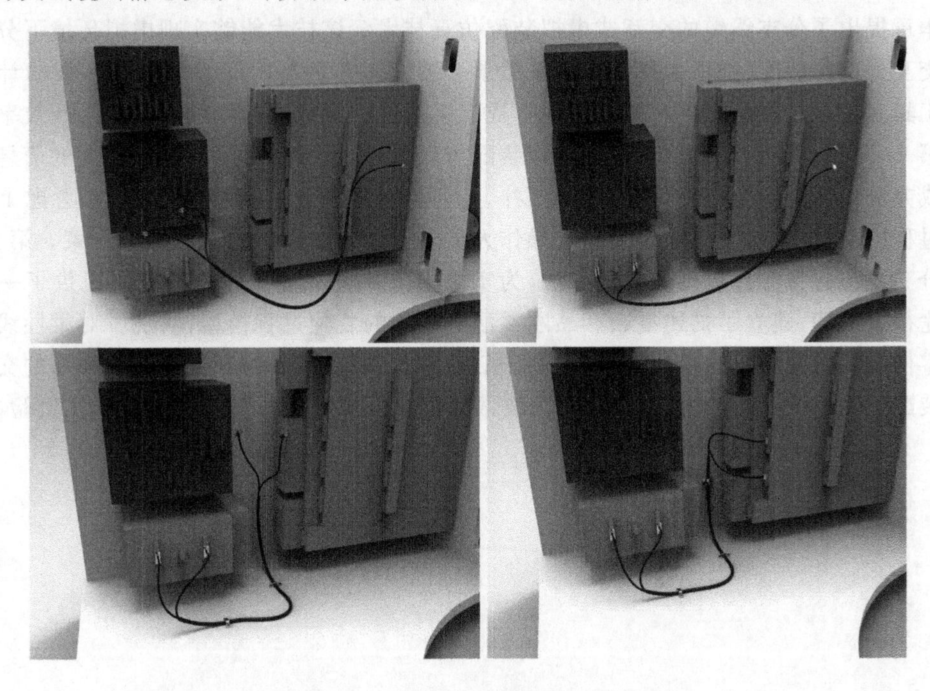

图 8.24　某分支线缆装配仿真过程

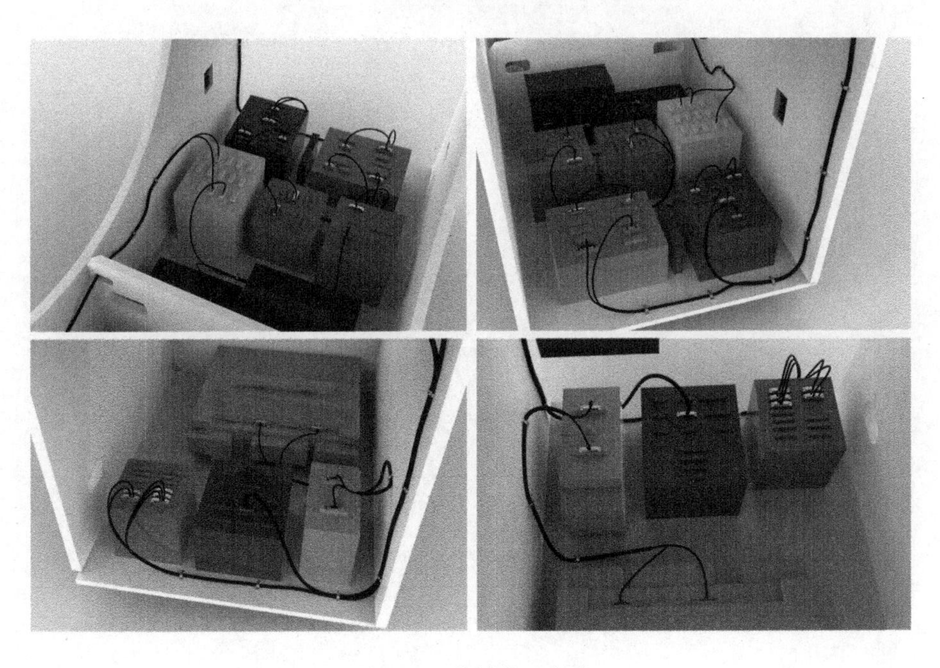

图 8.25　线缆装配完成

# 本章小结

本章提出了分支线缆的交互式虚拟装配仿真技术。该技术能够实现虚拟环境下分支线缆的交互式虚拟装配仿真,为复杂产品刚柔混合装配工艺的制定和验证提供有效的计算机软件工具支持,通过线缆三维工艺的展示,提高生产过程中线缆的装配质量和生产效率。

第一,分析了分支线缆的交互式虚拟装配仿真流程。第二,介绍了分支线缆的信息模型和生成方法,实现了对分支线缆的复杂拓扑、几何信息以及材料属性的描述,并考虑了线缆装配过程中来源于电连接器、卡箍以及操作人员(或机械臂)夹持的各种操作约束。第三,提出了分支线缆虚拟实体模型的建立方法,为实现虚拟环境下分支线缆的表达提供了一种有效的途径。第四,建立了描述复杂产品刚柔混合装配的装配过程模型,实现了对柔性线缆和刚性零件装配过程的统一描述。第五,基于 DELMIA 软件设计并开发了分支线缆的交互式虚拟装配仿真系统,并在虚拟环境下对分支线缆的交互式装配过程进行了仿真实例验证。

# 第三部分　柔性线缆的机器人自动敷设仿真与实验技术

# 第9章 柔性线缆的机器人自动规划技术研究现状

## 9.1 引　　言

对于复杂产品中数量庞大的线缆装配工作而言,人机交互式虚拟装配仿真的效率仍然比较低,影响着产品的研发周期。近年来,随着机器人技术的发展,关于柔性机器人[147,148]和线缆驱动机器人[149-151]的研究越来越多,工业机器人也越来越多地参与到产品的装配过程中,单独或在人的协助下用于产品的装配过程[152,153]。因此,虽然相较于刚性零件的自动装配[154-158],线缆类柔性体具有高自由度和高柔性的特点,其自动装配[159,160]和规划技术非常具有挑战性,但却是非常有必要和有意义的,因此逐渐引起了人们的关注。

## 9.2 线缆类柔性体的路径规划

线缆类柔性体的路径规划问题是其自动规划问题的关键技术之一,是指根据已知装配环境,确定线缆类柔性体装配时所经过的空间路径,目前以柔性体本身的变形进行规划的方法居多。

例如,Lamiraux 等[161]较早地利用了随机算法对柔性体运动路径规划进行了研究,计算出柔性体从初始位形到目标位形的无碰撞路径。Bayazit 等[162]提出了一种基于随机路径图算法的可变形机器人运动路径规划方法,先生成一条大致的路径,该路径可能包含碰撞的情形,然后通过机器人的变形来消除这些碰撞,最终生成可行路径,在过程中考虑了可变形体的物理属性。Rodriguez 等[163]建立了一个在完全可变形弹性环境下进行路径规划的框架,在该环境中规划物体和环境均为可变形模型,该可变形运动规划算法采用的是快速扩展随机树(RRT)算法。Moll 等[164]提出了一种基于采样路径图的可变形线性体的路径规划方法,通过最小能量曲线的方法求得稳定构型,并给出了不同构型之间的中间构型的求解方法,该方法可用于柔性线缆、手术缝合线以及蛇形机器人等领域,如图 9.1 所示。Gayle 等[165,166]提出了一种复杂环境下柔性机器人的路径规划算法,充分考虑几何和物理约束,描述了一个新的碰撞检测算法,通过基于中心线的方法计算出一条无干涉、满足运动学和动力学约束的可行路径，使机器人沿该路径达到最终的构型，并将其应用到了医用导管等多种场景下。Kabul 等[167]将采样的方法用于线缆的路径规划，采用一个 PRM 的变种来生成初步的路径，结合自适应前向动力学获得最终的无干涉路径，但该路径规划方法主要用于布线设计阶段而不是装配过程。

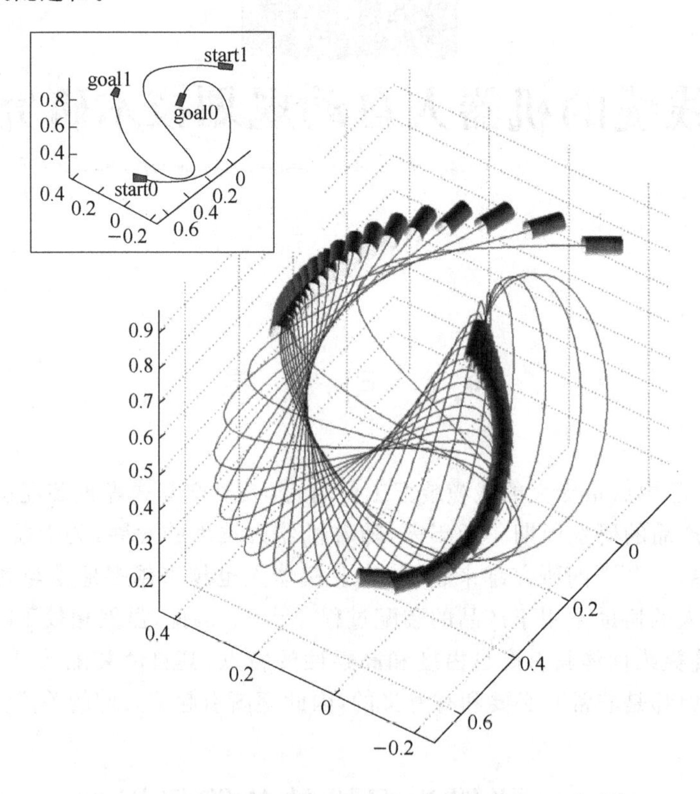


图 9.1　Moll 等基于采样路径图的线缆路径规划[164]

## 9.3　线缆类柔性体的运动规划、操作规划和装配规划

除了装配路径规划问题，线缆类柔性体的运动规划、操作规划和装配规划问题也属于柔性线缆自动规划问题的范畴[168]。相对于单纯的路径规划问题，线缆运动规划、操作规划和装配规划问题的关注点可能更加宽泛，比如可能会关注柔性线缆从初始状态到目标状态的运动过程的确定、为达某种目的利用夹持器对柔性线缆进行的操作过程、柔性线缆装配工艺的确定等问题。目前已有不少研究者对相关问题进行了研究，但目前的研究成果大部分仍然主要集中于线缆装配路径的搜索。

Zheng 等[169]对可变形梁插入刚性孔的问题进行了研究，但这方面的应用比较局限。Asano 等[170]对带状电路板的自动装配操作规划问题进行了研究，他们通过最小势能方法求得了电路板从初始形状到目标形状的变形过程。Lamiraux 等[161]提出了一种可变形体的运动规划方法，在整个运动过程中，他们认为柔性体的两端受到操作约束，并且主要通过柔性体本身的变形来避免碰撞。他们认为该研究是与以往针对刚形体和铰链机器人的运动规划问题不同的，他们所提出的方法可应用于柔性的平板、管路和线缆等以及医学领域。Mahoney 等[171]通过主元分析法来对可变形体运动规划问题进行降维，所提出的方法考虑了计算效率以及物理属性，在此基础上开发了一个基于采样的可变形机器人运动规划方法，并在一些可变形体的规划任务中进行了测试。该研究中的细长棒类可变形体与较短的柔性线缆十分相似，如图 9.2 所示，在规划过程中都需要考虑物体的端部约束和变形的能量约束。

图 9.2 Mahoney 等基于采样的可变形体运动规划[171]

Hermansson 等[172]针对汽车企业中的线束安装问题，提出了一种线束自动装配规划方法，通过添加“把手”的方式处理接触问题，解决了柔性体运动规划的高维度问题，将拆卸路径的逆向路径作为装配的路径，并将该方法用到了工业实例中，获得了较快的计算速度。Bretl 团队[83,173,174]证明了两端受夹持器约束的 Kirchhoff 弹性杆的平衡位形集合是一个六维的平滑流形，并且是路径相通的，这使得线缆的准静态运动规划变得容易。Roussel 等[175-177]在此基础上，针对不可伸长和可伸长的弹性杆的操作规划问题进行了研究，分别考虑了操作器抓取弹性杆一端和两端的方式，并通过杆的动态建模和与结构件间的碰撞接触，用基于采样的方法对弹性杆从初始状态到目标状态的运动过程进行了路径规划，如图 9.3 所示。后来，Mukadam 等[178]针对复杂环境中线缆在障碍物附近运动的避障问题，研究了多个夹持器对二维平面上弹性杆的操作规划问题，并给出了维持各个平衡态所需的夹持器数目的上下限。Wang 等[179]针对线绳的连续穿孔问题，提出了一种夹持器操作规划方法。通过在窄孔处放置虚拟载流环形成磁场来吸引端部，通过计算夹持器位置来控制绳端方向，并通过重复抓取实现连续穿线过程。

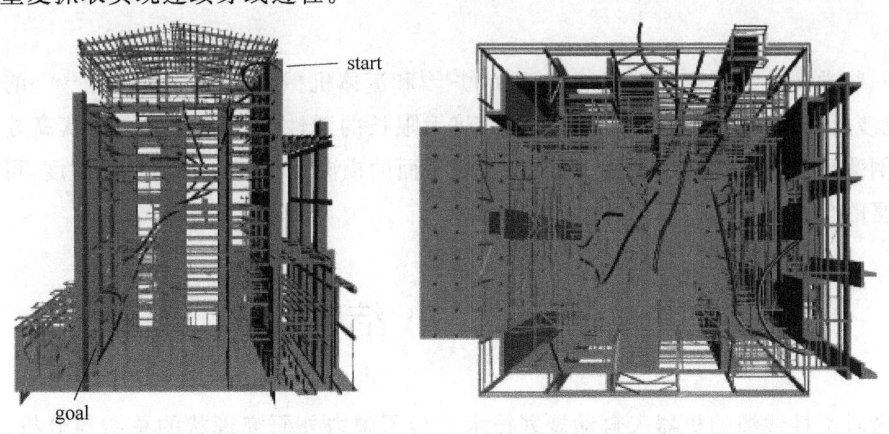


图 9.3 Roussel 等基于碰撞和采样的弹性杆操作规划[175-177]

## 9.4 线缆类柔性体的打结/解结

还有一类操作规划是针对打结/解结(Knotting/Unknotting)问题[180-182]的,这也和线缆类柔性体的机器人自动规划问题有关。

例如,Inaba 等[183]提出的手-眼系统是较早关于绳穿孔和打结等需求的系统,他们考虑了视觉系统的反馈,成功地利用机器人完成了柔性绳索类物体的机器人操作任务。Brown 等[184]针对手术缝合线等绳类物体,采用了一种实时的多体定长几何模型,对绳索的虚拟操作进行研究,取得了比较好的效果。Matsuno 等[185]基于拓扑模型和纽结理论,通过分析图像信息确认绳索的结构,用于机器人操作绳索进行打结时的错误纠正。Saha 等[186]利用随机路径图方法对绳索等一维可变形体的操作规划问题进行了研究,该方法在操作中不假设特定的物理模型,并通过仿真和实际双臂机器人实现了柔性绳索类物体的操作,如图 9.4 所示。Spillmann 等[187]提出了一种自适应接触模型,用于绳索的打结仿真。

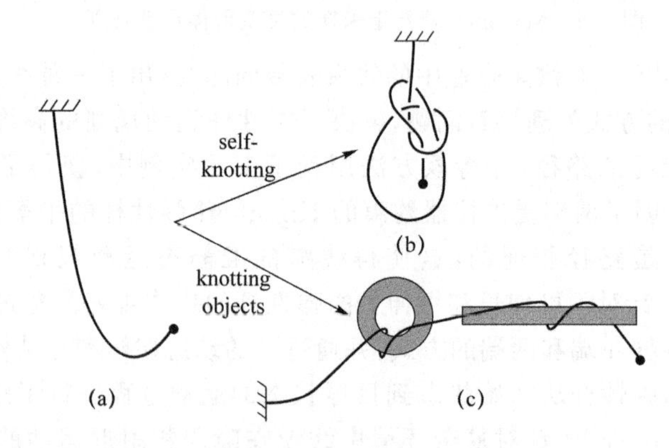


图 9.4 Saha 等基于随机路径图法的绳索操作规划[186]

## 9.5 其他研究

有一些学者尝试研究弹性缝纫机(ESM)[188]和流体机械缝纫机(FMSM)[29,37]的动态仿真,这也涉及柔性体的自动控制问题。他们将无限长的弹性细杆或黏性细线从高处的喷嘴处向下倒落到运动的传送带平面上,通过控制平面的横向运动速度和喷嘴的高度,可以获得许多丰富的图案。

## 本章小结

本章对柔性线缆的机器人自动规划技术进行了国内外研究现状的总结与分析,对线缆类柔性体的路径规划、运动规划、操作规划、装配规划、打结/解结等相关技术进行了介绍。

综上所述，随着机器人技术的发展，已有一些研究者尝试使用机器人来实现线缆的自动装配，涉及线缆的路径规划、运动规划、操作规划和装配规划等关键技术。但目前的研究成果主要集中于线缆装配路径的搜索，而不是线缆的自动敷设精确控制，现有技术尚不能实现柔性线缆的机器人自动敷设。由于线缆具有高柔性和高自由度的特点，线缆的自动敷设精确控制仍面临着很大的挑战。

# 第 10 章

# 柔性线缆的机器人自动敷设仿真技术

## 10.1 引　　言

随着机器人技术的发展，已经有一些研究者开始尝试使用机器人来实现线缆的自动装配，包括线缆的路径规划、运动规划、操作规划和装配规划等。但目前相关研究成果主要集中于线缆装配路径的自动搜索，没有涉及线缆的机器人自动敷设精确控制。由于线缆具有高柔性和高自由度的特点，线缆的自动敷设精确控制仍面临着很大的挑战[189]。

线缆的机器人自动敷设是实现机电产品自动化智能化装配必须解决的难题，同时在高温、低温、辐射环境，以及外太空等特殊工况下，柔性线缆的敷设过程必须由机器人来自动完成。因此，本章研究了柔性线缆的自动敷设精确控制技术，实现了柔性线缆的机器人自动敷设仿真。第一，对柔性线缆的机器人自动敷设仿真进行了问题描述。第二，分析了柔性线缆的机器人自动敷设仿真流程。第三，在第 5 章介绍的离散弹性细杆模型的基础上，添加了机器人夹持器和敷设平面对柔性线缆的运动学约束，建立了更加全面的柔性线缆动力学模型。第四，提出了一种基于相对位置矢量动态调整的柔性线缆机器人自动敷设控制方法，包括单臂控制方法和双臂控制方法，实现了柔性线缆的自动敷设精确控制。第五，通过仿真验证了本章所提出的线缆动力学模型和自动敷设控制方法的有效性。

## 10.2 线缆的机器人自动敷设问题描述

柔性线缆的机器人自动敷设仿真，主要是指用如图 10.1 所示的机器人对柔性线缆进行自动敷设控制操作，将其由初始位置精确敷设到目标位置，并关注在敷设过程中线缆是否能够到达目标位置、线缆变形是否过大、线缆是否合理、机器人的运动路径是否合理、机械臂是否发生剐蹭或碰撞等问题。

平面上柔性线缆的自动敷设是实现线缆自动敷设的基础，本书主要研究平面上柔性线缆的自动敷设问题。具体的研究目标是用机器人的单臂或双臂精确控制柔性线缆的一端或两端,将其从初始位置精确敷设到平面上的目标位置,同时形成目标曲线的形状[190]。图 10.2所示为柔性线缆的机器人自动敷设仿真中线缆的初始位置和目标位置。图中敷设平面上绿色的二维目标曲线所在的位置是柔性线缆的目标位置。在柔性线缆的单臂控制中,柔性线缆的初始位置如图 10.2(a)所示,线缆一端固定在敷设平面上,并与目标曲线重合,线缆另一端用机器人一个手臂末端的夹持器进行控制。在柔性线缆的双臂控制中,柔性线缆的初始位置如图 10.2(b)所示,线缆的两端分别由机器人左右两个手臂末端的夹持器进行控制。

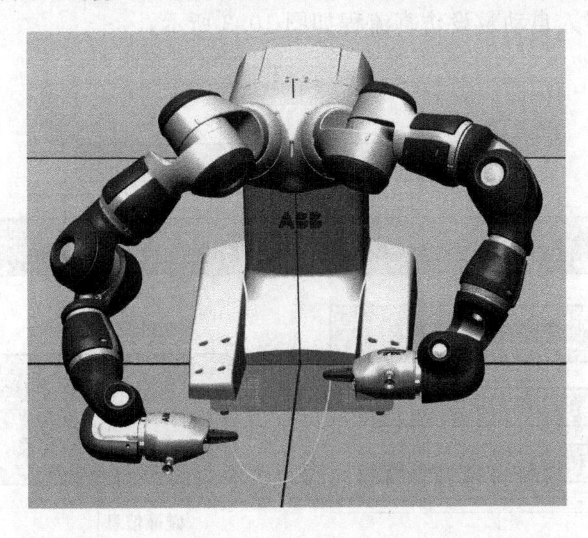

图 10.1 双臂机器人[191]

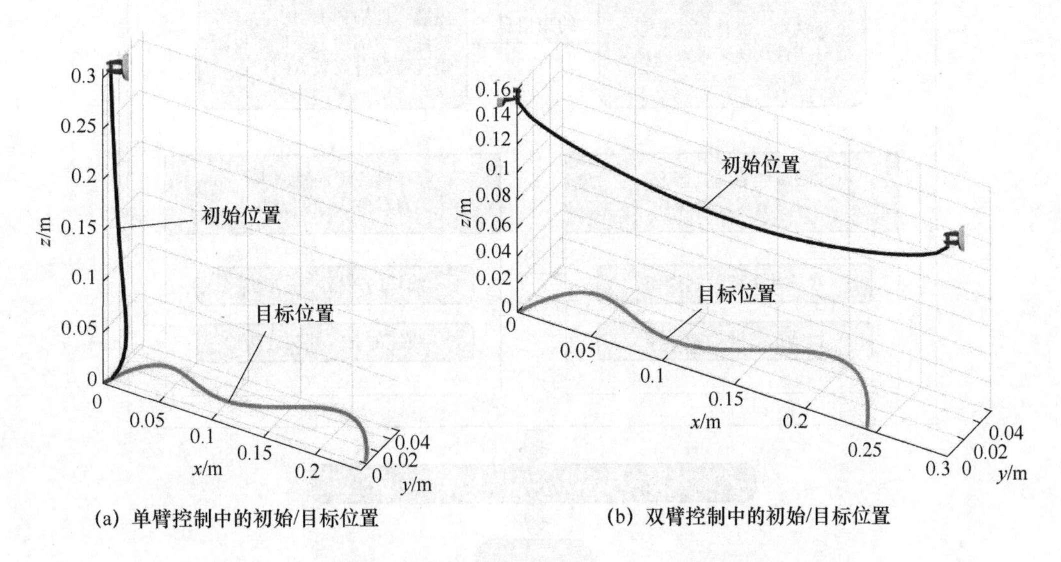


图 10.2 柔性线缆机器人自动敷设仿真中线缆的初始/目标位置

图 10.2(a)彩图

图 10.2(b)彩图

在该问题中,如何用机器人控制线缆到达目标位置完成自动敷设,也就是柔性线缆的机器人自动敷设控制方法,是实现柔性线缆自动敷设仿真的关键。

## 10.3 线缆的机器人自动敷设仿真流程

柔性线缆的机器人自动敷设仿真流程如图10.3所示。

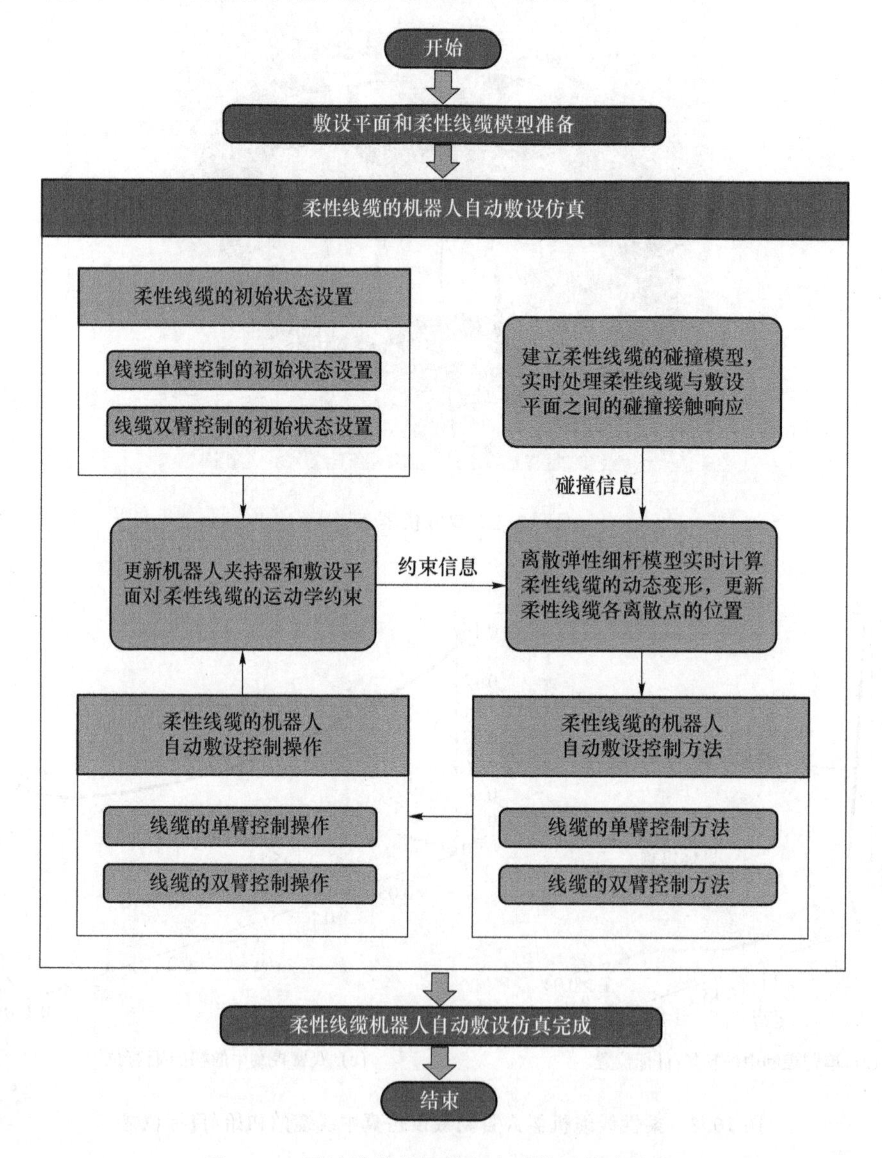


图10.3 柔性线缆的机器人自动敷设仿真流程

首先,准备好敷设平面和柔性线缆模型,设置机器人自动敷设仿真中柔性线缆的初始状态,包括单臂控制和双臂控制。

其次,进行柔性线缆的机器人自动敷设仿真。在线缆的单臂控制和双臂控制中,柔性线缆的端部不是被机器人所控制，就是被固定在了敷设平面上，所以机器人夹持器和敷设平面对柔性线缆具有运动学约束作用。在线缆的初始状态设置完成以后，需要更新柔性线缆的运动学约束，并将这些约束信息反馈到线缆的物性模型中。此外，在线缆的敷设仿真过程中，机器人的自动敷设控制操作将不断变化，机器人的约束作用也需要不断更新。

再次，在将柔性线缆敷设到平面上的过程中，柔性线缆将不可避免地与敷设平面发生碰撞接触。因此，为了得到更加真实的仿真结果，完成敷设任务，需要建立柔性线缆的碰撞模型，实时地处理柔性线缆与敷设平面之间的碰撞接触响应，并将碰撞信息反馈到线缆的物性模型中。具体的碰撞接触响应算法已在第 7 章中进行了详细介绍，本章将不再重复。

基于约束信息和碰撞信息，线缆的物性模型将实时地计算柔性线缆的动态变形，更新线缆各离散点的位置。由于在线缆的机器人自动敷设仿真过程中，机器人的运动较为迅速，所以采用第 5 章中建立的离散弹性细杆模型对柔性线缆的动态变形进行实时的求解。

最后，基于线缆离散点与目标曲线上目标点之间的相对位置矢量，提出了柔性线缆的机器人自动敷设控制方法，包括单臂控制方法和双臂控制方法，这是实现柔性线缆自动敷设仿真的关键。基于该方法，用机器人实时控制线缆端部的运动速度，确定最终机械臂末端夹持器的运动轨迹，进行柔性线缆的机器人自动敷设控制操作。

在柔性线缆的机器人自动敷设仿真流程中，线缆的运动学约束和机器人单/双臂自动敷设控制方法是非常关键的技术，下面将分别在 10.4 节和 10.5 节中进行详细的介绍。

## 10.4 线缆的运动学约束

在柔性线缆的机器人自动敷设仿真过程中，机器人和敷设平面对柔性线缆具有运动学约束的作用。如图 10.4 所示，机器人的手臂末端有夹持器，夹持器将对所夹持线缆端部的两个离散点和末端离散段进行控制。在如图 10.4(a)所示的单臂控制中，被固定在敷设平面上的线缆端部也可认为控制了端部的两个离散点和末端的一个离散段。因此，无论采用哪种控制模式，线缆的两端都将受到运动学约束的作用。具体地说，离散点 0、1、$n$ 和 $n+1$ 的平移速度和离散段 0 和 $n$ 的切向旋转角速度将受到约束的作用。

添加约束前柔性线缆的广义速度用 $\boldsymbol{U}$ 来表示，包括每个离散点的平移速度 $\boldsymbol{v}_i$ 和每个离散线缆段围绕切线方向 $\boldsymbol{t}^i$ 的旋转角速度 $u_i$。

$$\boldsymbol{U}=(\boldsymbol{v}_0, u_0, \boldsymbol{v}_1, \cdots, \boldsymbol{v}_i, u_i, \cdots, \boldsymbol{v}_n, u_n, \boldsymbol{v}_{n+1})^{\mathrm{T}} \tag{10.1}$$

那么添加约束后，柔性线缆的广义速度 $\boldsymbol{U}_c$ 可以表示为

$$\boldsymbol{U}_c=\boldsymbol{K}\cdot\boldsymbol{U}+\boldsymbol{C} \tag{10.2}$$

其中，$\boldsymbol{K}$ 是一个尺寸为$(4n+7)\times(4n+7)$的对角矩阵，它的前七位和最后七位对角元素都为 0，中间的对角元素都为 1。

$$\boldsymbol{K}=\mathrm{diag}(\underbrace{0,\cdots,0}_{7},\underbrace{1,\cdots,1}_{4n-7},\underbrace{0,\cdots,0}_{7}) \tag{10.3}$$

$\boldsymbol{C}$ 是一个有 $4n+7$ 个元素的列向量，中间的 $4n-7$ 个元素都为 0。$\boldsymbol{v}_{a1}$、$u_{a1}$、$\boldsymbol{v}_{a2}$ 和 $u_{a2}$ 都是外部约束。

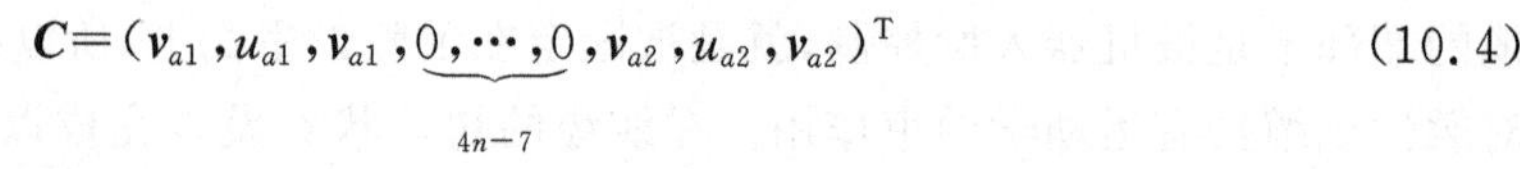

$$\boldsymbol{C}=(\boldsymbol{v}_{a1},u_{a1},\boldsymbol{v}_{a1},\underbrace{0,\cdots,0}_{4n-7},\boldsymbol{v}_{a2},u_{a2},\boldsymbol{v}_{a2})^{\mathrm{T}} \tag{10.4}$$

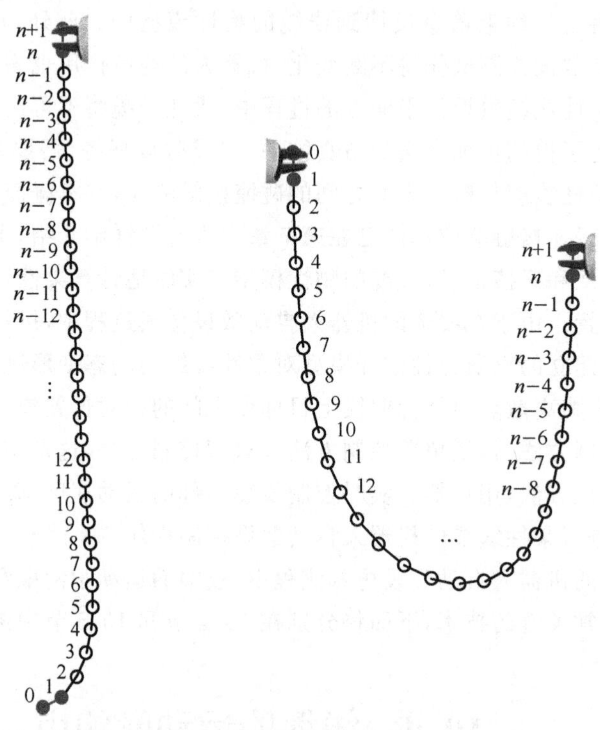


(a) 单臂控制中的运动学约束　　(b) 双臂控制中的运动学约束

图 10.4　柔性线缆的运动学约束

在机器人的单臂操作中，如果固定在敷设平面上的线缆一端为头端，则 $\boldsymbol{v}_{a1}=(0,0,0)^{\mathrm{T}}$，$u_{a1}=0$；线缆另一端由机器人控制，则 $\boldsymbol{v}_{a2}$ 和 $u_{a2}$ 是机械臂上夹持器的平移速度和旋转角速度。在机器人的双臂操作中，$\boldsymbol{v}_{a1}$ 和 $u_{a1}$ 是控制线缆首端的机械臂上的夹持器的平移速度和旋转角速度，$\boldsymbol{v}_{a2}$ 和 $u_{a2}$ 是控制线缆末端的另一个机械臂上的夹持器的平移速度和旋转角速度。一般情况下，假设机器人的夹持器始终保持姿势不变，夹持方向始终保持在竖直方向，即线缆的线缆段 0 和 $n$ 始终保持在竖直方向，并且在操作过程中不旋转夹持器，因此 $u_{a1}$ 和 $u_{a2}$ 都等于零。

这样，系统的动力学运动方程〔式(5.58)〕在添加约束后就可以更新表达为

$$\begin{cases}\boldsymbol{U}(t)=\boldsymbol{M}\backslash(\boldsymbol{F}(t-\Delta t)\cdot\Delta t)+\boldsymbol{U}(t-\Delta t)\\ \boldsymbol{U}_c(t)=\boldsymbol{K}\cdot\boldsymbol{U}(t)+\boldsymbol{C}(t)\\ \boldsymbol{q}(t)=\boldsymbol{q}(t-\Delta t)+\boldsymbol{U}_c(t)\cdot\Delta t\end{cases} \tag{10.5}$$

## 10.5　线缆的机器人自动敷设控制方法

柔性线缆的机器人自动敷设控制方法是本章的重点。在此，本节提出了一种基于相对位置矢量（线缆离散点与目标曲线上相应目标点之间的相对位置矢量）动态调整的柔性线缆

自动敷设控制方法，包括单臂控制方法和双臂控制方法，实现了柔性线缆的自动敷设精确动态控制。其中，在双臂控制方法中，提出了两种协调方法，包括成比例下降的简单协调方法和基于非时间感知参数的稳定协调方法，实现了双臂控制中线缆两端的同步调运动，使其同时到达敷设平面，避免产生额外误差。

相对位置矢量中目标曲线上的目标点是通过对目标曲线进行预处理获得的。如图 10.5(a)所示，曲线是在平面 $x$-$y$ 上的目标曲线，可以表示为 $y(x)$ 的形式。由于线缆离散点的数量为 $n+2$ 个(0,1,…,$n+1$)，而线缆两端是被机器人夹持器或敷设平面所约束的，所以目标点的数量应该比线缆离散点少两个，定为 $n$ 个(1,2,…,$n$)，分别对应线缆离散点(1,2,…,$n$)。图 10.5(b)中所示的点，即为将目标曲线均分获得的 $n$ 个目标点。下面具体介绍提出的基于相对位置矢量动态调整的柔性线缆自动敷设单臂控制和双臂控制方法。

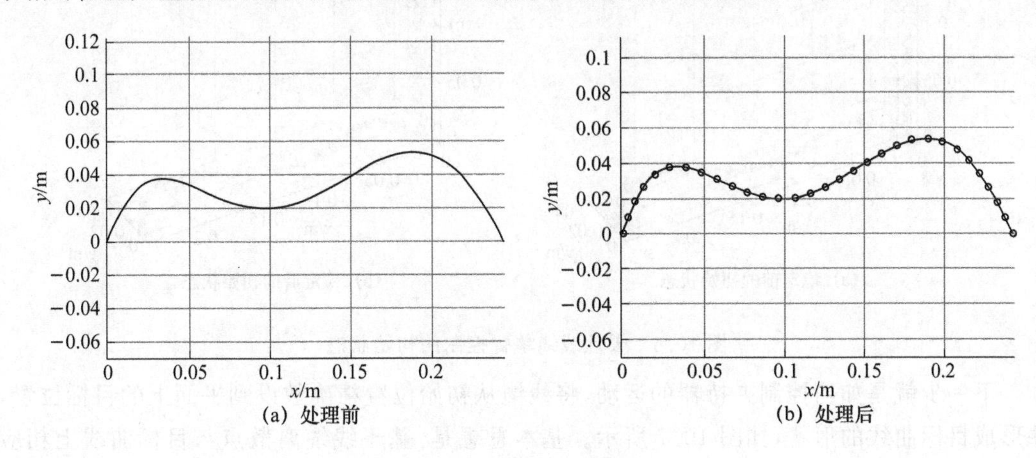


图 10.5 目标曲线和目标点

## 10.5.1 单臂控制方法

本小节提出了基于相对位置矢量(线缆离散点与目标曲线上相应目标点之间的相对位置矢量)动态调整的柔性线缆自动敷设单臂控制方法。

首先介绍一下柔性线缆单臂控制的初始状态。如图 10.6 所示，在柔性线缆的单臂控制中，假设线缆的首端固定在敷设平面 $x$-$y$ 上并与目标曲线的首端重合，线缆的末端由机器人的单个手臂进行控制。图中黑色曲线是具有 $n+2$ 个离散点(0,1,…,$n+1$)的柔性线缆，绿色曲线是具有 $n$ 个目标点(1,2,…,$n$)的柔性线缆。线缆的第二个离散点(离散点 1)与目标曲线的第一个目标点(目标点 1)重合，并且线缆的第一个离散点(离散点 0)处于目标曲线的第一个目标点(目标点 1)处的切线方向的反向延长线上。线缆的最后两个离散点(离散点 $n$ 和$n+1$)和最后一个离散段(离散段 $n$)由机器人的手臂进行控制。如 10.4 节中所说，假设机器人手臂上的夹持器始终保持在竖直方向上不旋转，那么离散段 $n$ 将始终在竖直方向上保持不动。图 10.6(a)所示为设置的线缆的初始状态，线缆控制端(末端)的初

图 10.6(a)彩图

图 10.6(b)彩图

始位置在固定端的正上方，离敷设平面的距离为目标曲线的长度。图 10.6(b)所示为线缆在初始位置处保持控制端不动，直到到达平衡状态时线缆的形状。由于线缆存在弯曲变形，所以线缆的初始状态是一条微微弯曲的曲线。

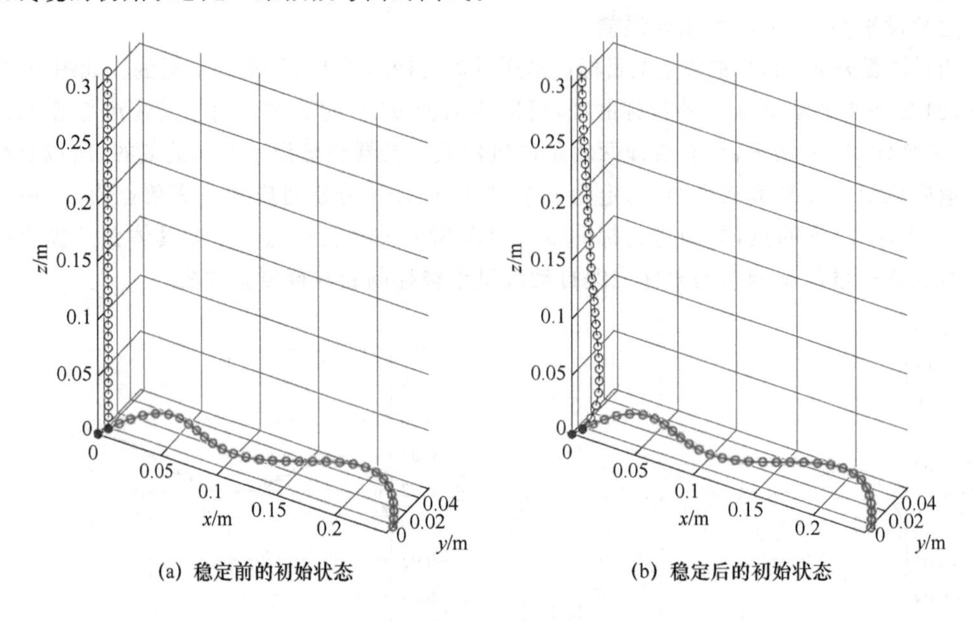


(a) 稳定前的初始状态　　(b) 稳定后的初始状态

图 10.6　柔性线缆单臂控制的初始状态

下一步就是如何控制夹持器的运动，将线缆从初始位置精确敷设到平面上的目标位置，并形成目标曲线的形状，如图 10.7 所示。基本思想是：基于线缆离散点与目标曲线上相应目标点之间的相对位置矢量，动态调整控制线缆的机器臂末端夹持器的水平速度。

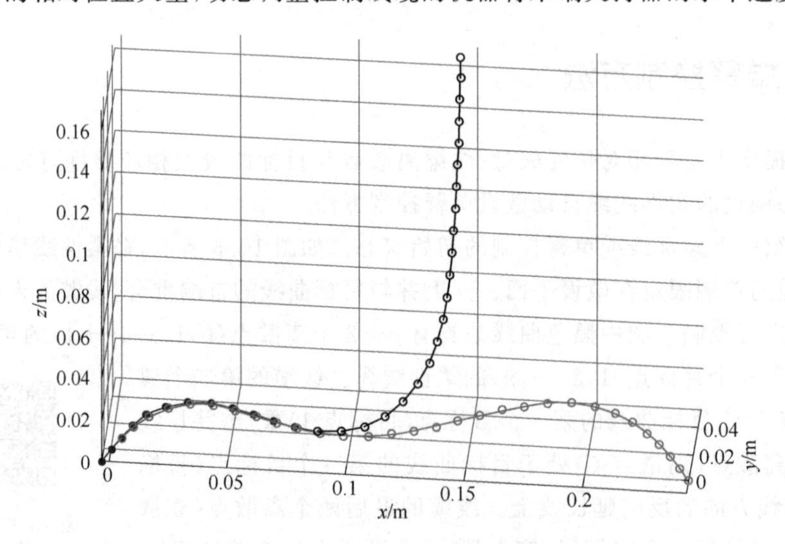


图 10.7　柔性线缆的单臂控制过程

控制线缆的机械臂末端夹持器的速度 $\boldsymbol{v}_{a2}$，可以分为竖直方向 $z$ 方向上的竖直速度 $\boldsymbol{v}_{a2}^{z}$ 和与敷设平面平行的 $x$-$y$ 方向上的水平速度 $\boldsymbol{v}_{a2}^{xy}$。

$$\boldsymbol{v}_{a2}=\boldsymbol{v}_{a2}^{xy}+\boldsymbol{v}_{a2}^{z} \tag{10.6}$$

为了方便，可以假设夹持器在竖直方向 $z$ 上具有恒定的下降速率 $v_{a2}^{z}$，即 $\boldsymbol{v}_{a2}^{z}=(0,0,v_{a2}^{z})^{\mathrm{T}}$，那么只需要控制夹持器的水平速度 $\boldsymbol{v}_{a2}^{xy}$ 即可。夹持器的水平速度 $\boldsymbol{v}_{a2}^{xy}$，可以通过线缆离散点与目标曲线上相应目标点之间的相对位置矢量来动态调整。

如图 10.8 所示，红色的点是已经敷设到平面上的线缆的离散点，黑色的点是还未敷设到平面上的线缆的离散点，可以分别称它们为“已敷设点”和“未敷设点”。假设即将敷设到平面上的“未敷设点”为离散点 $i$，它的当前位置为 $\boldsymbol{r}_i$，目标曲线上对应的目标点的位置为 $\boldsymbol{x}_i$，那么它的相对位置矢量可以表示为

$$\boldsymbol{e}_i=\boldsymbol{x}_i-\boldsymbol{r}_i=(e_i^x,e_i^y,e_i^z)^{\mathrm{T}} \tag{10.7}$$

可以用离散点 $i$ 之前的 $N_i$ 个“已敷设点”和离散点 $i$ 之后的 $N_i$ 个“未敷设点”(包括离散点 $i$)的相对位置矢量在水平方向 $x$-$y$ 平面上的分量来控制夹持器在水平方向 $x$-$y$ 平面上的速度 $\boldsymbol{v}_{a2}^{xy}$，如下所示：

$$\boldsymbol{v}_{a2}^{xy}=\sum_{j=i-N_i}^{j=i+N_i-1}k_j\boldsymbol{e}_j^{xy} \tag{10.8}$$

其中，$\boldsymbol{v}_{a2}^{xy}=(v_{a2}^{x},v_{a2}^{y},0)^{\mathrm{T}}$；$\boldsymbol{e}_j^{xy}=(e_j^x,e_j^y,0)^{\mathrm{T}}$ 是离散点 $j$ 的相对位置矢量 $\boldsymbol{e}_j$ 在 $x$-$y$ 平面上的水平分量；$k_j$ 是控制点 $j$ 的控制增益。

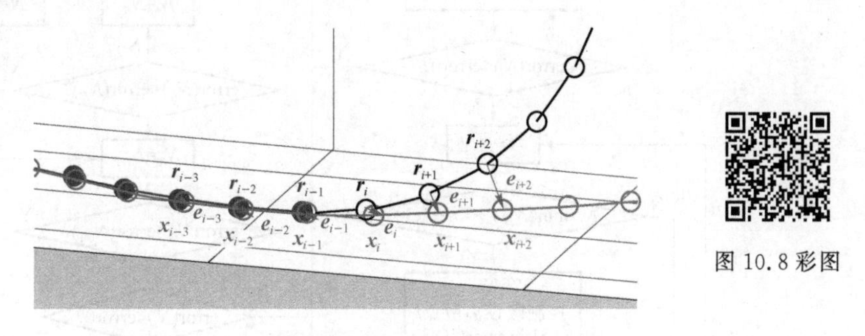


图 10.8 彩图

图 10.8　柔性线缆的单臂控制方法

对于每个离散点 $i$，所使用的相对位置矢量的个数是 $N_i$ 值的两倍。对于相对位置矢量个数的确定，也就是 $2N_i$ 值的确定，本节介绍了一种多次尝试确定最佳值的方法，如图 10.9 中的流程图所示。

离散点 $i$ 敷设时，相对位置矢量个数($2N_i$ 值)的确定是从系统的上一个状态 $St_{i-1}$ 开始的，即离散点 $i-1$ 接触到敷设平面的时刻。首先需要输入一个初始值 $N_0$ 和一个目标误差值 error0。离散点 $i$ 之前有 $i-1$ 个“已敷设点”，离散点 $i$ 之后有 $n-i+1$ 个“未敷设点”(包括离散点 $i$)，所以为了保证计算点的存在，将初始值 $N_{i0}$ 设为 $N_0$、$i-1$ 和 $n-i+1$ 三个数之间的最小值。用 $N_i$ 的当前值 $N_{i0}$ 从系统状态 $St_{i-1}$ 开始控制夹持器的水平速度，直到离散点 $i$ 刚刚接触到敷设平面结束，控制敷设结束后，计算离散点 $i$ 的位置误差的大小error($N_i$)，即其指向相应目标点的相对位置矢量的大小。然后判断 error($N_i$)与目标误差值 error0 的大小，若 error($N_i$)比 error0 小，则输出此时离散点 $i$ 的相对位置矢量个数 $2N_i$，并记录下此时的系统状态 $St_i$。若 error($N_i$)比 error0 大，则在计算点存在的前提下，即 $N_i$ 为 $N_i$、$i-1$ 和 $n-i+1$ 三个数之间的最小值，从初始值 $N_{i0}$ 开始通过不断增加 $N_i$ 值的大小，不断地将系统状态回调到 $St_{i-1}$，进行控制敷设过程，并在离散点 $i$ 敷设结束后，计算其位置误差的大

小 error($N_i$)。在此过程中，若某个 error($N_i$)比 error0 小，则结束大循环，输出 $2N_i$ 值并记录系统状态。若 error($N_i$)比上一个 error($N_i$)大，则结束小循环，得到一个对应最小误差的 $N_{i1}$ 值。然后从初始值 $N_{i0}$ 开始，在计算点存在的前提下，即 $N_i>0$，不断减小 $N_i$ 值的大小，循环结束后也可以得到一个对应最小误差的 $N_{i2}$ 值。通过比较 $N_{i1}$ 值对应的位置误差 error($N_{i1}$)和 $N_{i2}$ 值对应的位置误差 error($N_{i2}$)的大小，就可以得到最佳的 $N_i$ 值，并将系统状态回调到 $St_{i-1}$，用此时的 $N_i$ 值进行控制敷设直到离散点 $i$ 接触到敷设平面。最后，输出离散点 $i$ 敷设时相对位置矢量的个数，即 $2N_i$ 值，并记录下此时的系统状态 $St_i$。

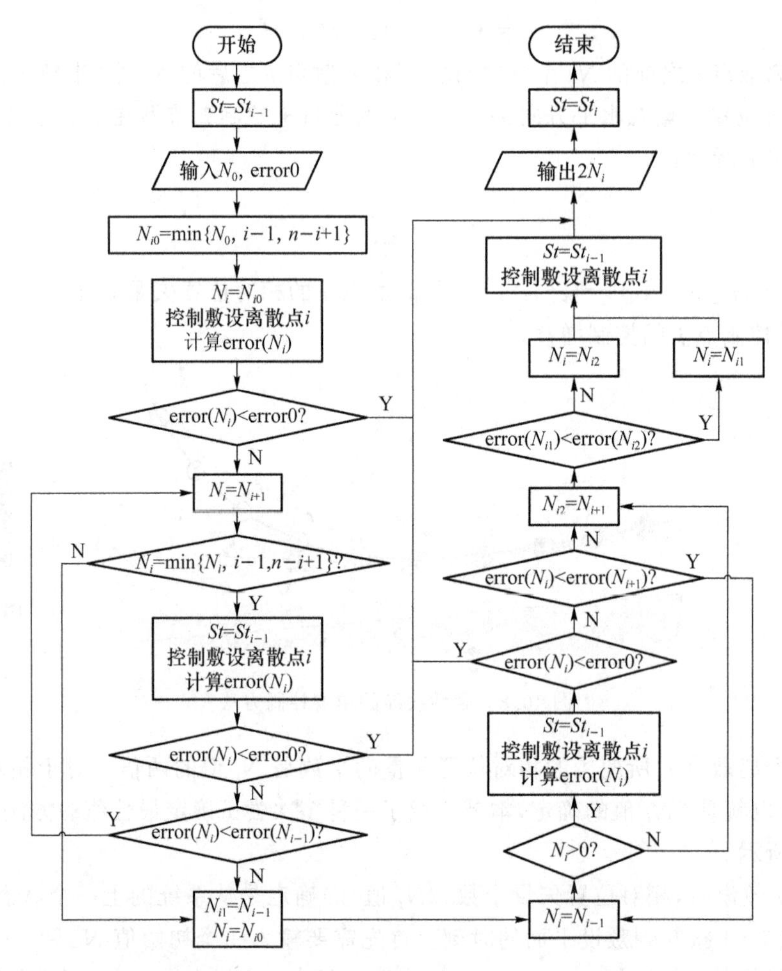


图 10.9　离散点 $i$ 敷设时相对位置矢量个数($2N_i$ 值)的确定流程图

## 10.5.2　双臂控制方法

本小节提出了基于相对位置矢量(线缆离散点与目标曲线上相应目标点之间的相对位置矢量)动态调整的柔性线缆自动敷设双臂控制方法。

相比于线缆的单臂控制，线缆的双臂控制更为复杂。如图 10.10 所示，在柔性线缆的双臂控制中，假设线缆的两端分别由机器人的两个手臂进行控制。线缆的前两个离散点(离散点 0 和 1)和第一个离散段(离散段 0)由机器人的一个手臂进行控制;线缆的最后两个离散点(离散点 $n$ 和 $n+1$)和最后一个离散段(离散段 $n$)由机器人的另一个手臂进行控制。如 10.4节中所说,假设机器人手臂上的夹持器始终保持在竖直方向上不旋转,那么离散段 0 和离散段 $n$ 将始终在竖直方向上保持不动。

图 10.10(a)彩图

图 10.10(a)所示为设置的线缆的初始状态,它处于 $x$-$z$ 平面内,为一条水平方向的直线,与敷设平面 $x$-$y$ 平面有一定的距离,线缆两端在夹持器的操控下保持在竖直方向上。图 10.10(b)所示为线缆达到平衡位置时线缆的状态,在重力作用下为一条弯弯的曲线。图中紫红色的点是在敷设过程中首先与敷设平面进行接触的线缆离散点,可以将它定义为目标曲线上斜率最接近零且最接近中间位置的点。为了方便起见,可称之为起始点。起始点的数量可能是一个,也可能是两个,图中所示为一个。

图 10.10(b)彩图

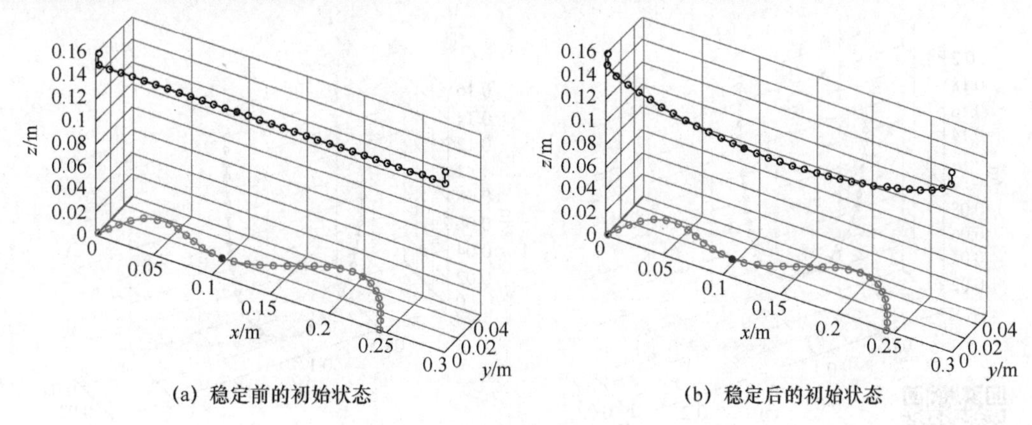


(a) 稳定前的初始状态　　(b) 稳定后的初始状态

图 10.10　柔性线缆双臂控制的初始状态

柔性线缆的双臂控制过程可分为五个步骤来实现,如图 10.11 所示。前四步中柔性线缆的控制较为简单,目的是使线缆上的起始点(紫红色的点)首先接触到敷设平面,并与目标曲线上的起始点(紫红色的点)重合。第五步中柔性线缆的控制较为复杂,与线缆的单臂控制一样,也是基于线缆离散点与目标曲线上相应目标点之间的相对位置矢量,动态调整控制线缆两端的两个机器臂末端夹持器的水平速度,但线缆两端的控制过程需要协调进行。下面对每一步进行详细的介绍。

第一步是控制线缆一端的夹持器以某一恒定的速度水平靠近线缆另一端的夹持器,使线缆两端的距离缩短,直到到达目标距离(一般目标距离可设定为柔性线缆长度的三分之一),然后停止夹持器的运动,直到线缆到达平衡状态,如图 10.11(a)所示。

第二步是控制线缆一端的夹持器以某一恒定的速度在竖直方向上进行上下移动,使线缆的起始点(紫红色的点)成为线缆上位置最低的离散点,然后停止夹持器的运动,直到线缆到达平衡状态,如图 10.11(b)所示。

第三步是同时控制线缆两端的两个夹持器,以相同的速度在水平方向上移动,使停止运动后达到平衡状态的柔性线缆上的起始点位于目标曲线上起始点的正上方,如图 10.11(c)所示。

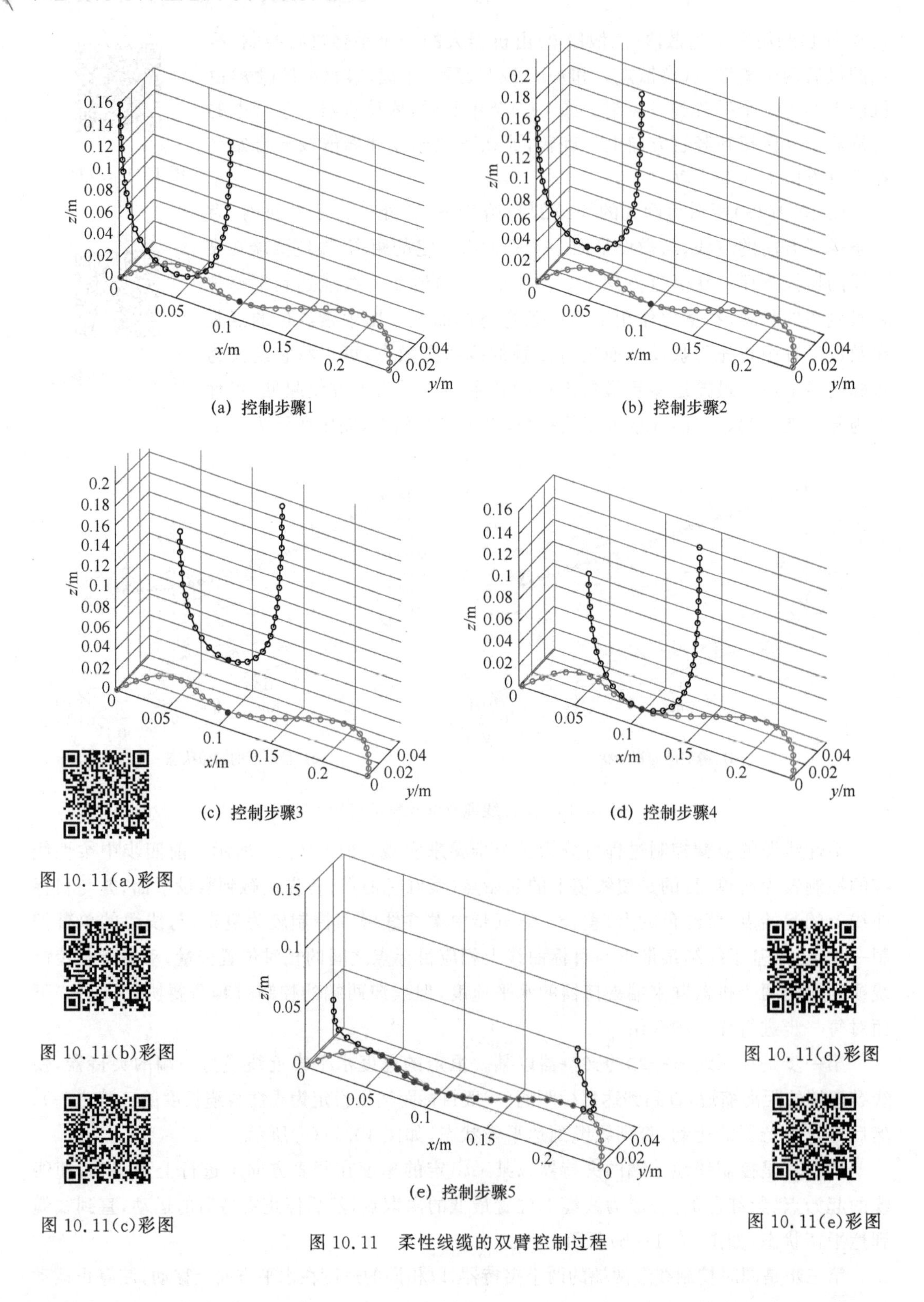


(a) 控制步骤1

(b) 控制步骤2

(c) 控制步骤3

(d) 控制步骤4

(e) 控制步骤5

图 10.11(a)彩图

图 10.11(b)彩图

图 10.11(c)彩图

图 10.11(d)彩图

图 10.11(e)彩图

图 10.11　柔性线缆的双臂控制过程

第四步是同时控制线缆两端的两个夹持器，使其以相同的恒定速度在竖直方向上移动，直到线缆上的起始点接触到敷设平面，并与目标曲线上的起始点重合，如图 10.11(d)所示。

第五步是分别控制线缆两端的两个夹持器，将柔性线缆从初始位置精确敷设到平面上的目标位置，并形成目标曲线的形状，如图 10.11(e)所示。第五步中具体的线缆两端的控制方法与单臂控制方法相同，即假设两夹持器在竖直方向上具有恒定的下降速率，然后用线缆离散点与目标曲线上相应目标点之间的相对位置矢量来动态调整两夹持器的水平速度。但由于在线缆的双臂控制中，线缆两端同时进行运动，所以对线缆两端的控制过程需要协调进行。

控制线缆的两个机械臂末端夹持器的速度分别为 $\boldsymbol{v}_{a1}$ 和 $\boldsymbol{v}_{a2}$，可以分别表示为竖直方向 $z$ 方向上的竖直速度和与敷设平面平行的 $x$-$y$ 方向上的水平速度之和。

$$\boldsymbol{v}_{a1}=\boldsymbol{v}_{a1}^{xy}+\boldsymbol{v}_{a1}^{z} \tag{10.9}$$

$$\boldsymbol{v}_{a2}=\boldsymbol{v}_{a2}^{xy}+\boldsymbol{v}_{a2}^{z} \tag{10.10}$$

假设两夹持器在竖直方向 $z$ 上具有恒定的下降速率 $\boldsymbol{v}_{a1}^{z}$ 和 $\boldsymbol{v}_{a2}^{z}$，即 $\boldsymbol{v}_{a1}^{z}=(0,0,v_{a1}^{z})^{\mathrm{T}}$，$\boldsymbol{v}_{a2}^{z}=(0,0,v_{a2}^{z})^{\mathrm{T}}$，那么只需要控制两夹持器的水平速度 $\boldsymbol{v}_{a1}^{xy}$ 和 $\boldsymbol{v}_{a2}^{xy}$ 即可。两夹持器的水平速度 $\boldsymbol{v}_{a1}^{xy}$ 和 $\boldsymbol{v}_{a2}^{xy}$，可以通过线缆离散点与目标曲线上相应目标点之间的相对位置矢量来动态调整。

如图 10.12 所示，红色的线缆离散点是已经敷设到平面上的“已敷设点”，黑色的线缆离散点是还未敷设到平面上的“未敷设点”。假设线缆首末两端即将敷设到平面上的两“未敷设点”分别为离散点 $i$ 和离散点 $j$。那么，左端夹持器在水平方向 $x$-$y$ 平面上的速度 $\boldsymbol{v}_{a1}^{xy}$，可以用离散点 $i$ 之前的 $N_i$ 个“未敷设点”(包括离散点 $i$)和离散点 $i$ 之后的 $N_i$ 个“已敷设点”的相对位置矢量在水平方向 $x$-$y$ 平面上的分量来控制。右端夹持器在水平方向 $x$-$y$ 平面上的速度 $\boldsymbol{v}_{a2}^{xy}$，可以用离散点 $j$ 之前的 $N_j$ 个“已敷设点”和离散点 $j$ 之后的 $N_j$ 个“未敷设点”(包括离散点 $j$)的相对位置矢量在水平方向 $x$-$y$ 平面上的分量来控制。

$$\boldsymbol{v}_{a1}^{xy}=\sum_{ii=i-N_i+1}^{ii=i+N_i}k_{ii}\boldsymbol{e}_{ii}^{xy} \tag{10.11}$$

$$\boldsymbol{v}_{a2}^{xy}=\sum_{ii=j-N_i}^{ii=j+N_i-1}k_{ii}\boldsymbol{e}_{ii}^{xy} \tag{10.12}$$

图 10.12 彩图

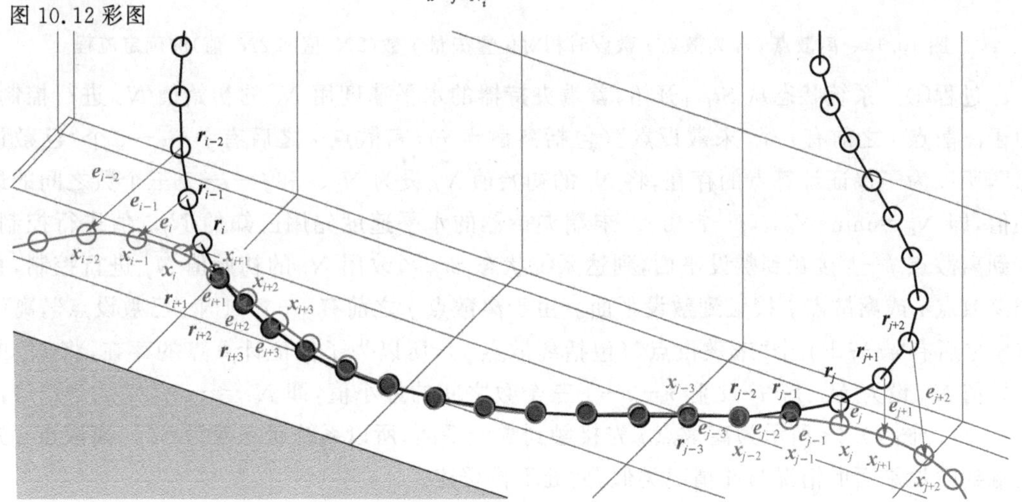


图 10.12 柔性线缆的双臂控制方法

其中，$\boldsymbol{v}_{a1}^{xy}=(v_{a1}^{x},v_{a1}^{y},0)^{\mathrm{T}}$；$\boldsymbol{v}_{a2}^{xy}=(v_{a2}^{x},v_{a2}^{y},0)^{\mathrm{T}}$；$\boldsymbol{e}_{ii}^{xy}=(e_{ii}^{x},e_{ii}^{y},0)^{\mathrm{T}}$ 是离散点 $ii$ 的相对位置矢量 $\boldsymbol{e}_{ii}=\boldsymbol{x}_{ii}-\boldsymbol{r}_{ii}=(e_{ii}^{x},e_{ii}^{y},e_{ii}^{z})^{\mathrm{T}}$ 在 $x$-$y$ 平面上的水平分量；$k_{ii}$是控制点 $ii$ 的控制增益。

对于离散点 $i$ 和离散点 $j$，其所使用的相对位置矢量的个数分别是 $N_i$ 值和 $N_j$ 值的两倍。对于单个离散点的相对位置矢量个数的确定，上一节中已经给出了通过多次尝试确定最佳值的获取方法。但在线缆的双臂控制中，由于存在两个即将敷设到平面上的离散点 $i$ 和离散点 $j$，两者相对位置矢量个数的确定需要协调进行，具体确定流程如图 10.13 所示。

离散点 $i$ 敷设时相对位置矢量个数($2N_i$ 值)的确定是从系统状态 $St_{i+1}$ 开始的，即离散点 $i+1$ 接触到敷设平面的时刻。离散点 $j$ 敷设时相对位置矢量个数($2St_{j-1}$值)的确定是从系统状态 $St_{j-1}$ 开始的，即离散点 $j-1$ 接触到敷设平面的时刻。先判断 $St_{i+1}$ 和 $St_{j-1}$ 的先后顺序，确定为先者为开始时系统的状态，图 10.13 中 $St_{i+1}$ 为系统开始状态，即离散点 $i+1$ 先于离散点 $j-1$ 接触到敷设平面。然后确定一个初始值 $N_0$ 和一个目标误差值 error0。

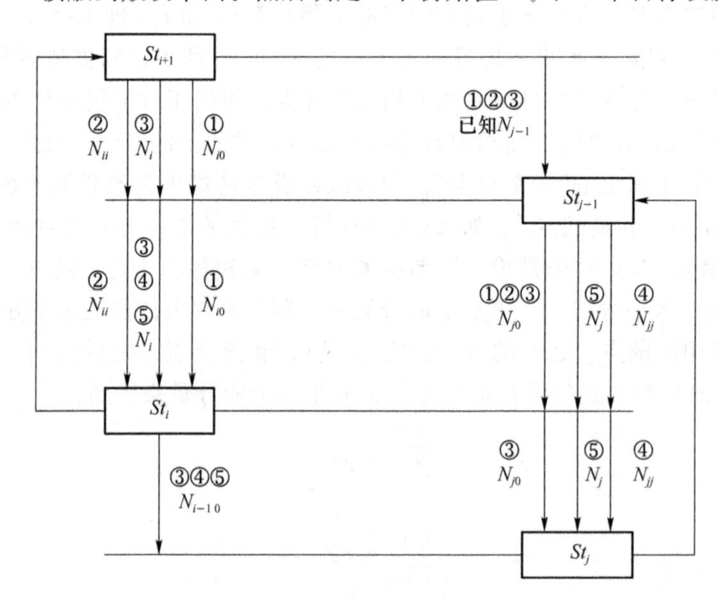


图 10.13　离散点 $i$ 和离散点 $j$ 敷设时相对位置矢量个数($2N_i$ 值和 $2N_j$ 值)的确定流程

过程①。系统状态从 $St_{i+1}$ 开始，首端夹持器的水平速度用 $N_i$ 的初始值 $N_{i0}$ 进行控制。由于离散点 $i$ 之前有 $i$ 个“未敷设点”(包括离散点 $i$)，离散点 $i$ 之后有 $j-i-1$ 个“已敷设点”，所以为了保证计算点的存在，将 $N_i$ 的初始值 $N_{i0}$ 设为 $N_0$、$i$ 和 $j-i-1$ 三个数之间的最小值，即 $N_{i0}=\min\{N_0,i,j-i-1\}$。末端夹持器的水平速度先用已知的 $N_{j-1}$ 值进行控制，直到离散点 $j-1$ 接触到敷设平面，到达系统状态 $St_{j-1}$，改用 $N_j$ 的初始值 $N_{j0}$ 进行控制，直到离散点 $i$ 或离散点 $j$ 接触到敷设平面。由于离散点 $j$ 之前有 $j-i-1$ 个“已敷设点”，离散点 $j$ 之后有 $n-j+1$ 个“未敷设点”(包括离散点 $j$)，所以为了保证计算点的存在，将 $N_j$ 的初始值 $N_{j0}$ 设为 $N_0$、$j-i-1$ 和 $n-j+1$ 三个数之间的最小值，即 $N_{j0}=\min\{N_0,j-i-1,n-j+1\}$。图 10.13 所示为离散点 $i$ 先接触到敷设平面，所以系统状态变为 $St_i$。离散点 $j$ 先接触到敷设平面的情况与此情况类似，此处不再赘述。

过程②。按图 10.9 中所示的方法不断地将系统状态回调到 $St_{i+1}$，更新 $N_i$ 的当前值

$N_{ii}$,并用该值控制首端夹持器的水平速度进行离散点 $i$ 的敷设,通过循环确定 $N_i$ 的最终取值。在此过程中,仍用 $N_{j-1}$ 值和 $N_{j0}$ 值先后控制末端夹持器的水平速度。

过程③。确定好 $N_i$ 的最终取值后,将系统状态回调到 $St_{i+1}$,用 $N_i$ 值控制首端夹持器的水平速度,末端夹持器的水平速度仍用 $N_{j-1}$ 值和 $N_{j0}$ 值先后进行控制,直到完成离散点 $i$ 的敷设,系统状态变为 $St_i$。然后改用离散点 $i-1$ 的 $N_{i-1}$ 值的初始值 $N_{i-1\,0}$ 控制首端夹持器的水平速度。由于离散点 $i-1$ 之前有 $i-1$ 个"未敷设点"(包括离散点 $i-1$),离散点 $i-1$ 之后有 $j-i$ 个"已敷设点",所以为了保证计算点的存在,将 $N_{i-1}$ 的初始值 $N_{i-1\,0}$ 设为 $N_0$、$i-1$ 和 $j-i$ 三个数之间的最小值,即 $N_{i-1\,0}=\min\{N_0,i-1,j-i\}$。末端夹持器的水平速度仍用 $N_{j0}$ 值进行控制,直到离散点 $j$ 接触到敷设平面,系统状态变为 $St_j$。

过程④、过程⑤与过程②、过程③类似。不断地将系统状态回调到 $St_{j-1}$,更新 $N_j$ 的取值,直到获取其最终取值,用 $N_j$ 完成离散点 $j$ 的敷设,系统状态变为 $St_j$。在此过程中,首端夹持器的控制方法不变。这样,就最终得到了离散点 $i$ 和离散点 $j$ 敷设时相对位置矢量的个数,即 $2N_i$ 值和 $2N_j$ 值。

此外,在柔性线缆的双臂控制过程中,最好能够使线缆两端以相同的步调进行移动,并同时到达敷设平面。因为如果线缆的两端不同时到达敷设平面,那么后到达的一端可能会拉动线缆使其形状发生较大的改变,但此时,先前到达的一端已经不能再移动,可能会导致产生额外的误差,使最终误差变大。因此,为了实现这一目标,需要协调两夹持器在竖直方向 $z$ 上的下降速度 $v_{a1}^z$ 和 $v_{a2}^z$。在此,提出了两种协调方法,成比例下降的简单协调方法和基于非时间感知参数的稳定协调方法,接下来进行详细的介绍。

(1) 简单协调方法

最简单地,可以使用一种成比例下降的简单协调方法,如下所示:

$$\frac{\boldsymbol{v}_{a1}^z}{\boldsymbol{v}_{a2}^z}=\frac{\boldsymbol{z}_{a1}^0}{\boldsymbol{z}_{a2}^0} \tag{10.13}$$

其中,$\boldsymbol{v}_{a1}^z$ 和 $\boldsymbol{v}_{a2}^z$ 是分别控制线缆两端的两夹持器在竖直方向 $z$ 上的恒定下降速度;$\boldsymbol{z}_{a1}^0$ 和 $\boldsymbol{z}_{a2}^0$ 是图 10.11 中的控制步骤 2 开始时两个夹持器所在位置的竖直方向上 $z$ 的坐标值。

该协调方法非常简单,但它是一种时间驱动的开环协调方法,当发生意外事件时,比如机器人的一个手臂因为某种原因停止了运动或者改变了运行速度,那么将会导致两臂的步调不再相同,最终可能导致额外误差的产生。

(2) 稳定协调方法

为了消除上述简单协调方法的弊端,在此提出了一种基于非时间感知参数的稳定协调方法。

首先,需要为夹持器定义一个感知参数 $s$,表示为夹持器在竖直方向上下降的高度与其初始高度之比。控制线缆两端的两个夹持器的感知参数可以表示为

$$s_{a1}=(z_{a1}^0-z_{a1})/z_{a1}^0,\quad s_{a2}=(z_{a2}^0-z_{a2})/z_{a2}^0 \tag{10.14}$$

其中,$z_{a1}$ 和 $z_{a2}$ 是两个夹持器在每一时刻所在位置的竖直方向上 $z$ 的坐标值。

其次,将两夹持器的感知参数中较小的一个,定义为系统的协调感知参数 $s^*$:

$$s^*=\min(s_{a1},s_{a2}) \tag{10.15}$$

这样,就能用系统的协调感知参数 $s^*$ 确定两夹持器在竖直方向 $z$ 上的协调速度

$$v_{a1}^{z*}=v_{a1}^{z}+k_c(s_{a1}-s^*),\quad v_{a2}^{z*}=v_{a2}^{z}+k_c(s_{a2}-s^*) \tag{10.16}$$

式中,$k_c$ 为协调系数。

相应地,两夹持器在水平方向 $x$-$y$ 上的速度也可与其竖直方向上的速度相协调

$$\boldsymbol{v}_{a1}^{xy*}=\frac{u_{a1}^{z*}}{u_{a1}^{z}}\boldsymbol{v}_{a1}^{xy},\quad \boldsymbol{v}_{a2}^{xy*}=\frac{u_{a2}^{z*}}{u_{a2}^{z}}\boldsymbol{v}_{a2}^{xy} \tag{10.17}$$

最后,两夹持器的速度可以表示为

$$\boldsymbol{v}_{a1}^{*}=\boldsymbol{v}_{a1}^{xy*}+\boldsymbol{v}_{a1}^{z*},\quad \boldsymbol{v}_{a2}^{*}=\boldsymbol{v}_{a2}^{xy*}+\boldsymbol{v}_{a2}^{z*} \tag{10.18}$$

以上基于非时间感知参数的稳定协调方法的柔性线缆双臂控制算法可以写成表 10.1 所示的伪代码。

该基于非时间感知参数的稳定协调方法,能够实现柔性线缆两端的同步调运动,同时到达敷设平面,完成敷设任务。当有意外发生时,线缆两端能够互相协调运动,仍然保持相同步调,有助于消除两端不同步对线缆最终形状造成的额外误差的影响。

**表 10.1 柔性线缆的稳定协调双臂控制算法**

| **算法 1** 柔性线缆的稳定协调双臂控制算法。 |
|---|
| **输入**:$z_{a1}^{0}$、$z_{a2}^{0}$、$z_{a1}$、$z_{a2}$、$\boldsymbol{v}_{a2}^{z}$、$\boldsymbol{r}_i$、$\boldsymbol{x}_i$ |
| **输出**:$\boldsymbol{v}_{a1}^{*}$、$\boldsymbol{v}_{a2}^{*}$ |
| 1 计算 $\boldsymbol{v}_{a1}^{z}$〔式(10.13)〕 |
| 2 计算 $s_{a1}$、$s_{a2}$〔式(10.14)〕 |
| 3 计算 $s^*$〔式(10.15)〕 |
| 4 计算 $\boldsymbol{v}_{a1}^{z*}$、$\boldsymbol{v}_{a2}^{z*}$〔式(10.16)〕 |
| 5 计算 $\boldsymbol{v}_{a1}^{xy}$、$\boldsymbol{v}_{a2}^{xy}$ |
| 5.1:确定 $N_i$ 的值 |
| 5.2:计算 $\boldsymbol{e}_i$〔式(10.7)〕 |
| 5.3:计算 $\boldsymbol{v}_{a1}^{xy}$、$\boldsymbol{v}_{a2}^{xy}$〔式(10.8)〕 |
| 6 计算 $\boldsymbol{v}_{a1}^{xy*}$、$\boldsymbol{v}_{a2}^{xy*}$〔式(10.17)〕 |
| 7 计算 $\boldsymbol{v}_{a1}^{*}$、$\boldsymbol{v}_{a2}^{*}$〔式(10.18)〕 |

## 10.6 线缆的机器人自动敷设仿真实例验证

在上述物性模型和控制方法的基础上,本节基于 MATLAB 软件开发了柔性线缆的自动敷设仿真程序,并用几个仿真实例对本章提出的方法进行了验证。

仿真所用的参数的数值见表 10.2。其中,线缆长度可通过长度测量实验获得。线缆与

敷设平面之间的静摩擦系数和动摩擦系数,可先通过摩擦实验粗略得到一个估计值,然后通过一个学习过程获得准确值,具体内容将在 11.4 节进行介绍。控制增益和协调系数,与控制方案有关,与实际对象无关,可根据经验设定。

首先,为了证明柔性线缆自动敷设仿真的必要性和复杂性,与所提出的控制方法的结果作对比,作者根据目标曲线的形状模拟了柔性线缆自动敷设的一个直观的控制过程。其次,根据本章提出的控制方法,进行了柔性线缆的单臂控制敷设仿真和双臂控制敷设仿真,其中双臂控制包括简单协调双臂控制和稳定协调双臂控制两种。

**表 10.2 线缆自动敷设仿真参数**

| 仿真参数 | 参数值 |
| --- | --- |
| 线缆长度 $L$/m | 0.3 |
| 静摩擦系数 $k_s$ | 0.9 |
| 动摩擦系数 $k_d$ | 0.7 |
| 控制增益 $k_j$ | 1 |
| 协调系数 $k_c$ | 10 |

## 10.6.1 直观控制仿真结果

柔性线缆的直观控制与单臂控制类似。直观控制中柔性线缆的初始状态与在单臂控制中一致,如图 10.6(a)所示,线缆的一端固定在敷设平面上与目标曲线重合,另一端用机器人的单个手臂进行控制。两者的不同之处在于控制方法的不同。在单臂控制中,假设控制线缆的夹持器在竖直方向上以恒定的速率匀速下降,然后基于线缆离散点与目标点之间的相对位置矢量来动态调整夹持器在水平方向上的速率。而在直观控制中,仍假设控制线缆的夹持器在竖直方向上以恒定的速率匀速下降,但在水平方向上,假设夹持器以同样的恒定速率沿着目标曲线的形状进行移动,这种控制方法比较符合人们的第一直觉,所以称为直观控制。

如图 10.14 所示,一共通过三个案例进行了敷设仿真。三个案例中的目标曲线分别为半圆形、正弦函数曲线和多项式函数曲线,如图 10.14 中的绿色曲线所示。控制线缆一端的夹持器在竖直方向的下降速率和在水平方向的沿线运动速率均取值为 0.02 m/s。按照直观控制的方法控制柔性线缆完成自动敷设仿真,仿真过程如图 10.14 所示。

敷设完成后线缆在敷设平面 $x$-$y$ 平面上的最终形态可用其中心曲线来表示,如图 10.15 仿真结果中的红色离散点和红色曲线所示。仿真结果中线缆的离散点与目标曲线之间的误差分布如图 10.16 所示。其中,最大误差和平均误差见表 10.3。

图 10.14(a)彩图

图 10.14(b)彩图

图 10.14(c)彩图

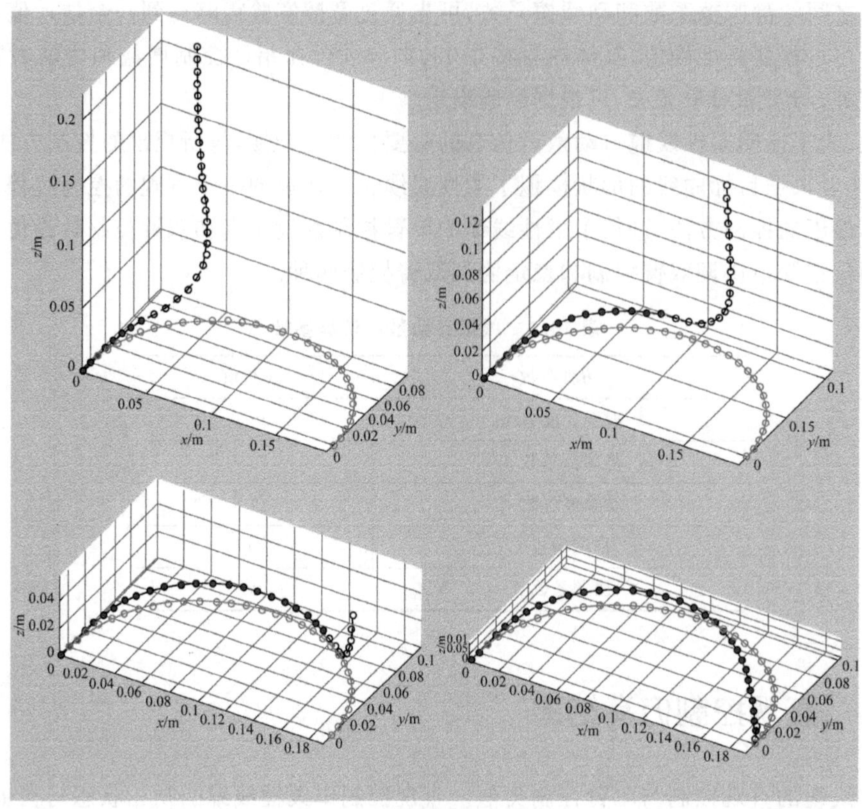

z/m
x/m
y/m
0.2
0.15
0.1
0.05
0
0.05
0.1
0.15
0.08
0.06
0.04
0.02
0
0.12
0.1
0.08
0.06
0.04
0.02
0.15
0.04
0.02
0.02
0.04
0.06
0.08
0.1
0.12
0.14
0.16
0.18
0.01
0.005


(a) 案例1

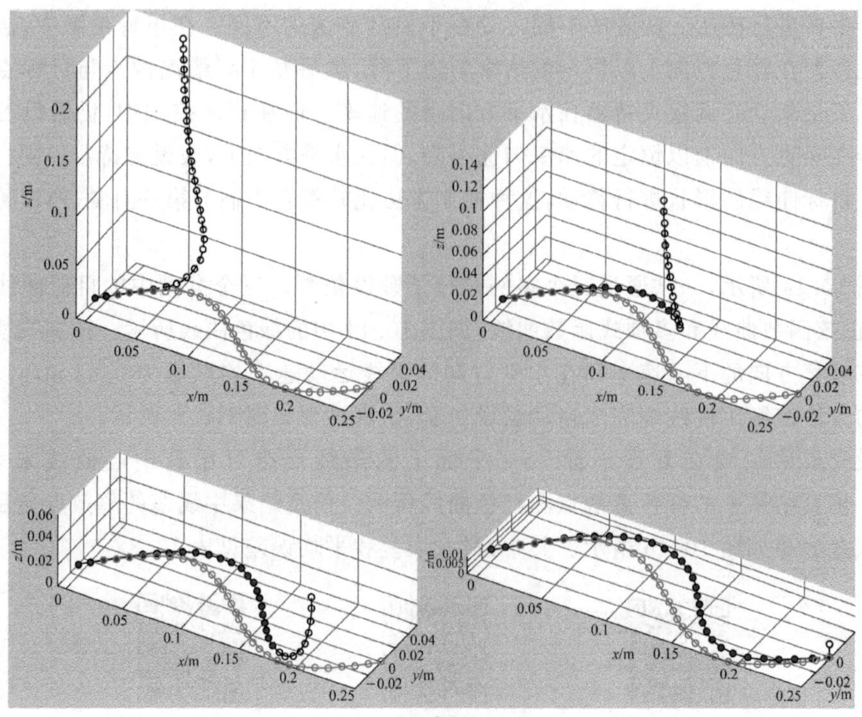

z/m
x/m
y/m
0.2
0.15
0.1
0.05
0
0.05
0.1
0.15
0.2
0.25
0.04
0.02
−0.02
0.14
0.12
0.1
0.08
0.06
0.06
0.01
0.005


(b) 案例2

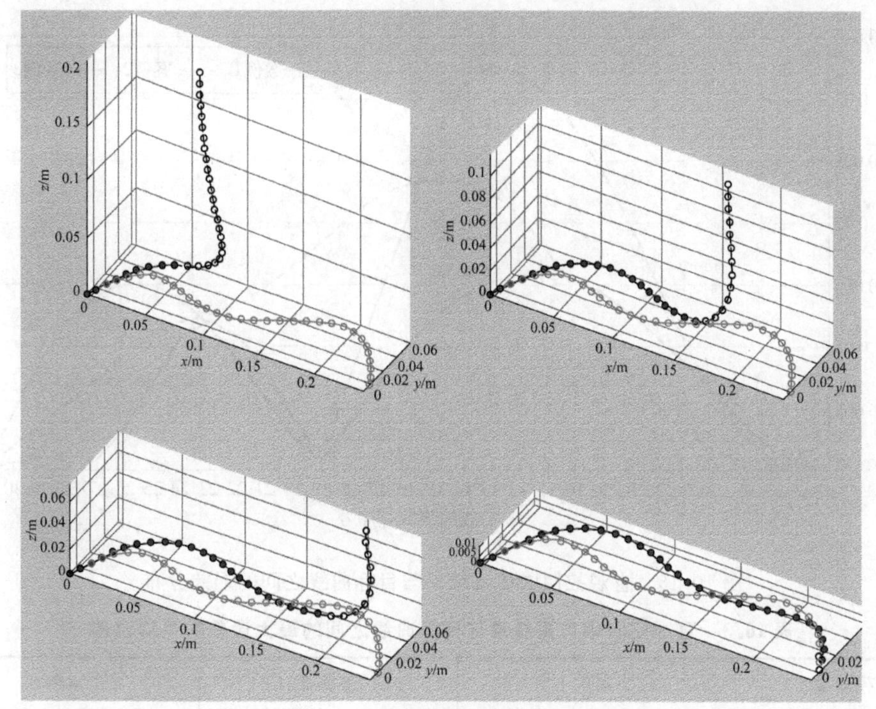


(c) 案例3

图 10.14　柔性线缆的直观控制敷设仿真

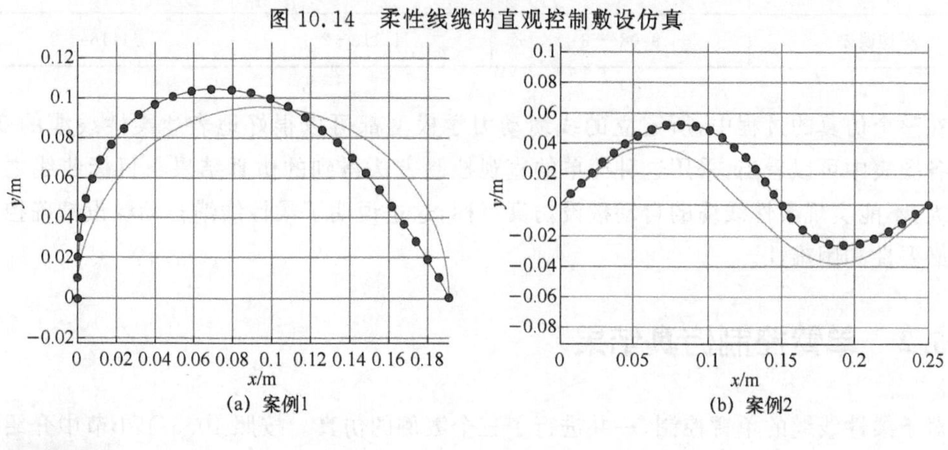


(a) 案例1　　(b) 案例2

图 10.15(a)彩图

图 10.15(b)彩图

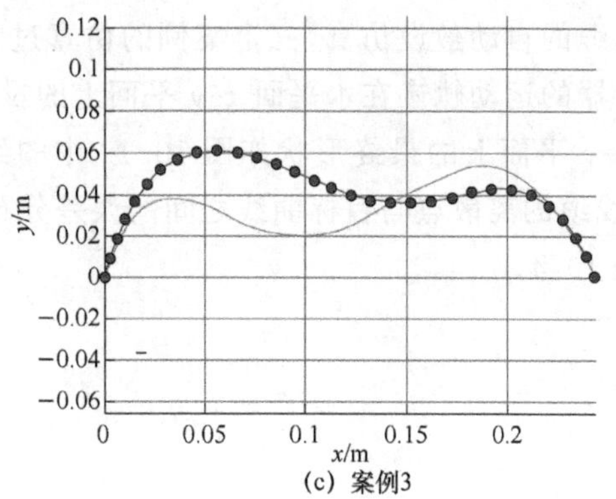


(c) 案例3

图 10.15(c)彩图

图 10.15　直观控制的仿真结果

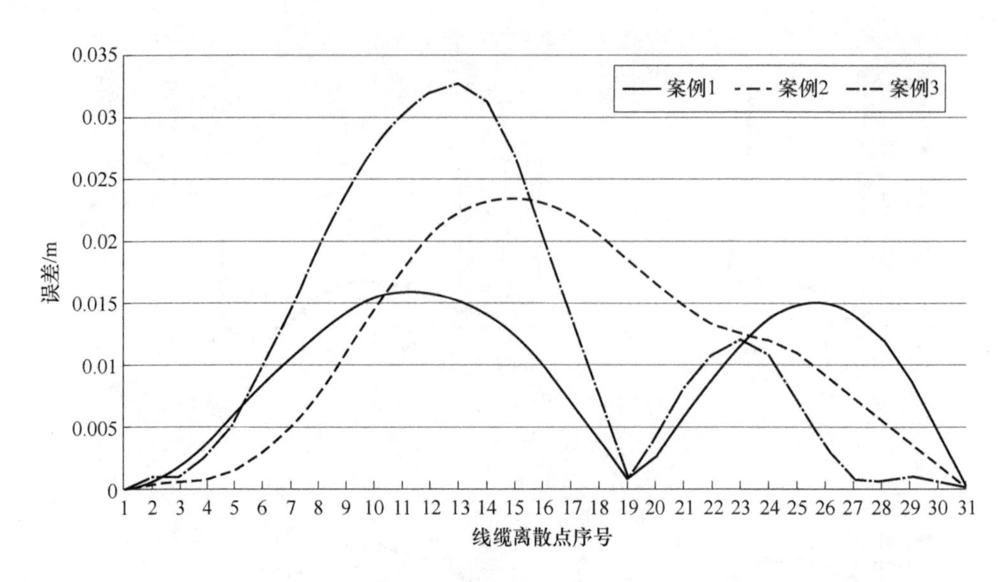


图 10.16 直观控制中仿真结果与目标曲线之间的误差分布

**表 10.3 直观控制中仿真结果与目标曲线之间的最大误差和平均误差**

| 误差项 | 案例 1 | 案例 2 | 案例 3 |
| --- | --- | --- | --- |
| 最大误差 | 1.59e−2 | 2.35e−2 | 3.26e−2 |
| 平均误差 | 9.08e−3 | 1.11e−2 | 1.16e−2 |

在整个仿真的过程中，所建立的线缆动力学模型都可以很好地表达柔性线缆的变形。但从各图表中可以看出，采用这种简单的直观控制方法得到的仿真结果与目标曲线之间误差很大，不能实现柔性线缆的自动敷设仿真目标，这也说明了柔性线缆自动敷设精确控制研究的必要性和困难性。

## 10.6.2 单臂控制仿真结果

对于柔性线缆的单臂控制，一共进行了三个案例的仿真。按照 10.5.1 小节中介绍的线缆单臂控制方法完成了线缆的自动敷设仿真，三个案例的仿真过程如图 10.17 所示。仿真过程中线缆控制端的夹持器的运动轨迹在水平面 $x$-$y$ 平面上的投影如图 10.18 所示。仿真完成后线缆在敷设平面 $x$-$y$ 平面上的最终形状如图 10.19 中的红色离散点和红色曲线所示。具体地，仿真结果中线缆的离散点与目标曲线之间的误差分布如图 10.20 所示。其中，最大误差和平均误差见表 10.4。

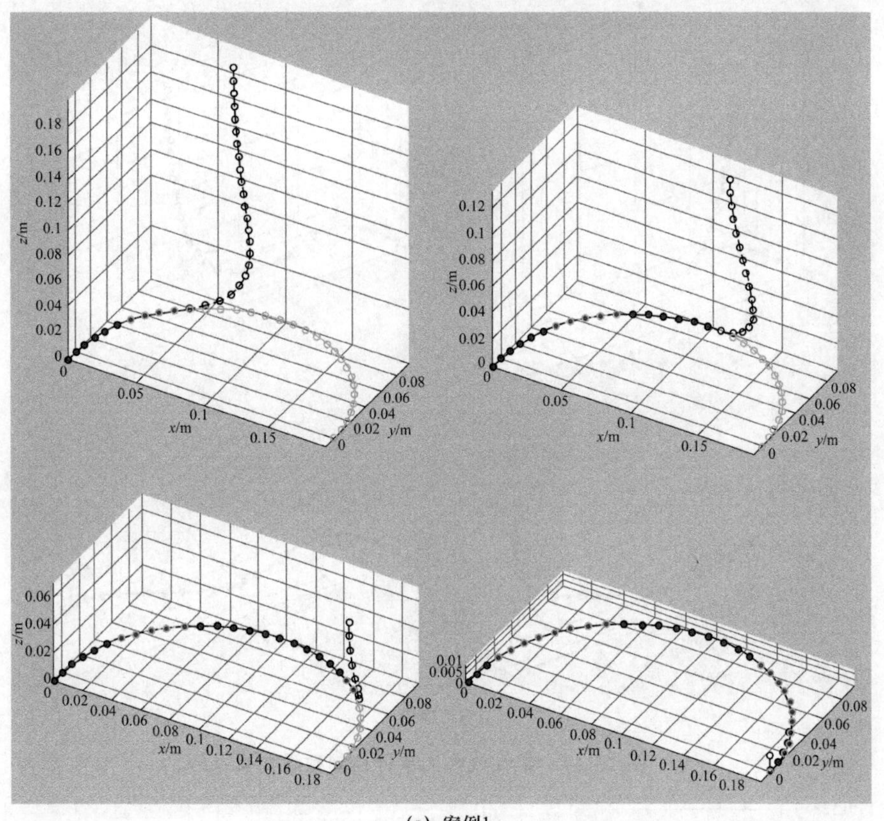
z/m
x/m
y/m
0.18
0.16
0.14
0.12
0.1
0.08
0.06
0.04
0.02
0
0.05
0.15
0.005
0.01

(a) 案例1

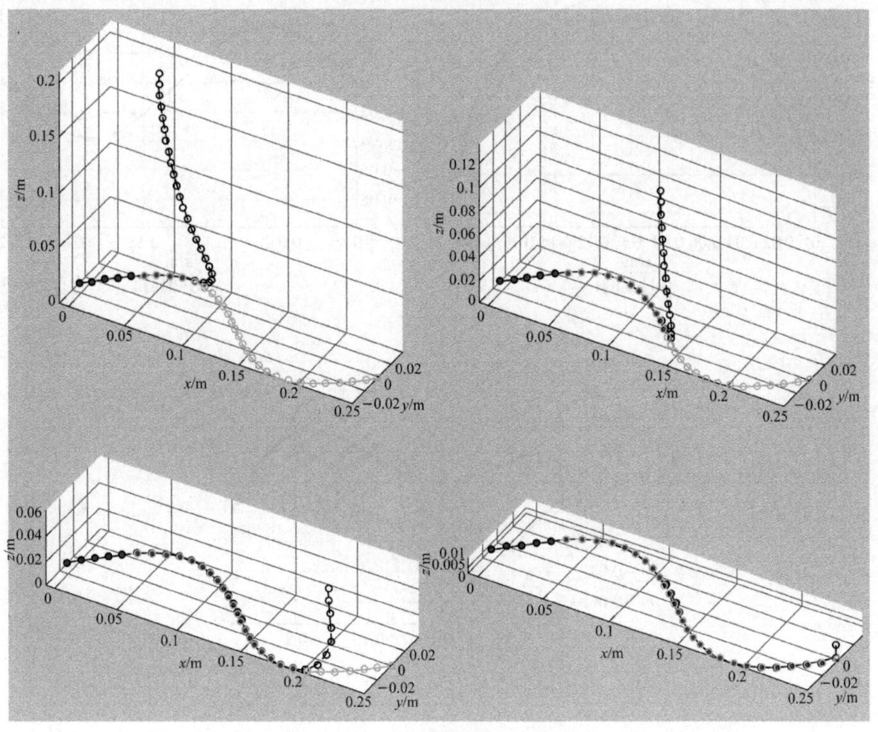
z/m
x/m
y/m
0.2
0.15
0.1
0.05
0
0.25
0.02
−0.02

(b) 案例2

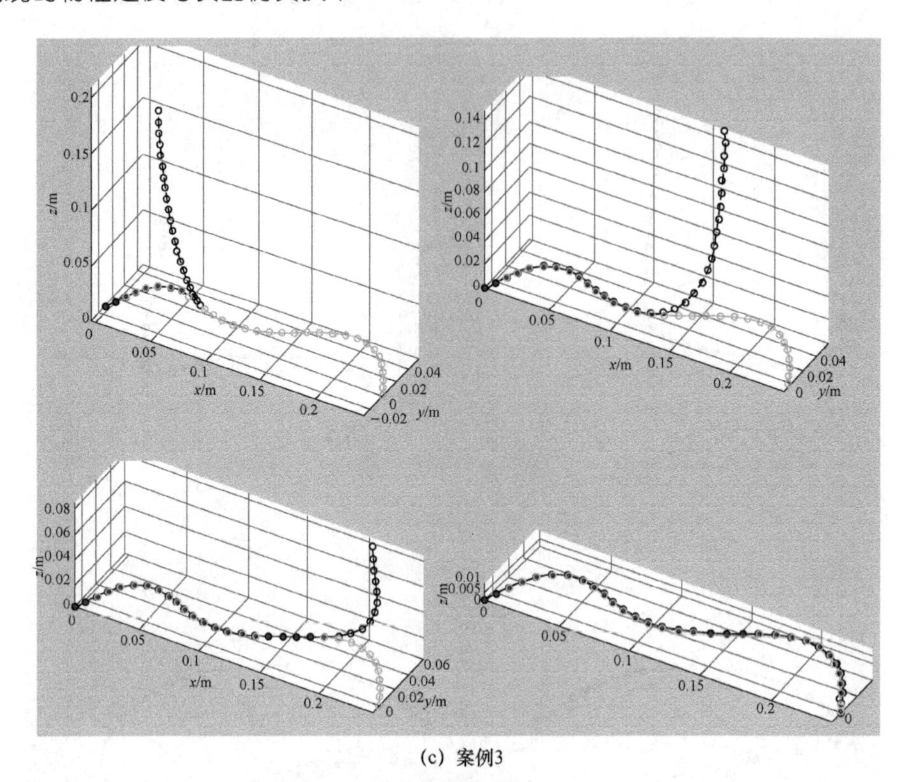


(c) 案例3

图 10.17　柔性线缆的单臂控制敷设仿真

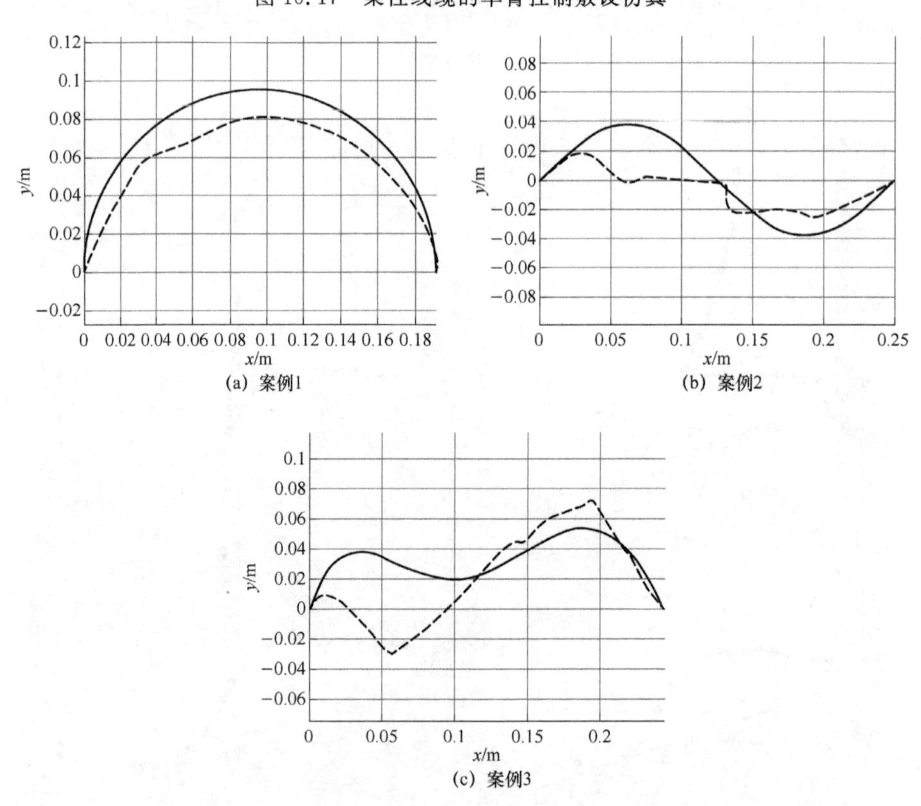


(a) 案例1　(b) 案例2

(c) 案例3

图 10.18　单臂控制中夹持器的运动轨迹在水平面上的投影

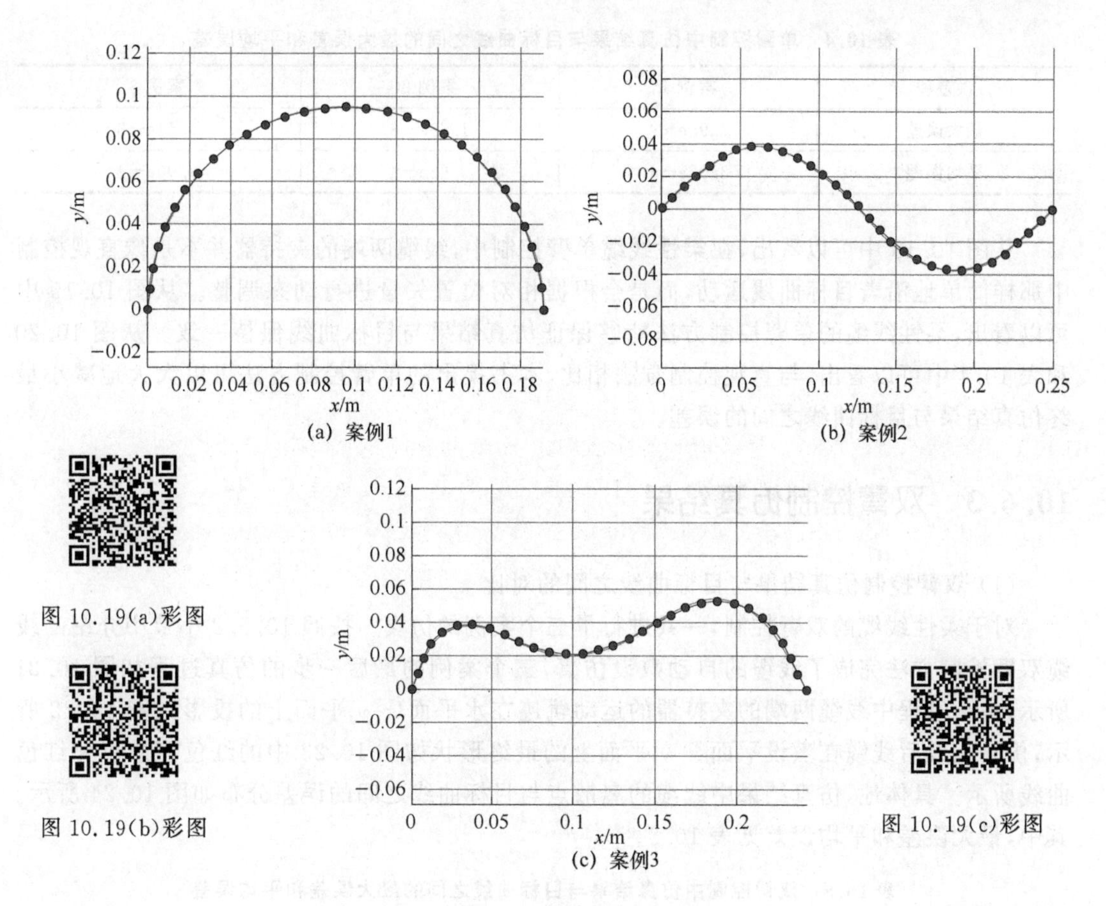


图 10.19 单臂控制的仿真结果

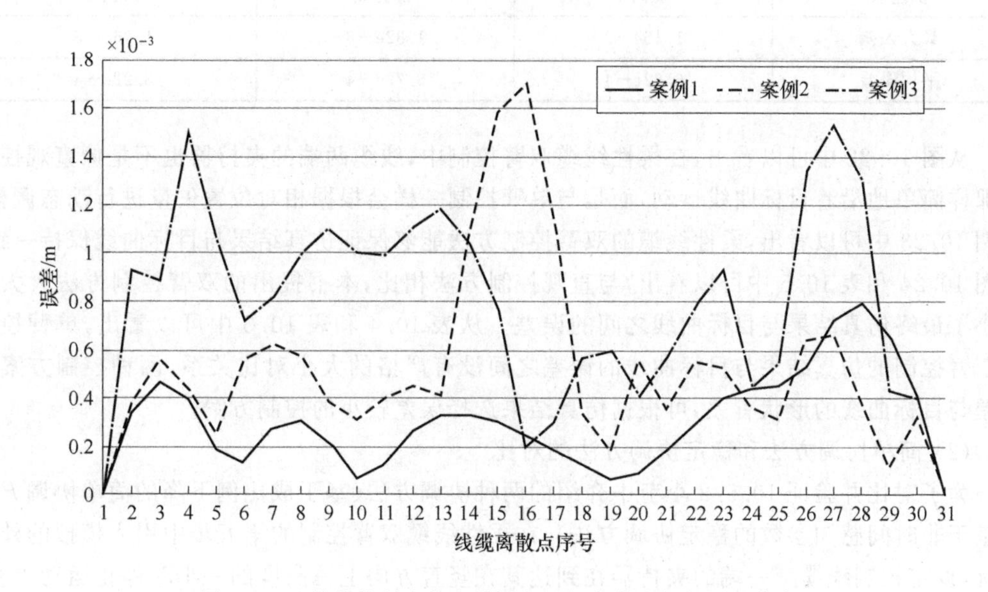


图 10.20 单臂控制中仿真结果与目标曲线之间的误差分布

**表 10.4　单臂控制中仿真结果与目标曲线之间的最大误差和平均误差**

| 误差项 | 案例 1 | 案例 2 | 案例 3 |
|---|---|---|---|
| 最大误差 | 7.95e−4 | 1.69e−3 | 1.54e−3 |
| 平均误差 | 3.02e−4 | 5.22e−4 | 7.90e−4 |

从图 10.18 中可以看出，在柔性线缆单臂控制中，线缆两端的夹持器并不是像直观控制中那样简单地沿着目标曲线运动，而是会根据相对位置矢量进行动态调整。从图 10.19 中可以看出，柔性线缆的单臂控制方法能够保证仿真结果与目标曲线保持一致。从图 10.20 和表 10.4 中可以看出，与直观控制方法相比，本书提出的单臂控制方法可以大大地减小最终仿真结果与目标曲线之间的误差。

## 10.6.3　双臂控制仿真结果

(1) 双臂控制仿真结果与目标曲线之间的对比

对于柔性线缆的双臂控制，一共进行了三个案例的仿真。按照 10.5.2 小节中介绍的线缆双臂控制方法完成了线缆的自动敷设仿真，三个案例的最后一步的仿真过程如图 10.21 所示，仿真过程中线缆两端的夹持器的运动轨迹在水平面 $x$-$y$ 平面上的投影如图 10.22 所示，仿真完成后线缆在敷设平面 $x$-$y$ 平面上的最终形状如图 10.23 中的红色离散点和红色曲线所示。具体地，仿真结果中线缆的离散点与目标曲线之间的误差分布如图 10.24 所示。其中，最大误差和平均误差见表 10.5。

**表 10.5　双臂控制中仿真结果与目标曲线之间的最大误差和平均误差**

| 误差项 | 案例 1 | 案例 2 | 案例 3 |
|---|---|---|---|
| 最大误差 | 1.16e−3 | 1.32e−3 | 1.96e−3 |
| 平均误差 | 6.62e−4 | 5.72e−4 | 6.22e−4 |

从图 10.22 中可以看出，在柔性线缆双臂控制中，线缆两端的夹持器也不是像直观控制中那样简单地沿着目标曲线运动，而是与单臂控制一样会根据相对位置矢量进行动态调整。从图 10.23 中可以看出，柔性线缆的双臂控制方法能够保证仿真结果与目标曲线保持一致。从图 10.24 和表 10.5 中可以看出，与直观控制方法相比，本书提出的双臂控制方法大大地减小了最终仿真结果与目标曲线之间的误差。从表 10.4 和表 10.5 中可以看出，单臂控制和双臂控制的仿真结果与目标曲线的误差之间没有严格的大小对比关系，两种控制方案的误差与目标曲线的形状有关，可根据仿真结果选择误差较小的控制方案。

(2) 简单协调方法和稳定协调方法的对比

为了对比并验证 10.5.2 小节中介绍的两种协调方法（基于成比例下降的简单协调方法和基于非时间感知参数的稳定协调方法），在柔性线缆双臂控制的第五步中引入模拟的外部干扰，设定控制线缆某一端的夹持器在到达其在竖直方向上总高度的一半时停止运动 1 秒，然后继续运动。通过比较线缆另一端的运动行为和两端的协调误差 $|s_{a1}-s_{a2}|$，可以体现出稳定协调方法的优势。

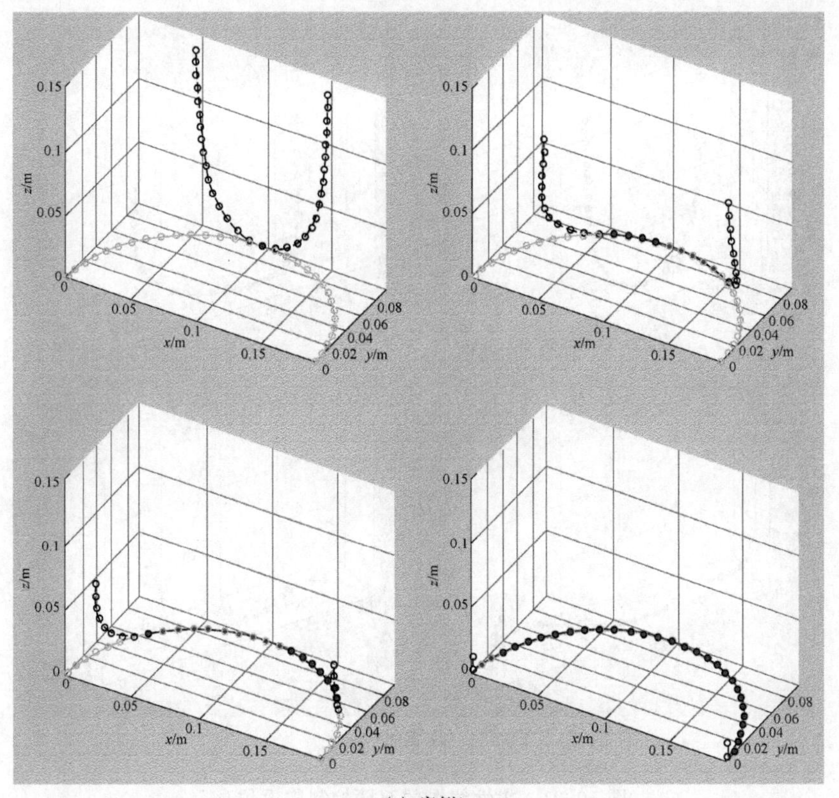


(a) 案例1

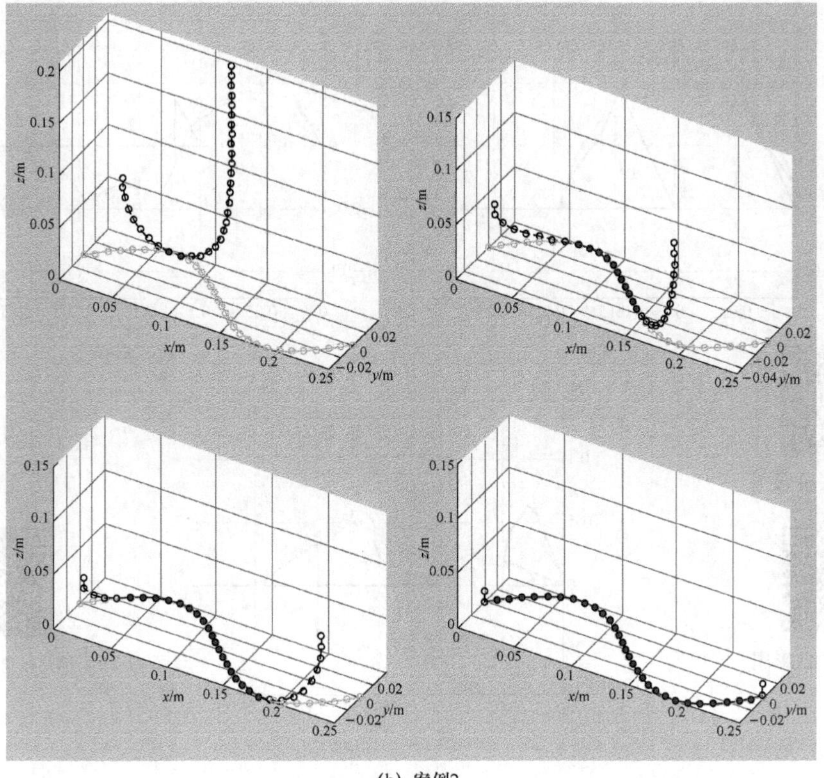


(b) 案例2

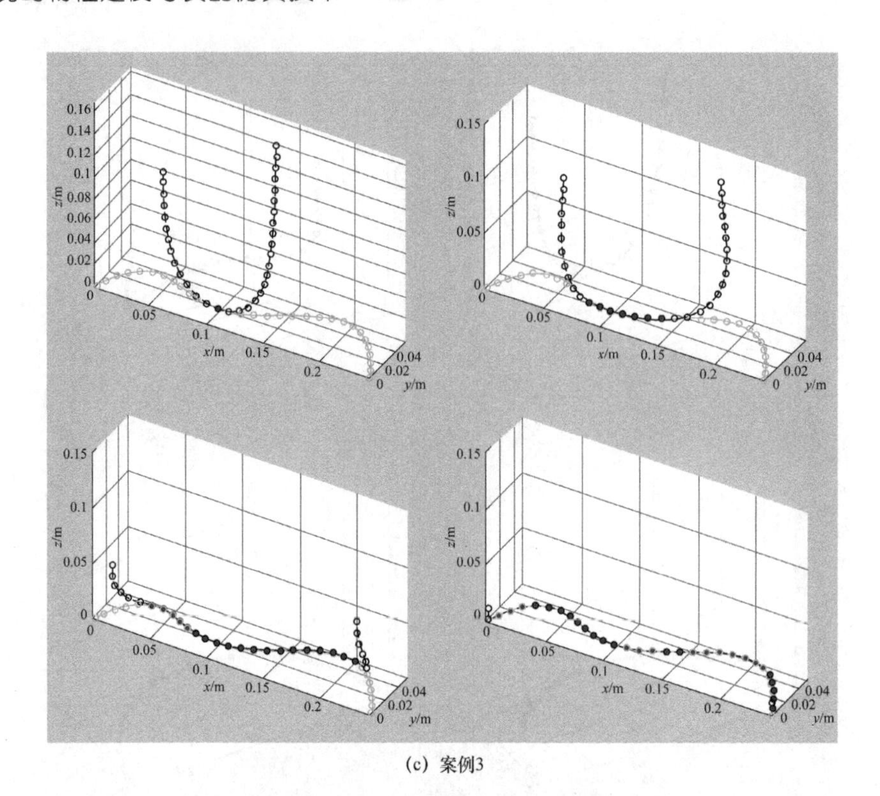


(c) 案例3

图 10.21 柔性线缆的双臂控制敷设仿真

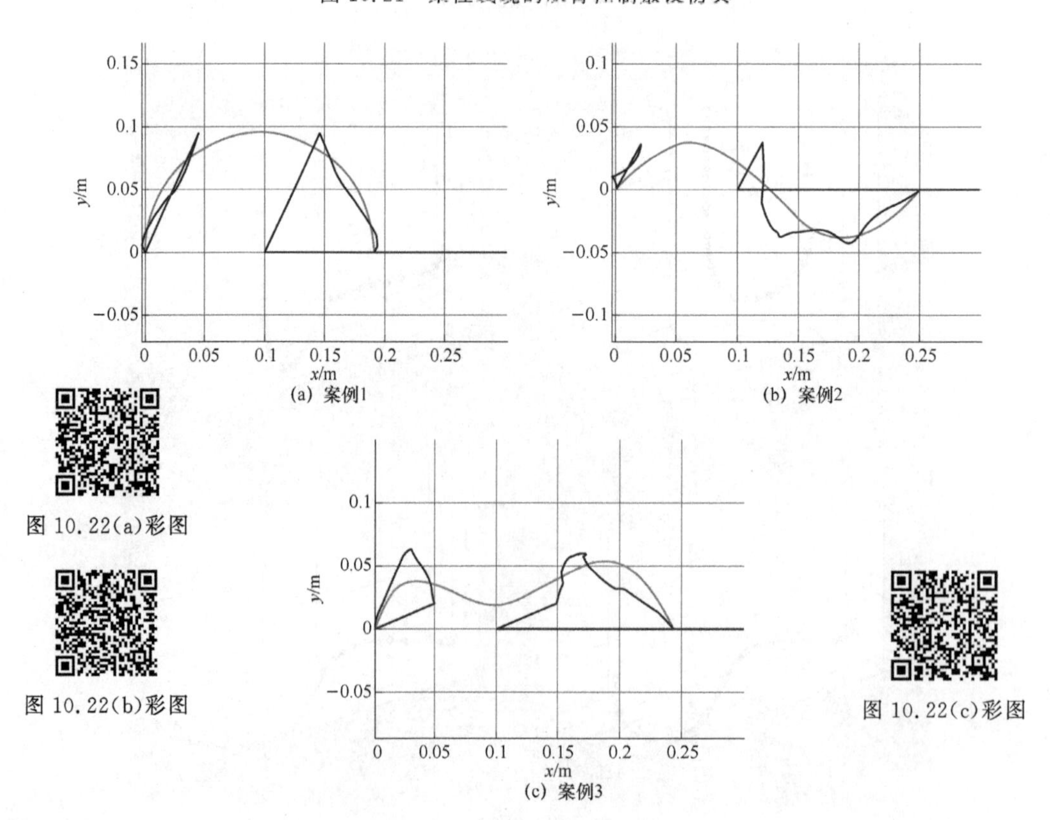


图 10.22 双臂控制中夹持器的运动轨迹在水平面上的投影

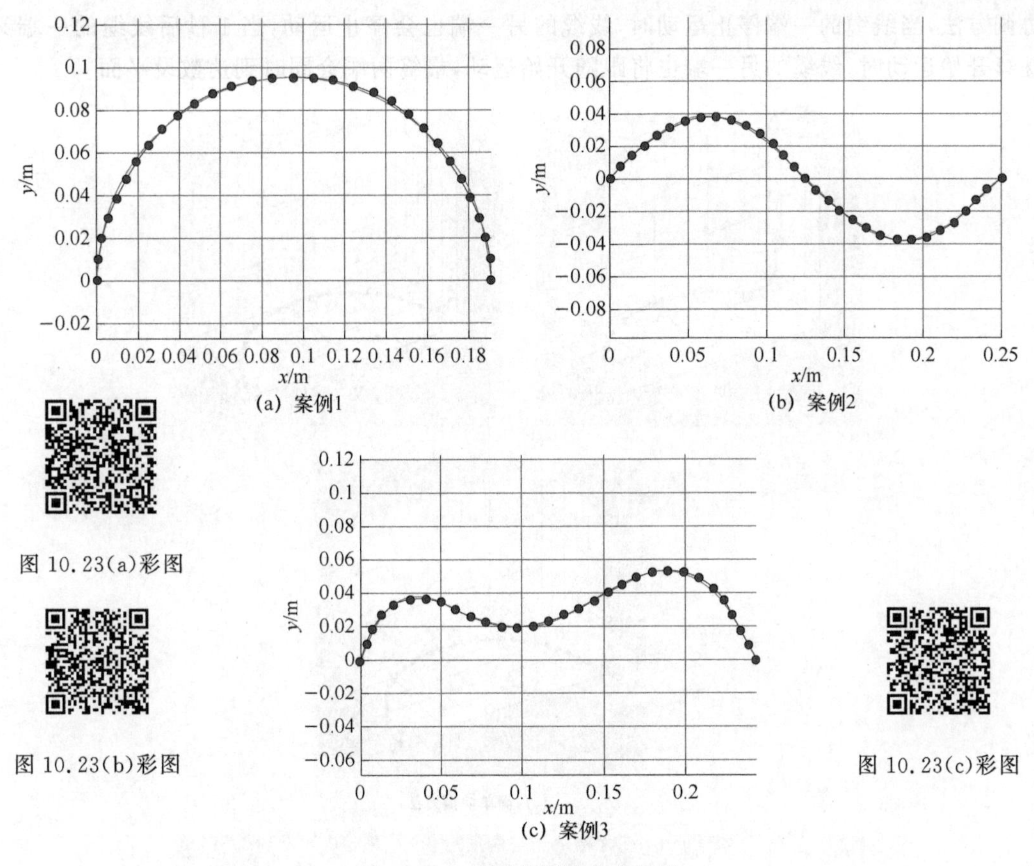


图 10.23(a)彩图

图 10.23(b)彩图

图 10.23(c)彩图

图 10.23　双臂控制的仿真结果

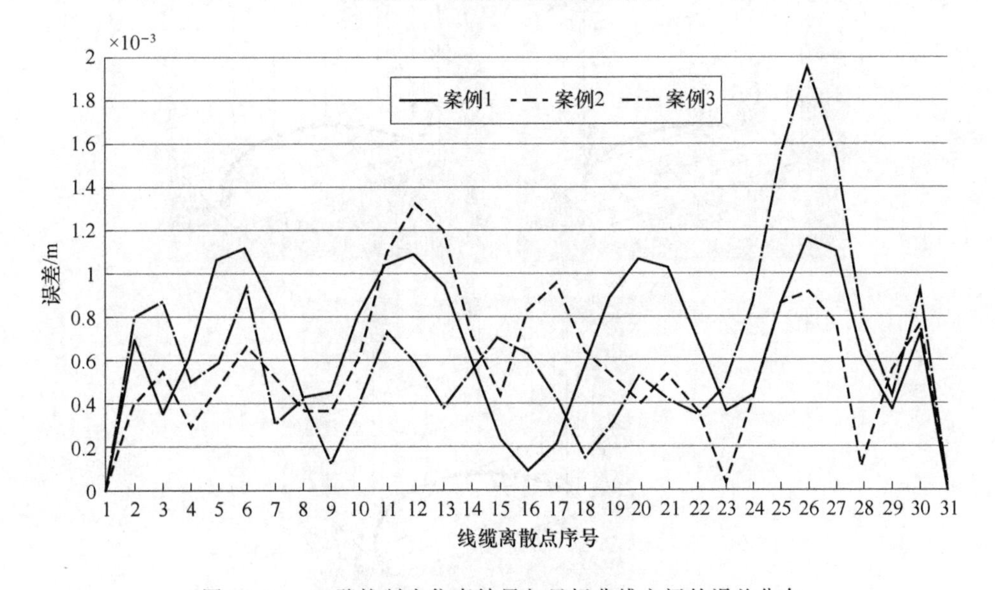


图 10.24　双臂控制中仿真结果与目标曲线之间的误差分布

图 10.25、图 10.26 和图 10.27 分别为三个案例中具有外界干扰的柔性线缆双臂控制敷设仿真结果，通过图中结果可以得知，对于简单协调方法，当线缆的一端停止运动时，线缆的另一端将不受影响地继续运动，最终两端会在不同的时刻相继到达敷设平面；而对于稳定

协调方法，当线缆的一端停止运动时，线缆的另一端也会停止运动，当 1 秒后线缆的一端又继续开始运动时，线缆的另一端也将跟随开始运动，最终两端会同时到达敷设平面。

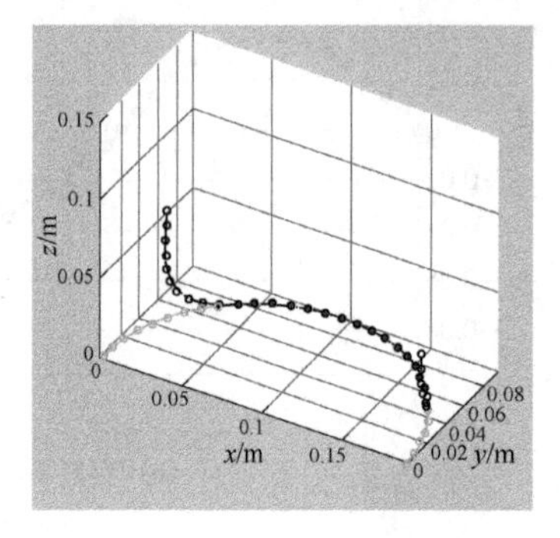


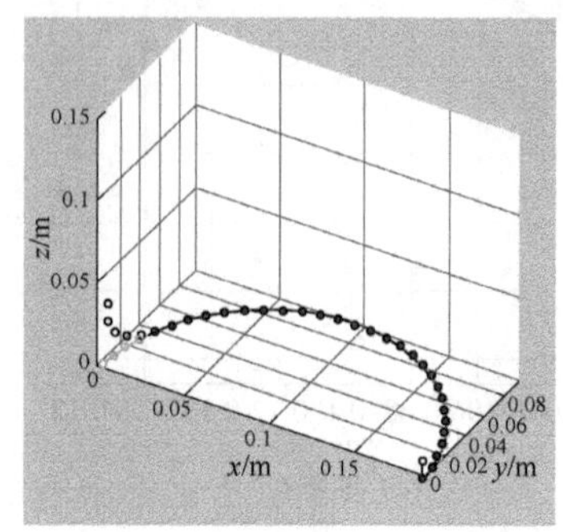


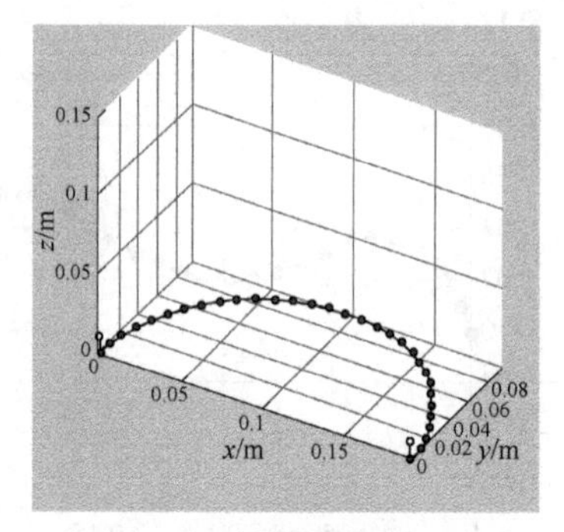


(a) 简单协调方法

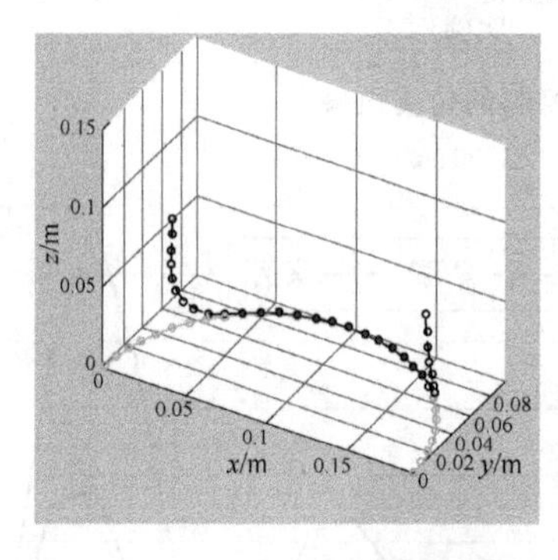


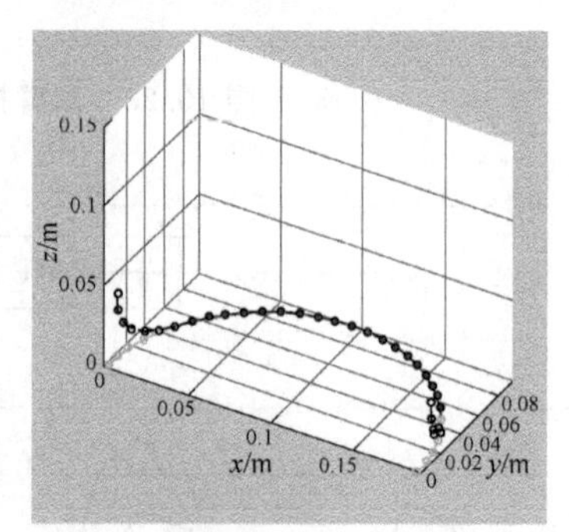


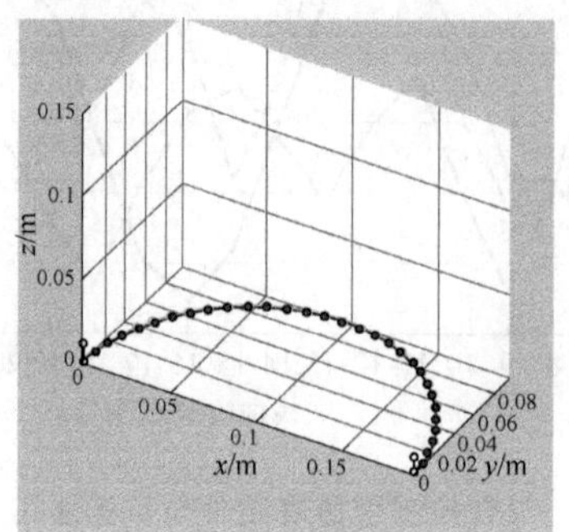


(b) 稳定协调方法

图 10.25　具有外界干扰的柔性线缆双臂控制敷设仿真(案例 1)

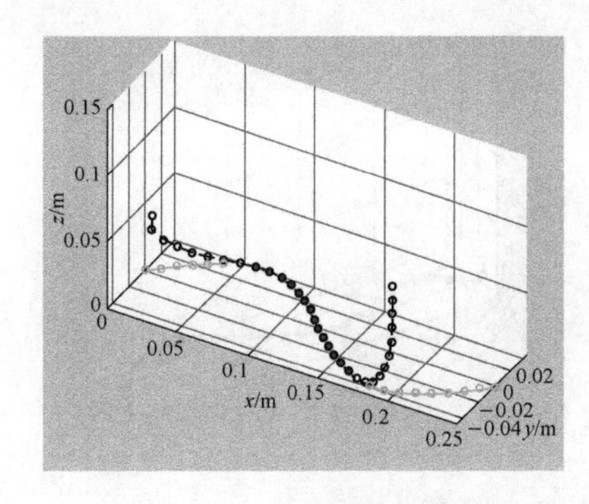


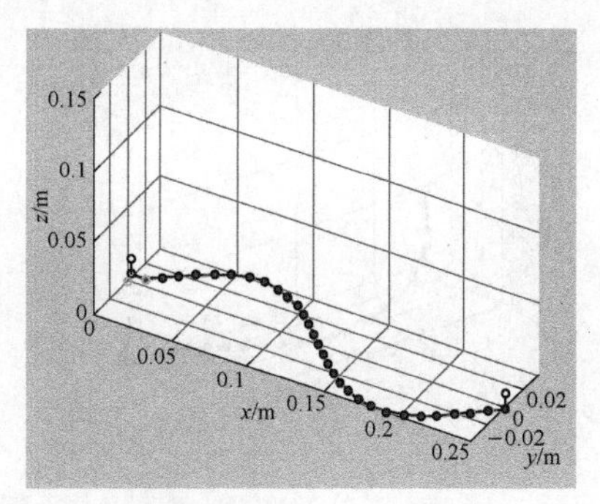


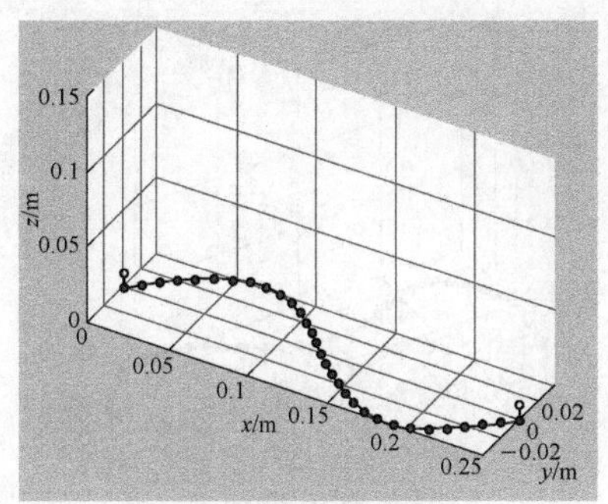


(a) 简单协调方法

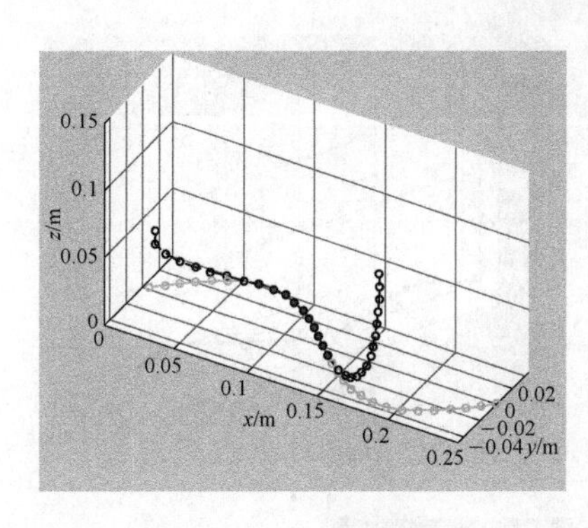


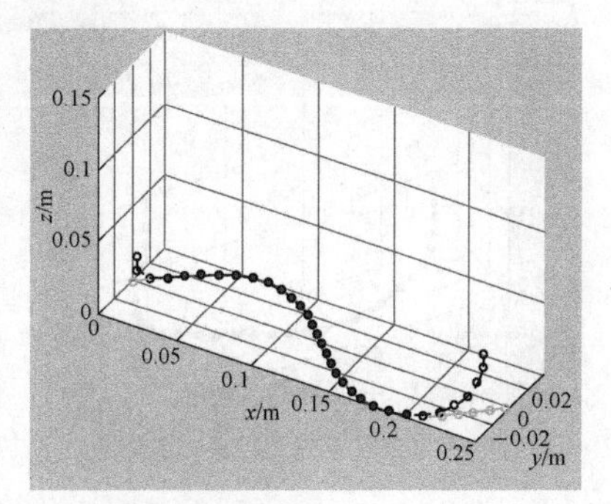


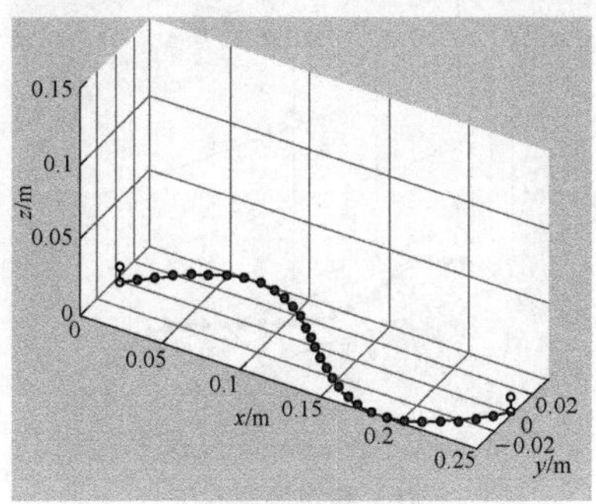


(b) 稳定协调方法

图 10.26　具有外界干扰的柔性线缆双臂控制敷设仿真(案例 2)

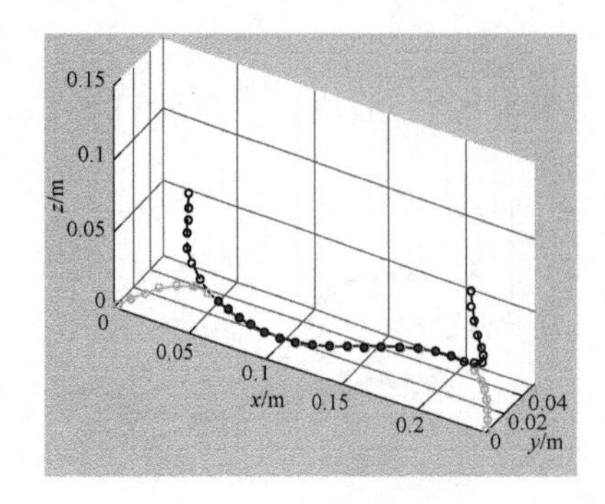


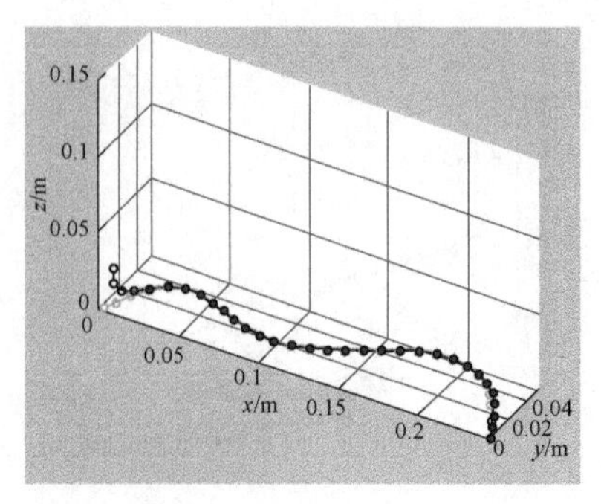


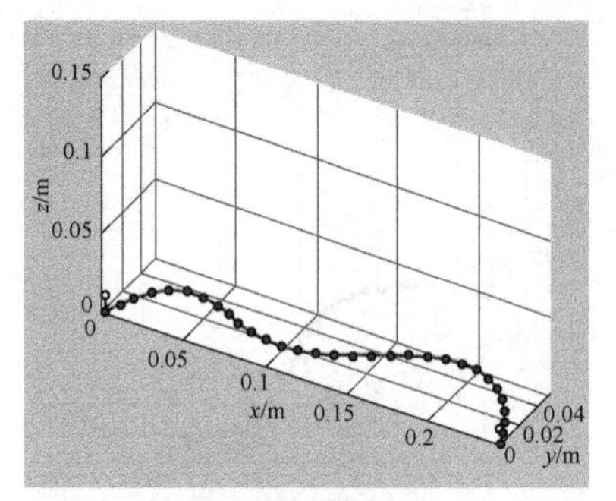


(a) 简单协调方法

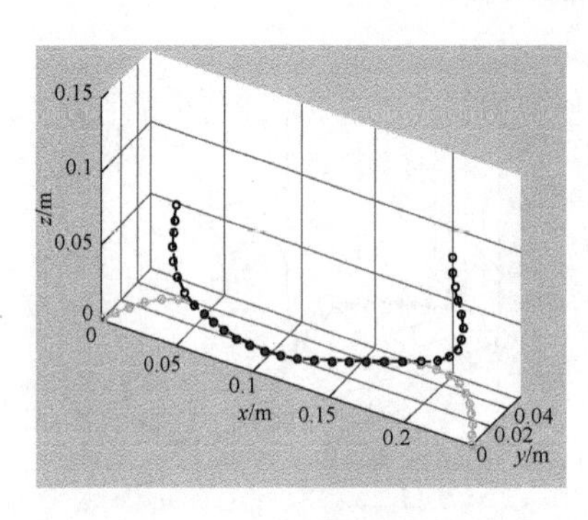


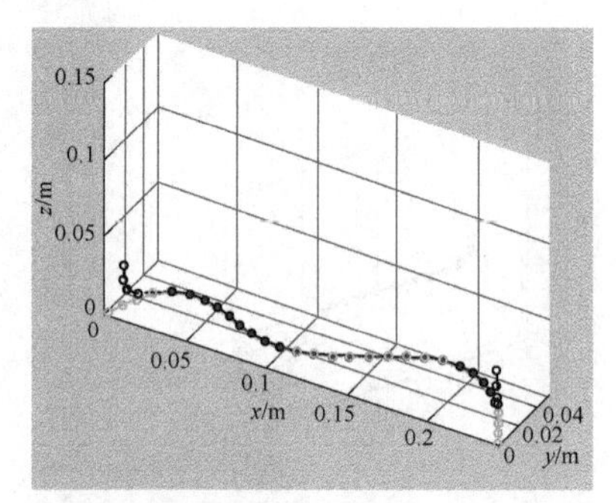


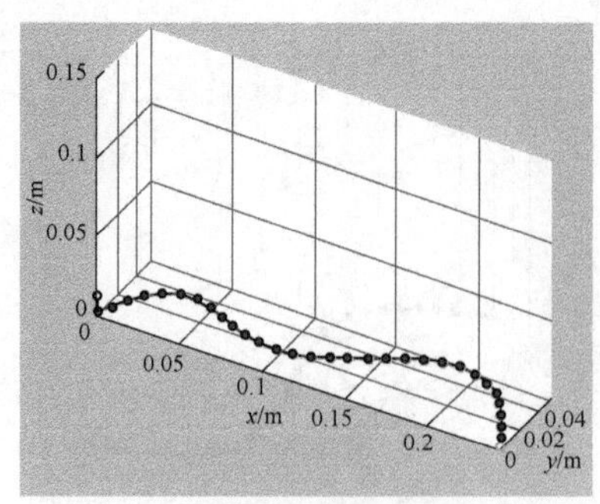


(b) 稳定协调方法

图 10.27　具有外界干扰的柔性线缆双臂控制敷设仿真(案例 3)

图 10.28 所示为具有外界干扰的线缆双臂控制仿真的三个案例中两种协调方法的协调误差。其中最大协调误差和平均协调误差见表 10.6。从各图表中可以看出,与简单协调方法相比,稳定协调方法的协调误差大大地减小了,它能保证线缆两端的同步调运动,使其同

时到达敷设平面,完成敷设任务,有助于消除两端不同步对线缆最终形状造成的额外误差的影响。

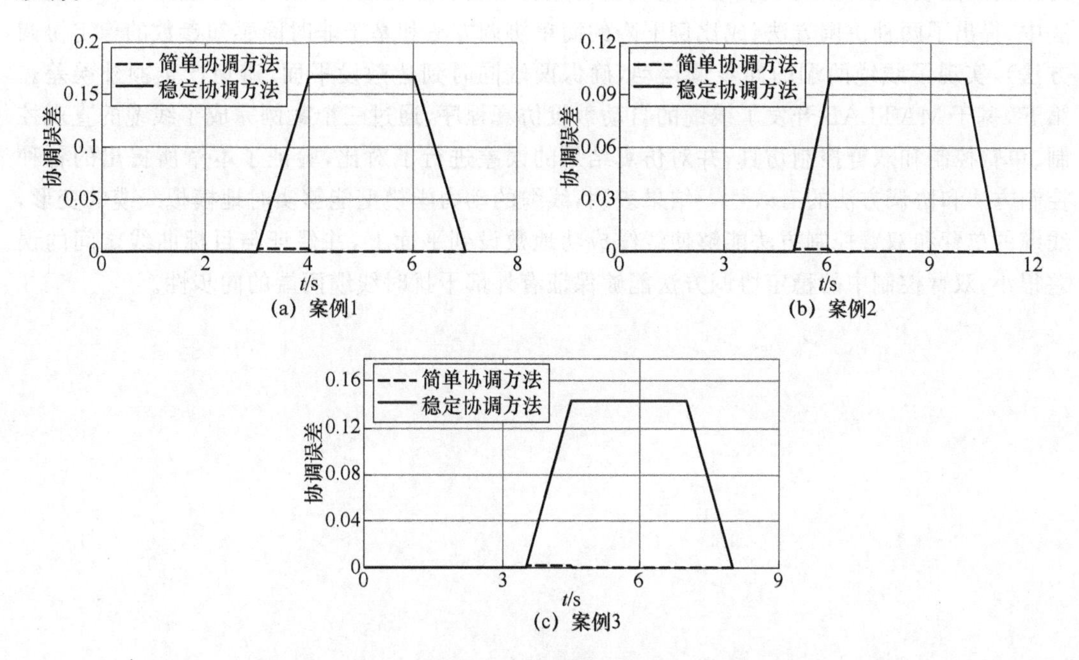


图 10.28　具有外界干扰的双臂控制中的协调误差

**表 10.6　具有外界干扰的双臂控制中的最大协调误差和平均协调误差**

| 协调方法 | 误差项 | 案例 1 | 案例 2 | 案例 3 |
| --- | --- | --- | --- | --- |
| 简单协调方法 | 最大误差 | 1.67e−1 | 1.00e−1 | 1.43e−1 |
| | 平均误差 | 7.15e−2 | 4.55e−2 | 6.25e−2 |
| 稳定协调方法 | 最大误差 | 2.14e−3 | 2.03e−3 | 2.26e−3 |
| | 平均误差 | 3.06e−4 | 1.85e−4 | 2.82e−4 |

# 本章小结

本章提出了柔性线缆的机器人自动敷设仿真技术。该技术能够用机器人的单臂或双臂来操纵线缆的一端或两端,将其从初始位置精确敷设到平面上的目标位置,同时形成目标曲线的形状,实现柔性线缆的自动敷设精确控制。相较于手动敷设,柔性线缆的自动敷设将大量解放劳动力,降低人工成本。由于要形成目标曲线的形状,所提控制方案比较适合于刚度较小、较软的柔性线缆的自动敷设。

第一,对柔性线缆的机器人自动敷设仿真进行了问题描述。第二,分析了柔性线缆的机器人自动敷设仿真流程。第三,在柔性线缆的离散弹性细杆模型中实现了机器人手臂末端的夹持器和敷设平面对柔性线缆的运动学约束,得到了系统添加约束后更加全面的动力学运动方程。第四,提出了一种基于相对位置矢量(线缆离散点与目标曲线上相应目标点之间的相对位置矢量)动态调整的柔性线缆机器人自动敷设控制方法,包括单臂控制和双臂控制两种动态控制方法,实现了柔性线缆的自动敷设精确动态控制。其中,在线缆的双臂控制方法中,提出了两种协调方法(成比例下降的简单协调方法和基于非时间感知参数的稳定协调方法),实现了线缆两端的同步调运动,确保两端同时到达敷设平面,避免产生额外误差。第五,基于 MATLAB 开发了线缆的自动敷设仿真程序,通过三个案例完成了线缆的直观控制、单臂控制和双臂控制仿真,并对仿真结果的误差进行了对比,验证了本章所提出的各种控制方法和协调方法的有效性。结果表明,线缆的动力学模型能够实时地模拟线缆的变形,线缆的单臂和双臂控制方法能够使线缆成功地敷设到平面上,并保证与目标曲线之间的误差很小,双臂控制中的稳定协调方法能够保证有外部干扰时线缆两端的同步性。

# 第11章 柔性线缆的机器人自动敷设实验技术

## 11.1 引　言

上一章介绍了柔性线缆的机器人自动敷设仿真技术。为了验证敷设仿真中所采用的线缆模型,以及所提出的线缆单/双臂控制方法,本章研究了柔性线缆的机器人自动敷设实验技术,基于 ABB Yumi 双臂机器人进行了柔性线缆的单/双臂控制自动敷设实验[192]。

第一,基于 ABB Yumi 双臂机器人搭建了柔性线缆的机器人自动敷设实验平台。第二,分析了柔性线缆机器人自动敷设实验的整体流程。第三,介绍了在线缆正式敷设开始之前通过学习过程来确定仿真参数的方法。第四,详细介绍了实验完成后对线缆图像进行后处理的方法,分析了如何通过线缆的照片得到最终的实验结果,也就是线缆的中心曲线。第五,进行了三组不同的柔性线缆机器人单/双臂控制自动敷设实验,并将实验结果与仿真结果进行了对比,验证了所提出的柔性线缆物性建模与精确控制方法。

## 11.2 线缆的机器人自动敷设实验平台

由于研究的是柔性线缆的机器人单/双臂控制自动敷设,所以实验中需要一台至少有两个手臂的机器人,因此,采用 ABB Yumi 双臂机器人搭建实验平台。

整个实验平台如图 11.1 所示,由 Yumi 双臂机器人、敷设平面和柔性线缆组成。其中,敷设平面是用海绵和粗糙的纸张制作的水平面,固定于机器人的水平操作台上;柔性线缆是刚度较小、较软的细线。在线缆的单臂控制敷设实验中,将柔性线缆的一端用胶带固定在平面上,另一端用 Yumi 机器人的一个手臂末端的夹持器进行控制,如图 11.1(a)所示。在线缆的双臂控制敷设实验中,柔性线缆的两端分别由 Yumi 机器人的两个手臂末端的夹持器进行控制,如图 11.1(b)所示。此外,该实验装置还包括一个照相机,用于敷设实验完成后敷设平面上柔性线缆的形状拍摄。

(a) 单臂控制

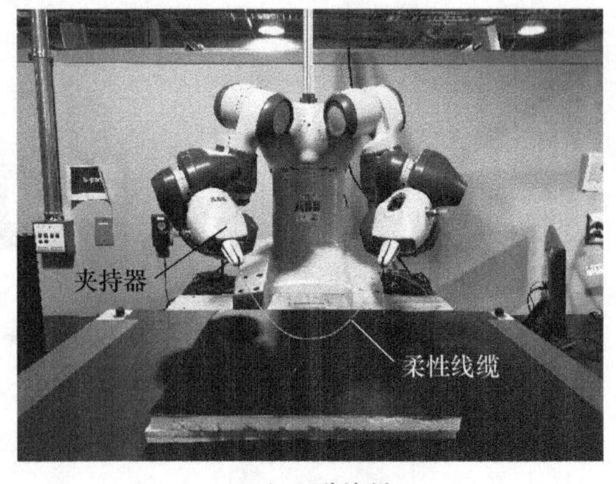


(b) 双臂控制

图 11.1 柔性线缆的机器人自动敷设实验平台

## 11.3 线缆的机器人自动敷设实验流程

柔性线缆的机器人自动敷设实验的实验流程如图 11.2 所示。

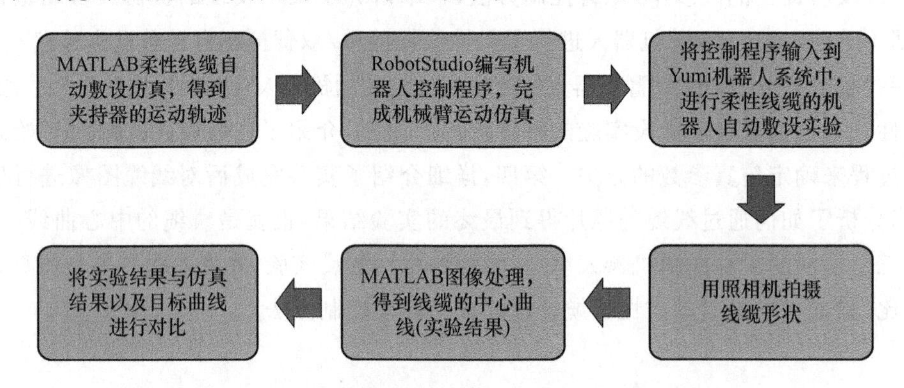


图 11.2 柔性线缆的机器人自动敷设实验流程

第一，在 MATLAB 软件中进行柔性线缆的自动敷设仿真，包括单臂和双臂控制敷设仿真，得到控制线缆端部的机器人夹持器的运动轨迹，也就是夹持器在不同时刻的位置坐标(控制点)。第二，在 RobotStudio 软件中编写 Yumi 机器人的控制程序，动态控制 Yumi 机械臂终端的夹持器的运动速度，使其沿着运动轨迹(控制点)进行移动，在 RobotStudio 软件中完成机械臂的运动仿真。第三，运动仿真完成以后，将控制程序输入到 Yumi 机器人系统中，进行柔性线缆的机器人自动敷设实验，包括单臂和双臂控制敷设实验。第四，实验结束后，打开 Yumi 机器人的夹持器，用处于正上方的照相机对线缆的形状进行拍照。第五，用 MATLAB 软件对线缆图像进行后处理，得到线缆的中心曲线，也就是实验结果。第六，将实验结果与仿真结果以及目标曲线进行对比。

# 11.4 线缆仿真参数的确定方法

在柔性线缆的仿真参数中，柔性线缆的初始长度、截面半径、线密度等参数可以通过尺寸和重量测量实验方便而准确地获得。线缆离散段的初始长度、阻尼系数、时间步长、控制增益和协调系数等参数，与线缆模型和控制方法相关，可以根据以往的经验在仿真中确定，与实验中的柔性线缆和敷设平面等实际对象无关。而其他参数，如柔性线缆的拉伸杨氏模量、弯曲杨氏模量、剪切模量以及敷设平面的静摩擦系数和动摩擦系数等参数，都与实验中的实物有关，通过测量实验只能粗略地得到它们的估计值。所以，在开始真正的柔性线缆单/双臂控制敷设实验之前，需要通过一个学习的过程，确定这些仿真参数的确定值，这样才能保证最终线缆单/双臂敷设仿真的真实性。这个学习过程是通过柔性线缆的直观控制来实现的，线缆的直观控制已在 10.6.1 小节中进行了介绍。

仿真参数具体的确定过程如图 11.3 所示。

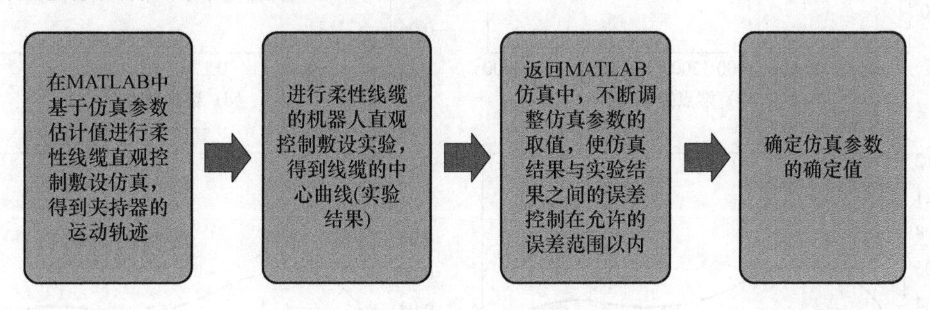


图 11.3 仿真参数的确定方法

首先，在 MATLAB 软件中进行柔性线缆的直观控制敷设仿真，得到控制线缆端部的机器人夹持器的控制轨迹。其次，基于这些运动轨迹进行柔性线缆的机器人直观控制敷设实验，得到柔性线缆的中心曲线，也就是实验结果。再次，重新回到 MATLAB 软件的线缆直观控制敷设仿真中，不断调整仿真参数的取值，使线缆的仿真结果不断接近实验结果，最终将仿真结果与实验结果之间的误差控制在允许的误差范围以内。最后，确定仿真参数的确定值。此时柔性线缆的拉伸杨氏模量、弯曲杨氏模量、剪切模量以及敷设平面的静摩擦系数和动摩擦系数等仿真参数的取值，是符合柔性线缆和敷设平面的实际情况的，可以将其用于后续柔性线缆的机器人单/双臂控制敷设实验。

# 11.5 线缆的图像处理方法

在 11.3 节的实验流程中，实验完成以后需要在 MATLAB 软件中对线缆图像进行后处理，得到线缆的中心曲线，也就是实验结果。线缆图像的具体处理过程如图 11.4 所示。

先将拍摄的如图 11.4(a)所示的线缆原始图像输入到 MATLAB 软件中。然后，对图像进行二值化处理，得到如图 11.4(b)所示的二值化图像。将二值化图像中的“白点”绘制出

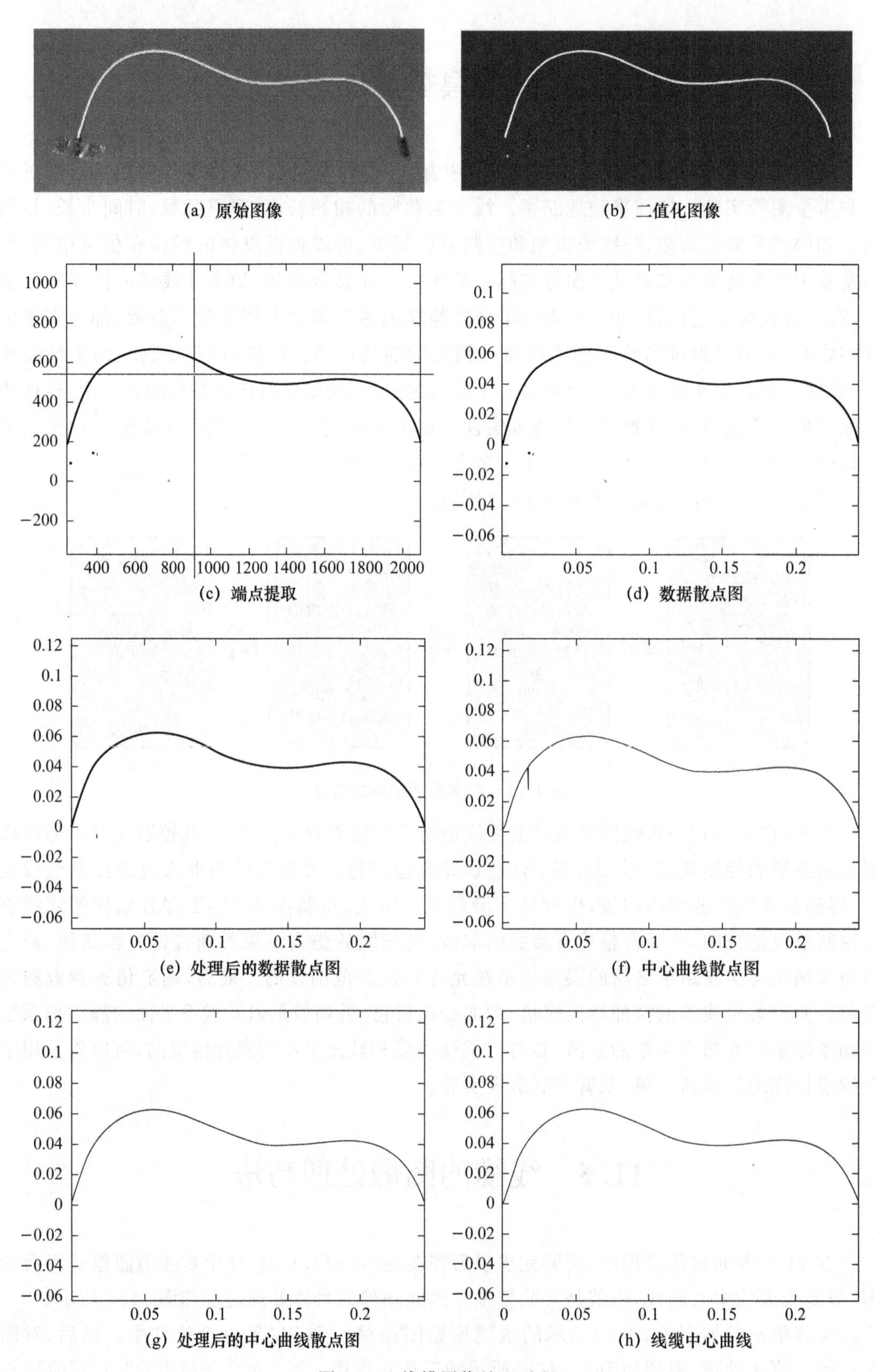


(a) 原始图像　(b) 二值化图像

(c) 端点提取　(d) 数据散点图

(e) 处理后的数据散点图　(f) 中心曲线散点图

(g) 处理后的中心曲线散点图　(h) 线缆中心曲线

图 11.4　线缆图像处理过程

来,并通过 ginput()函数从图像中手动提取线缆两端点的像素坐标,如图 11.4(c)所示。之后,利用目标曲线两端点的实际坐标与提取的像素坐标之间的对应关系,将图像中的所有像素坐标转换为实际坐标,得到数据散点图,如图 11.4(d)所示。从图 11.4(d)中可以看出,图中的数据散点除了包含线缆散点外,还可能包含一些需要进一步处理的杂点(干扰点)。对于取值范围以内的每个横坐标 $x$ 值,都对应许多散点的纵坐标 $y$ 值。通过计算这些 $y$ 值的平均值 Mean1 和标准差 StD1,然后删除 $y$ 值超出[Mean1－$k$・StD1,Mean1＋$k$・StD1]($k$ 为参数,可调)范围的异常散点,就可以去除大部分杂点(干扰点),处理后的数据散点图如图 11.4(e)所示。取剩余所有 $y$ 值的平均值,作为与 $x$ 值相对应的唯一的 $y$ 值,就可以获得线缆的中心曲线散点图,如图 11.4(f)所示。但在数据散点图的处理过程中,有些杂点(干扰点)可能会没有清理干净,这样得到的中心曲线散点图中可能会存在一些异常点,需要进一步处理。对于中心曲线上的每一个散点,计算其前后相邻 $N$ 个散点($N$ 可调)的纵坐标 $y$ 值的平均值 Mean2 和标准差 StD2。如果该散点的 $y$ 值超出[Mean2－$k$・StD2,Mean2＋$k$・StD2]($k$ 为参数,可调)的范围,就将其视为异常点,并将其删除,这样就可以得到处理后的无异常点的中心曲线散点图,如图 11.4(g)所示。最后,通过对各中心曲线散点进行曲线拟合,就可以得到柔性线缆的中心曲线。此时,中心曲线的端点可能与目标曲线之间存在些许差异。由于在研究任务中,目标曲线的起点和终点是由任务需求而预先确定的,它们是固定并且已知的,在线缆的机器人敷设实验中机器人总能精确地到达两端点。因此,可以通过匹配线缆中心曲线和目标曲线的两端点,完成线缆中心曲线的校准过程,以比较线缆中心曲线和目标曲线中间部分的差异。可以通过平移、旋转、放大和缩小等方法,使线缆中心曲线的两端点与目标曲线的两端点重合,这样就最终得到了柔性线缆的中心曲线,如图 11.4(h)所示。

## 11.6 线缆的机器人自动敷设实验实例验证

本节展示了学习过程中柔性线缆的直观控制敷设实验和实际实验过程中柔性线缆的单/双臂控制敷设实验的实验结果。对于每种控制方法,都进行了三个案例的实验验证。如图 11.6、图 11.10 和图 11.14 中的绿色曲线所示,三个案例中目标曲线的形状分别为半圆形曲线、正弦函数曲线和多项式函数曲线。

### 11.6.1 直观控制实验结果

11.4 节介绍了通过直观控制学习过程确定仿真参数的方法。在这里,为了使结果更加准确,利用三个案例的目标曲线来进行这一学习过程。三个案例的柔性线缆直观控制敷设过程如图 11.5 所示。最终三个案例敷设完成后的实验结果与仿真结果的对比如图 11.6 所示,其中蓝色曲线为实验结果,红色曲线为仿真结果。从图 11.6 中可以看出,最终仿真结果已非常贴近实验结果。具体地,实验结果与仿真结果之间的误差分布如图 11.7 所示,实验结果与目标曲线之间的误差分布如图 11.8 所示,实验结果与仿真结果、目标曲线之间的最大误差和平均误差见表 11.1。可以看出实验结果与仿真结果之间的误差已经很小,但实验结果与仿真结果一样,与目标曲线之间的误差很大,进一步说明了研究线缆精确控制的必要性。最终通过直观控制学习过程得到的柔性线缆的材料参数和敷设平面的摩擦系数等仿真参数已列在表 5.1 和表 10.2 中。这些参数将用于后续的柔性线缆机器人单/双臂控制敷设实验。

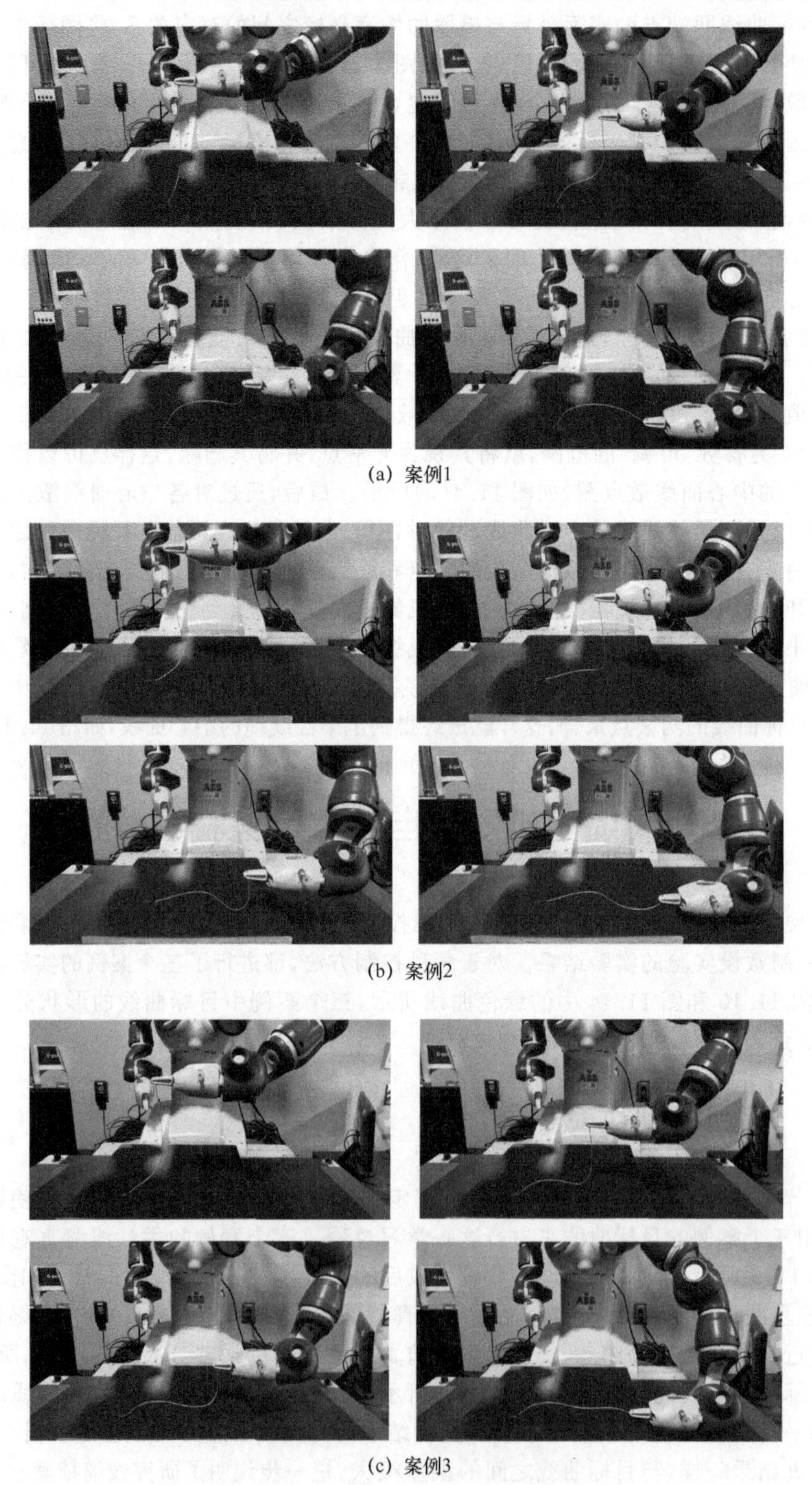


(a) 案例1

(b) 案例2

(c) 案例3

图 11.5 柔性线缆的直观控制敷设过程

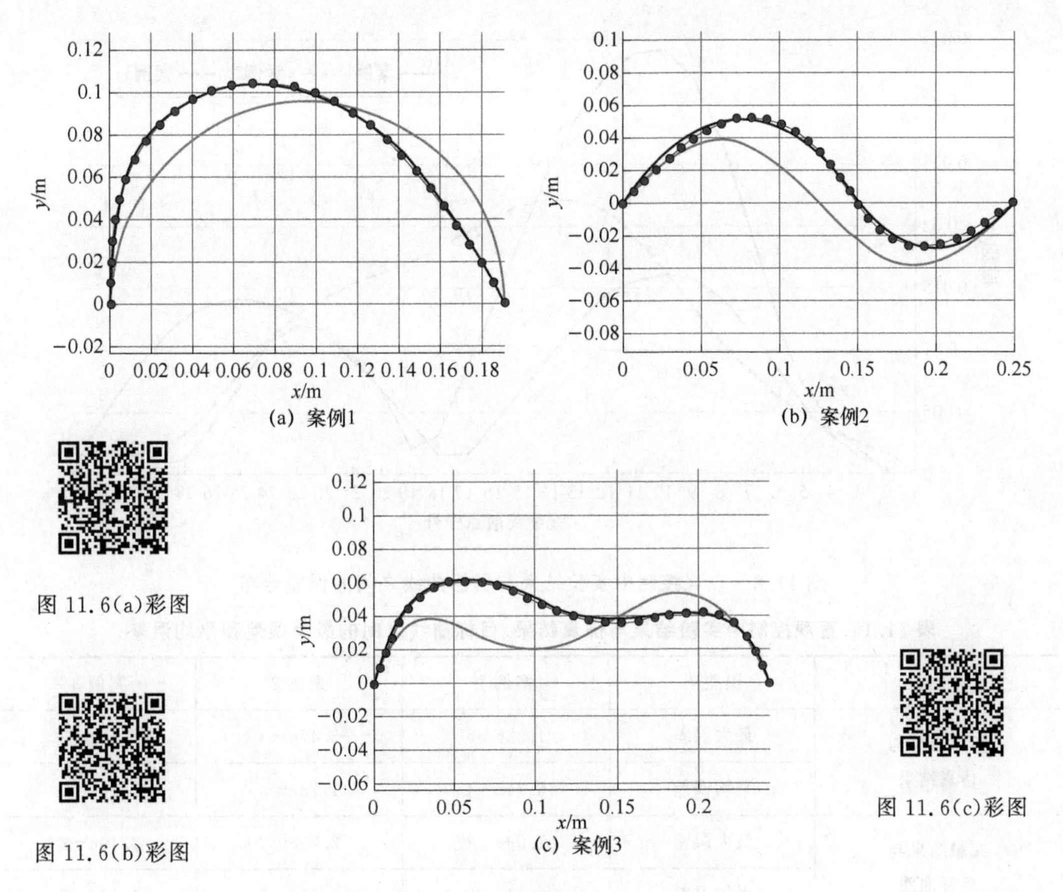


(a) 案例1　　(b) 案例2　　(c) 案例3

图 11.6(a)彩图

图 11.6(b)彩图

图 11.6(c)彩图

图 11.6　直观控制的实验结果与仿真结果对比

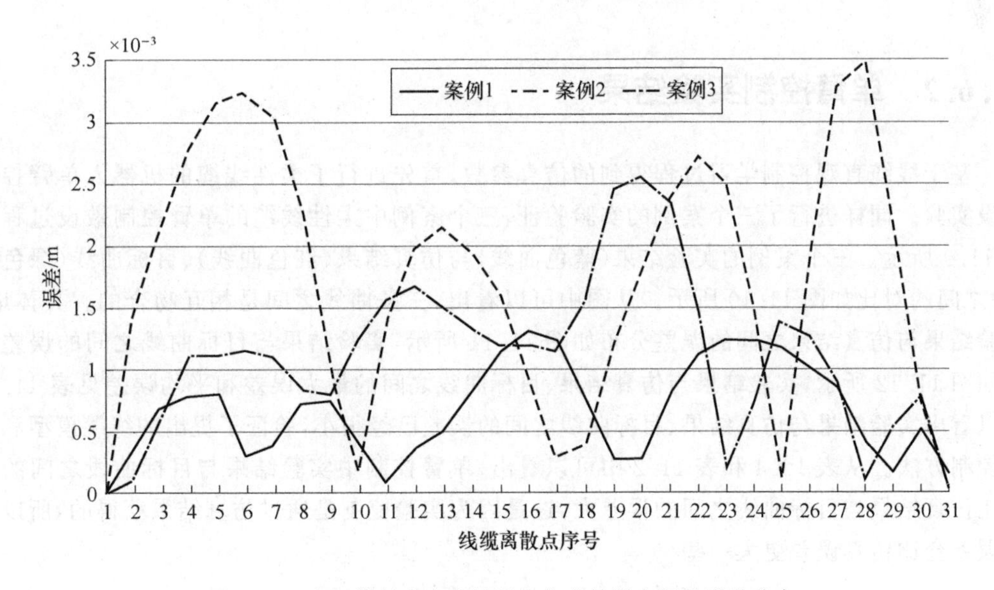


图 11.7　直观控制中实验结果与仿真结果之间的误差分布

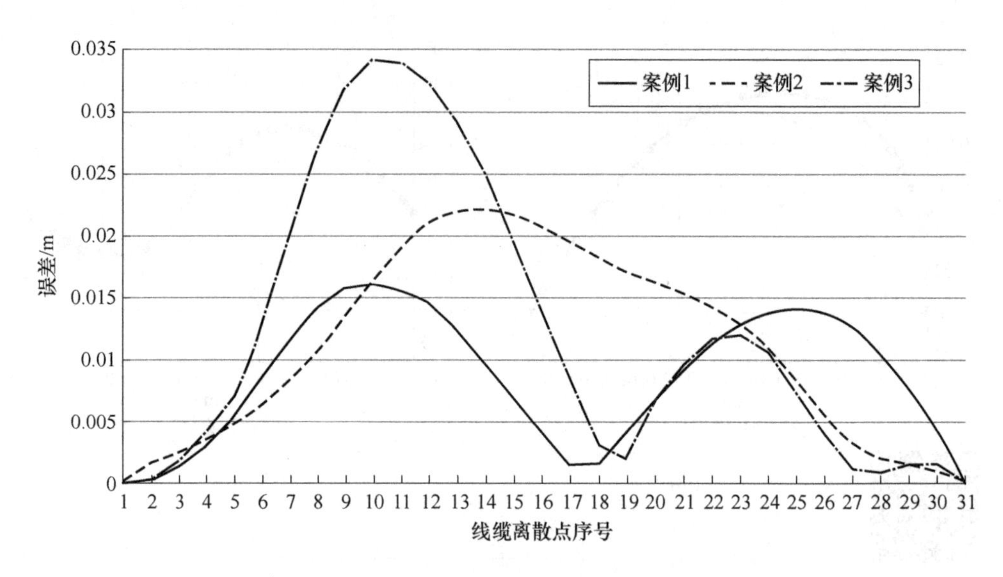


图 11.8　直观控制中实验结果与目标曲线之间的误差分布

**表 11.1　直观控制中实验结果与仿真结果、目标曲线之间的最大误差和平均误差**

| 对比项 | 误差项 | 案例 1 | 案例 2 | 案例 3 |
|---|---|---|---|---|
| 实验结果与仿真结果 | 最大误差 | 1.32e−3 | 3.47e−3 | 2.55e−3 |
| | 平均误差 | 6.74e−4 | 1.73e−3 | 1.10e−3 |
| 实验结果与目标曲线 | 最大误差 | 1.59e−2 | 2.20e−2 | 3.40e−2 |
| | 平均误差 | 8.44e−3 | 1.09e−2 | 1.19e−2 |

## 11.6.2　单臂控制实验结果

基于线缆直观控制学习过程得到的仿真参数，首先进行了柔性线缆的机器人单臂控制敷设实验。同样进行了三个案例的实验验证，三个案例中柔性线缆的单臂控制敷设过程如图 11.9 所示。三个案例的实验结果(蓝色曲线)与仿真结果(红色曲线)、目标曲线(绿色曲线)之间的对比如图 11.10 所示。从图中可以看出，三条曲线之间是相互吻合的。具体地，实验结果与仿真结果之间的误差分布如图 11.11 所示，实验结果与目标曲线之间的误差分布如图 11.12 所示，实验结果与仿真结果、目标曲线之间的最大误差和平均误差见表 11.2。可以看出实验结果与仿真结果、目标曲线之间的误差已经很小，验证了提出的线缆模型和单臂控制方法。从表 10.4 和表 11.2 中可以看出，单臂控制中实验结果与目标曲线之间的误差比仿真结果与目标曲线之间的误差大，这是因为实验控制是通过仿真结果获得的，所以实验误差会比仿真误差更大一些。

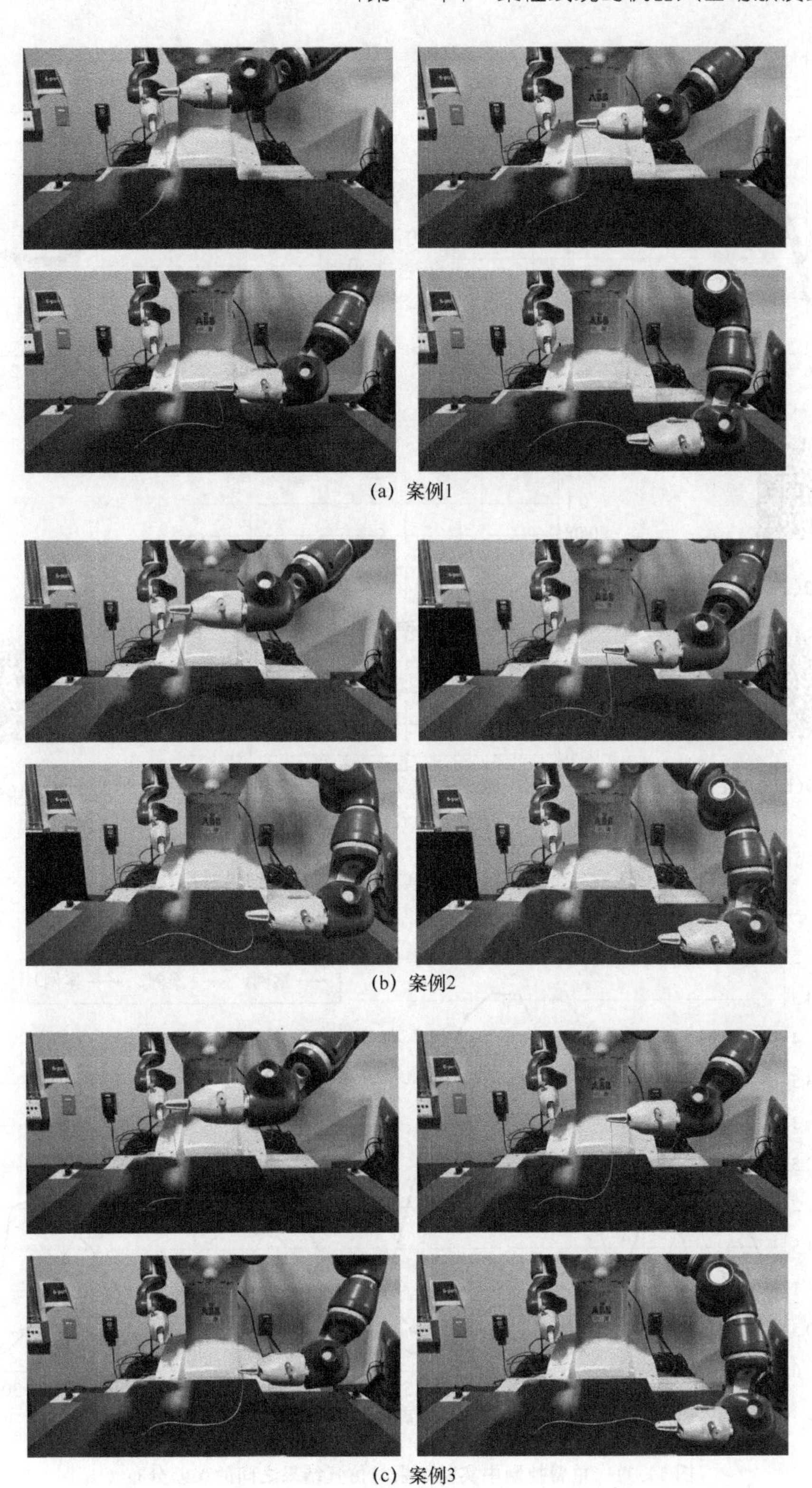

(a) 案例1

(b) 案例2

(c) 案例3

图 11.9　柔性线缆的单臂控制敷设过程

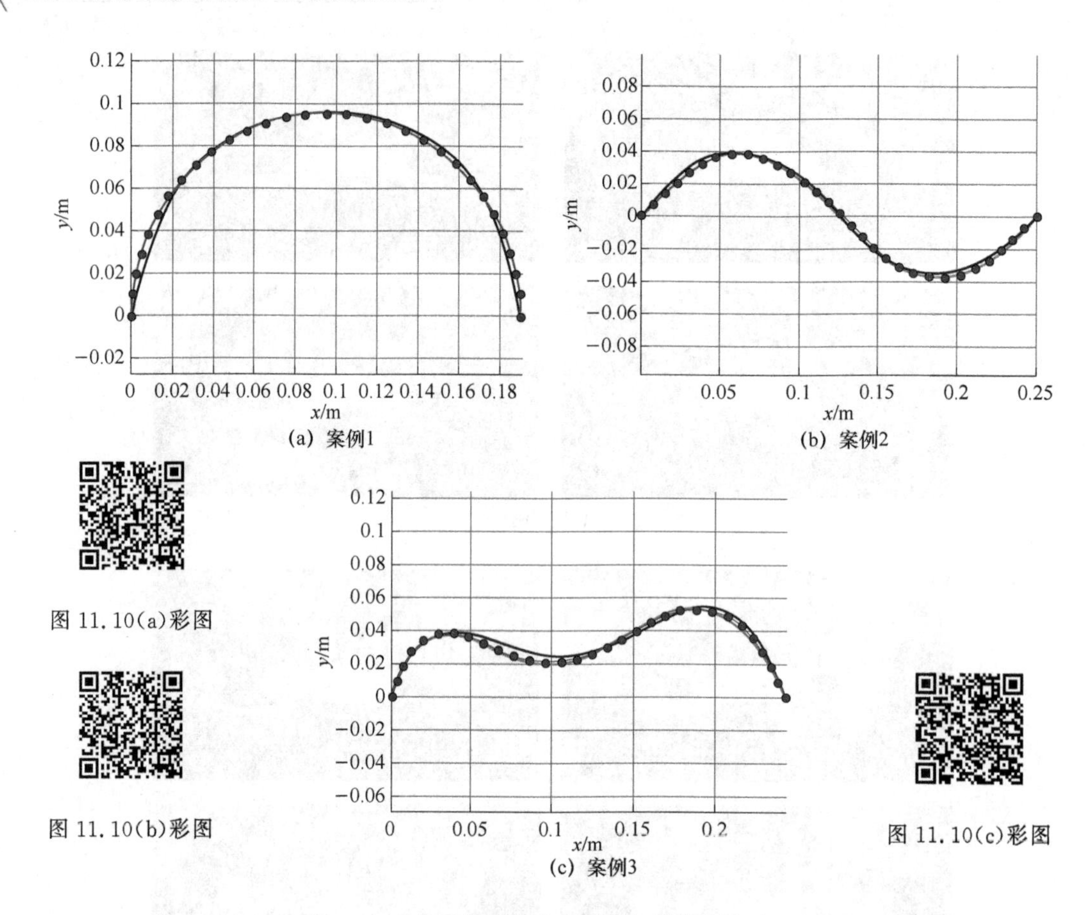


图 11.10　单臂控制的实验结果与仿真结果对比

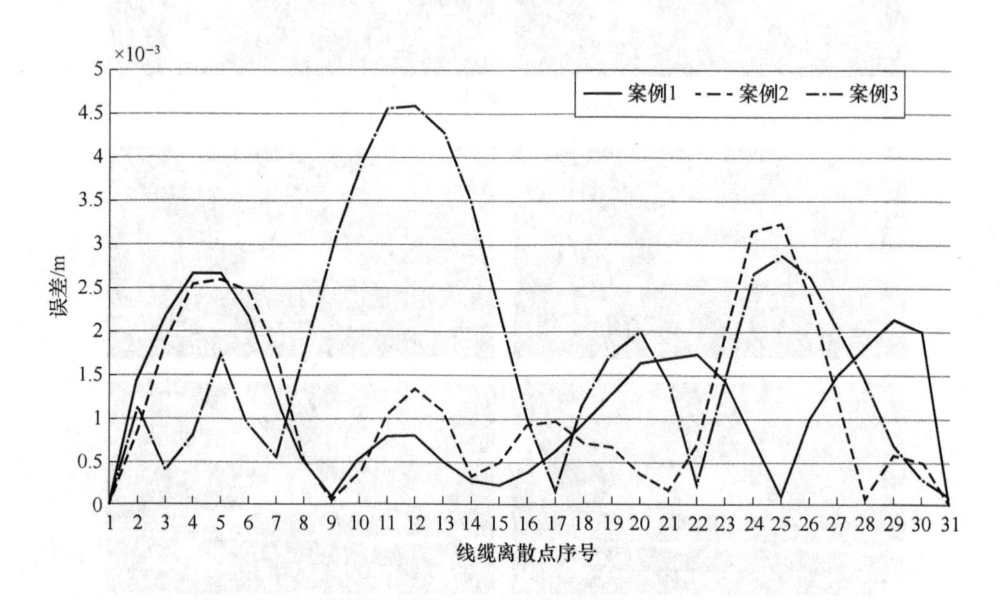


图 11.11　单臂控制中实验结果与仿真结果之间的误差分布

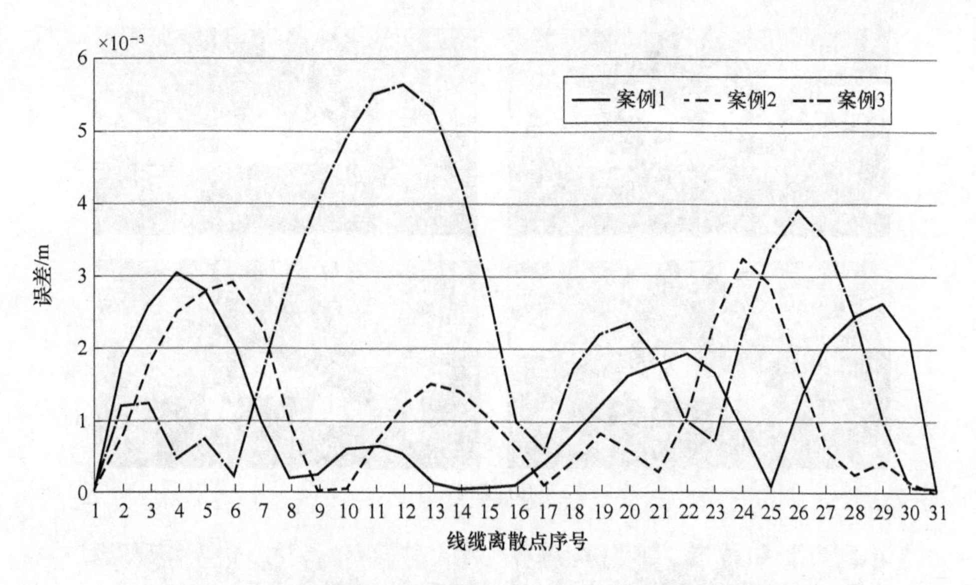


图 11.12　单臂控制中实验结果与目标曲线之间的误差分布

**表 11.2　单臂控制中实验结果与仿真结果、目标曲线之间的最大误差和平均误差**

| 对比项 | 误差项 | 案例 1 | 案例 2 | 案例 3 |
|---|---|---|---|---|
| 实验结果与仿真结果 | 最大误差 | 2.67e−3 | 3.24e−3 | 4.58e−3 |
| | 平均误差 | 1.13e−3 | 1.13e−3 | 1.79e−3 |
| 实验结果与目标曲线 | 最大误差 | 3.05e−3 | 3.28e−3 | 5.67e−3 |
| | 平均误差 | 1.21e−3 | 1.17e−3 | 2.25e−3 |

## 11.6.3　双臂控制实验结果

柔性线缆的机器人双臂控制敷设实验同样进行了三个案例的实验验证，三个案例中线缆的敷设过程如图 11.13 所示。三个案例的实验结果（蓝色曲线）与仿真结果（红色曲线）、目标曲线（绿色曲线）之间的对比如图 11.14 所示。从图中可以看出，与单臂控制一样，双臂控制中三条曲线之间是相互吻合的。具体地，实验结果与仿真结果之间的误差分布如图 11.15所示，实验结果与目标曲线之间的误差分布如图 11.16 所示，实验结果与仿真结果、目标曲线之间的最大误差和平均误差见表 11.3。可以看出，与单臂控制一样，双臂控制的实验结果与仿真结果、目标曲线之间的误差也已经很小，验证了所提出的线缆模型和双臂控制方法。从表 10.5 和表 11.3 中可以看出，双臂控制中实验结果比仿真结果的误差大，原因与单臂控制中的原因相同。

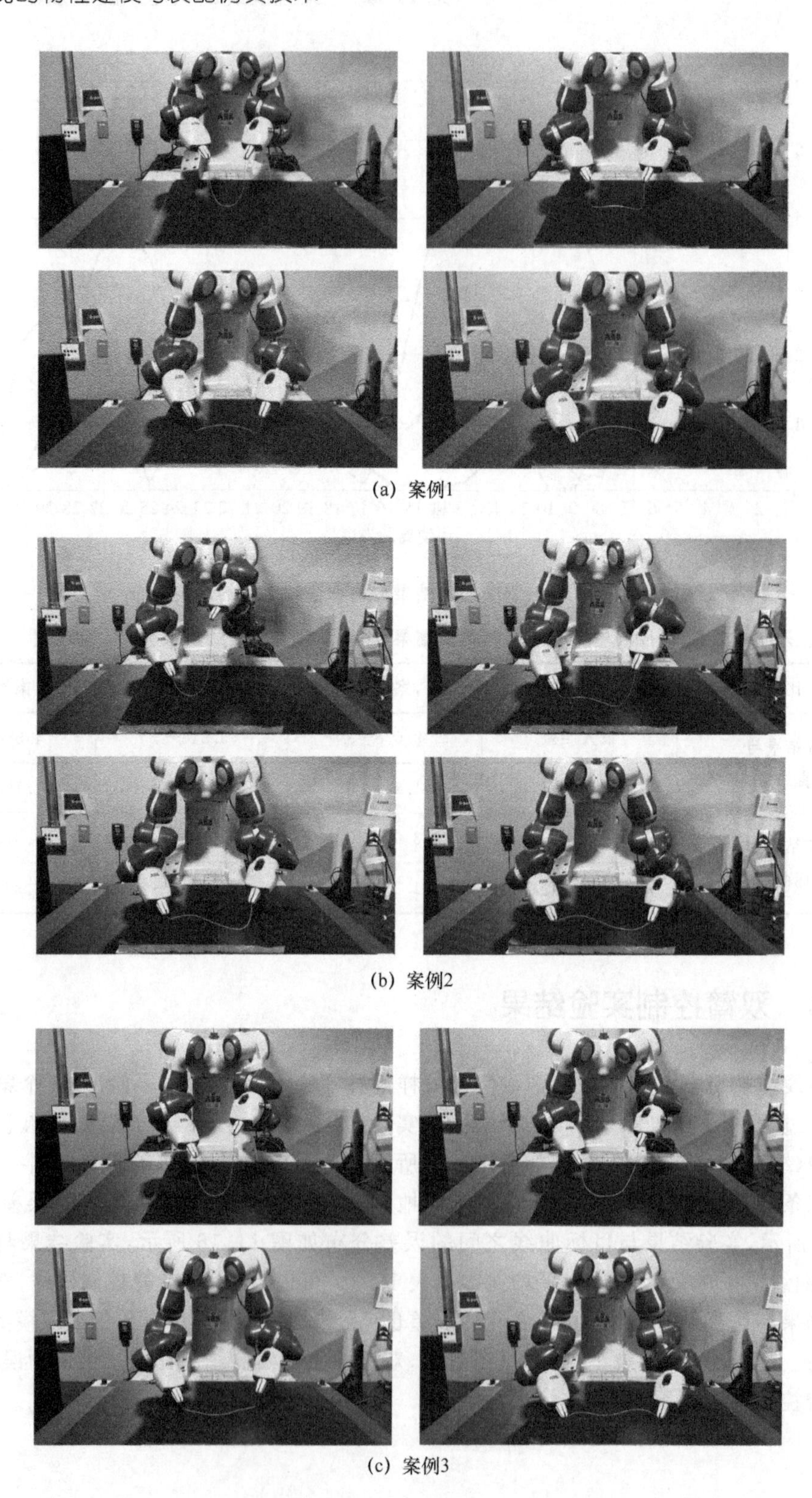

(a) 案例1

(b) 案例2

(c) 案例3

图 11.13　柔性线缆的双臂控制敷设过程

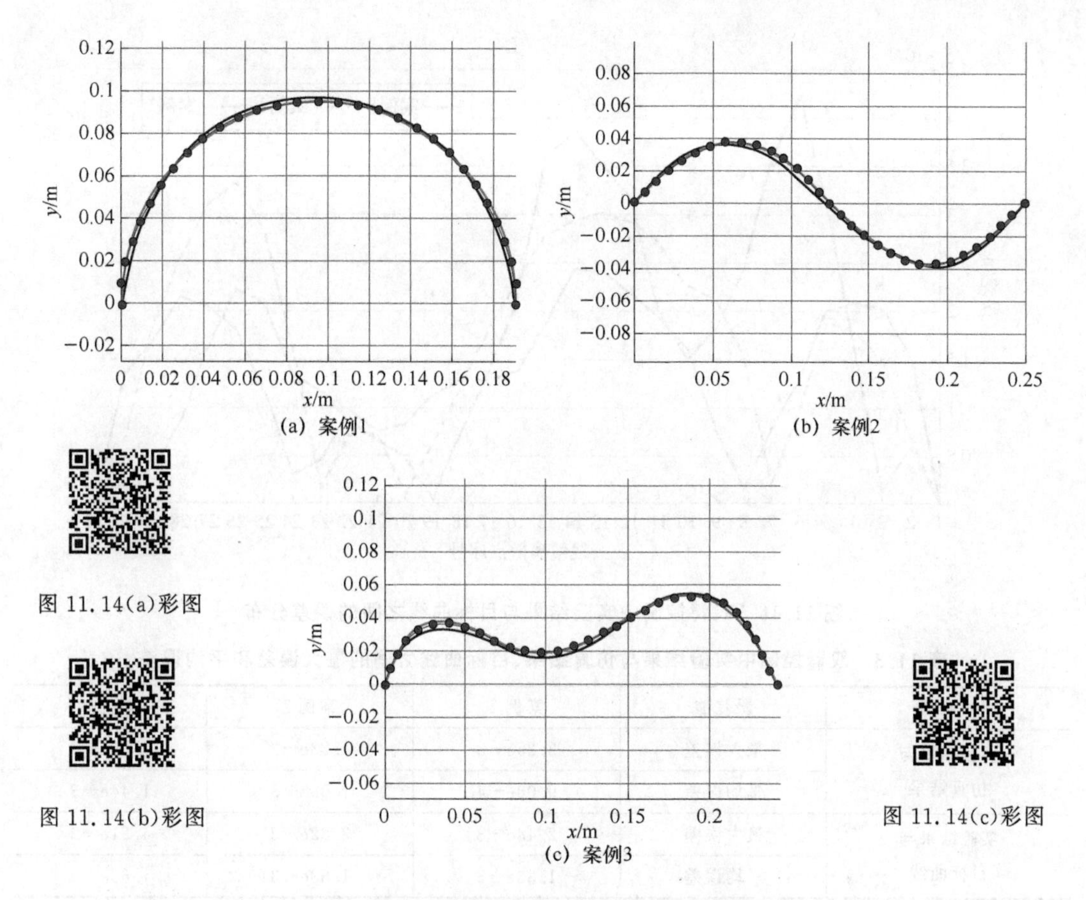


图 11.14(a)彩图

图 11.14(b)彩图

图 11.14(c)彩图

图 11.14　双臂控制的实验结果与仿真结果对比

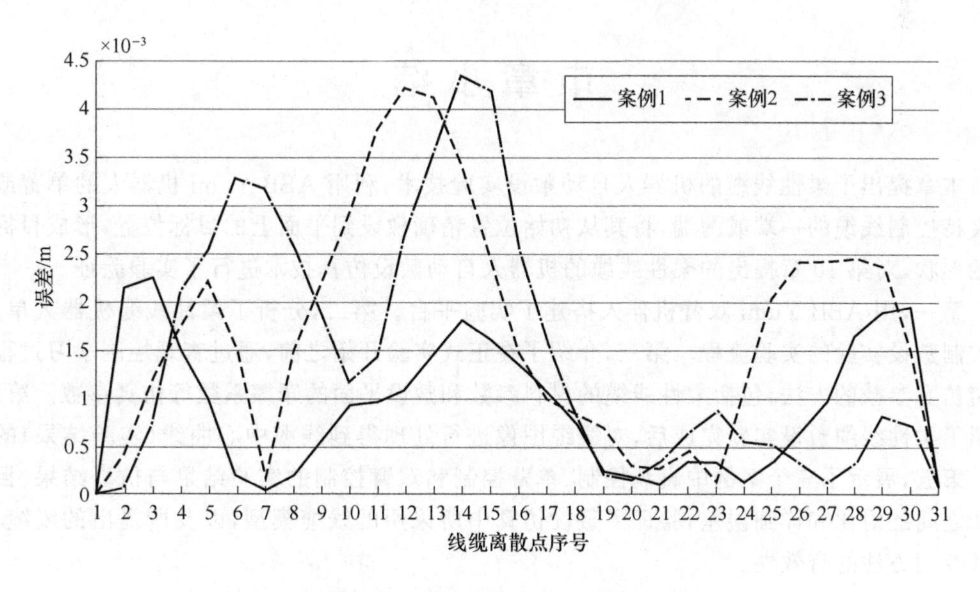


图 11.15　双臂控制中实验结果与仿真结果之间的误差分布

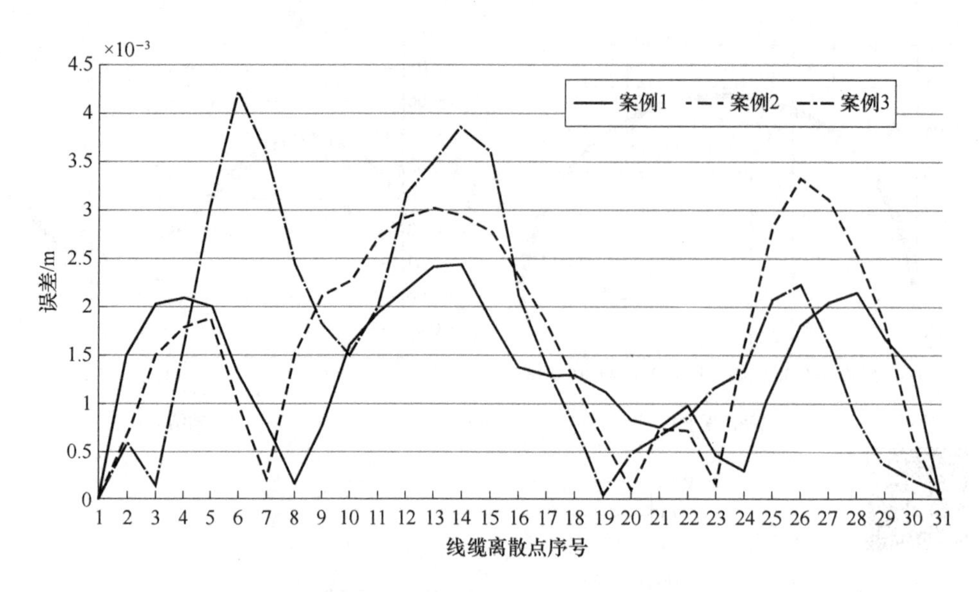


图 11.16　双臂控制中实验结果与目标曲线之间的误差分布

**表 11.3　双臂控制中实验结果与仿真结果、目标曲线之间的最大误差和平均误差**

| 对比项 | 误差项 | 案例 1 | 案例 2 | 案例 3 |
|---|---|---|---|---|
| 实验结果与仿真结果 | 最大误差 | 2.25e−3 | 4.23e−3 | 4.35e−3 |
| | 平均误差 | 9.03e−4 | 1.65e−3 | 1.44e−3 |
| 实验结果与目标曲线 | 最大误差 | 2.43e−3 | 3.32e−3 | 4.21e−3 |
| | 平均误差 | 1.33e−3 | 1.63e−3 | 1.65e−3 |

# 本章小结

本章提出了柔性线缆的机器人自动敷设实验技术，利用 ABB Yumi 机器人的单臂或双臂夹持控制线缆的一端或两端，将其从初始位置精确敷设到平面上的目标位置，形成目标曲线的形状，对第 10 章提出的柔性线缆的机器人自动敷设仿真技术进行了实验验证。

第一，用 ABB Yumi 双臂机器人搭建了实验平台。第二，分析了柔性线缆机器人单/双臂控制敷设实验的实验流程。第三，介绍了在正式实验开始之前，通过直观控制学习过程来确定仿真参数的方法，包括柔性线缆的材料参数和敷设平面的摩擦系数等仿真参数。第四，介绍了柔性线缆敷设实验完成后，对线缆图像进行处理得到线缆中心曲线(实验结果)的方法。第五，展示了三个案例中直观控制、单臂控制和双臂控制的实验结果与仿真结果、目标曲线之间的对比和详细误差，验证了敷设仿真中所采用的线缆模型，以及所提出的线缆单/双臂控制方法的有效性。

# 第四部分　趋势与未来

# 第12章 总结与展望

## 12.1 总　　结

柔性线缆是复杂机电产品的重要组成部分，作为传输电能和信号等的重要通道，柔性线缆的应用非常广泛。但由于其高自由度和高柔性的特点，其装配与敷设是一项非常复杂而耗时的工作。因此，本书对柔性线缆的物性建模和装配仿真技术进行了介绍，主要围绕柔性线缆的物性建模、交互式虚拟装配仿真、机器人自动敷设仿真与实验技术四个方面的内容进行了介绍，拟为解决目前机电产品研发过程中存在的线缆装配返工和故障率高、线缆自动敷设难度大等问题，提供有效的方法及工具支持。

本书的主要工作总结如下。

(1) 针对单根线缆的静力学建模问题，提出了单根线缆的弯扭复合弹簧质点模型。该模型将柔性线缆视为由许多具有相同质量的离散质点和多种不同类型的弹簧组成，考虑了柔性线缆的重力和各种变形，包括拉压变形、弯曲变形和扭转变形，同时将各种弹簧的弹性系数与柔性线缆的材料参数关联起来，实现了柔性线缆的静态变形的实时模拟，为后续单根线缆的交互式虚拟装配仿真技术奠定了模型基础。

(2) 针对分支线缆的静力学建模问题，提出了分支线缆的多分支弹性细杆模型。该模型考虑了线缆分支的结构特点，扩展了弹性细杆模型的适用范围，并考虑了外力的影响，能够有效地处理具有复杂拓扑结构的线缆，能够真实地模拟分支线缆的弯扭复合变形。基于非线性最优化方法和 GPU 加速技术实现了模型的快速求解，为后续分支线缆的交互式虚拟装配仿真技术奠定了模型基础。

(3) 针对柔性线缆的动力学建模问题，提出了柔性线缆的离散弹性细杆模型。该模型基于连续弹性细杆模型，将柔性线缆视为由近似为折线的中心线和每个线缆段中点处与横截面相固连的材料框架组成。通过引入无扭转 Bishop 框架和无切向角速度框架这两种自适应正交参考框架，将模型表示为中心线-角度的形式，减少了冗余变量和多余约束。在模型求解的过程中考虑了柔性线缆的动力学特性，实现了柔性线缆动态变形的实时模拟，为后续柔性线缆的机器人自动敷设仿真技术奠定了模型基础。

(4) 针对单根线缆的装配过程，研究了单根线缆的交互式虚拟装配仿真技术。分析了单根线缆的交互式虚拟装配仿真流程，实现了装配仿真过程中控制点、电连接器和卡箍等对线缆的运动学约束，提出了一种基于接触力和接触力矩的柔性线缆碰撞接触响应算法，实现了柔性线缆与周围环境之间的碰撞接触响应，基于 Acis 和 Hoops 设计并开发了单根线缆的交互式虚拟装配仿真系统，并在系统中进行了典型柔性线缆的交互式装配实例验证，为工程中单根线缆的装配工艺过程分析提供了较为先进的技术和工具支持。

(5) 针对分支线缆的装配过程，研究了分支线缆的交互式虚拟装配仿真技术。分析了分支线缆的交互式虚拟装配仿真流程，建立了分支线缆的信息模型和虚拟实体模型，实现了对分支线缆的复杂拓扑、几何信息、材料属性及各种操作约束的描述和表达，建立了描述复杂产品刚柔混合装配的装配过程模型，实现了对柔性线缆和刚性零件装配过程的统一描述，基于 DELMIA 软件设计并开发了分支线缆的交互式虚拟装配仿真系统，并在虚拟环境下对分支线缆的交互式装配过程进行了仿真实例验证，为工程中分支线缆的装配工艺制定、验证和展示提供了有效的工具支持。

(6) 针对柔性线缆的敷设过程，研究了柔性线缆的机器人自动敷设仿真技术。研究了如何用机器人的单臂或双臂精确控制线缆的一端或两端，将其从初始位置精确敷设到平面上的目标位置，同时形成目标曲线的形状。分析了柔性线缆的机器人自动敷设仿真流程，实现了敷设仿真过程中机器人夹持器和敷设平面对柔性线缆的运动学约束，提出了一种基于相对位置矢量动态调整的柔性线缆机器人单/双臂自动敷设控制方法，并基于 MATLAB 软件开发了柔性线缆的机器人自动敷设仿真程序，实现了柔性线缆的直观控制、单臂控制和双臂控制敷设仿真，为工程中柔性线缆的机器人自动敷设过程分析提供了较为先进的技术和工具支持。

(7) 针对柔性线缆的敷设过程，研究了柔性线缆的机器人自动敷设实验技术。用 ABB Yumi 双臂机器人搭建了实验平台，分析了柔性线缆机器人单/双臂控制自动敷设实验的实验流程，介绍了用一个学习过程确定柔性线缆材料参数和敷设平面摩擦系数等仿真参数的确定方法和实验完成后线缆图像的处理方法，最后进行了柔性线缆的机器人单臂和双臂控制自动敷设实验，并将实验结果与仿真结果和目标曲线进行了对比，验证了所提出的线缆模型和控制方法。

## 12.2 展　望

目前，柔性线缆的物性建模和装配仿真方面的研究处于初步阶段，本书主要从柔性线缆的物性建模、交互式虚拟装配仿真和机器人自动敷设等三方面进行了探索性的研究，未来仍有许多问题需要进一步的研究。

### 12.2.1 线缆的物性建模方面

首先，本书所建立的柔性线缆物性模型均只考虑了线缆的弹性变形，而在实际中，许多柔性线缆会很容易发生塑性变形，在变形恢复后并不会恢复初始状态。因此，未来可以考虑进行柔性线缆的塑性建模研究，包括理想塑性变形和非理想塑性变形，建立柔性线缆的弹塑性混合物性模型。

其次,本书对线缆横截面进行了简化,只考虑了横截面为刚性、均匀、各向同性的线缆。而在实际中,柔性线缆的横截面不是完全刚性的,在外力(如剪切力)作用下会发生变形。线缆通常还具有复杂的内部结构,通常由导体、乙丙橡胶(EPR)绝缘层、氯化聚乙烯(CPE)/氯丁橡胶(CR)护套等组成,因此考虑线缆内部的位移和摩擦的影响是有必要的。因此未来可以对线缆的横截面和内部结构进行建模,更加精确地获得线缆的材料参数。

最后,提高物性模型的计算效率也是未来的研究方向之一。由于线缆具有高自由度的特点,当线缆数量很多或者特别复杂时,模型的计算对计算机的性能和计算效率提出了更高的要求。探索线缆物性模型更高效率的求解方法,或采用并行算法等与计算机硬件相关的技术,是未来提高线缆仿真计算效率的有效途径。

### 12.2.2 线缆的交互式虚拟装配仿真方面

首先,本书在线缆的交互式虚拟装配仿真过程中,只是实现了柔性线缆装配过程的虚拟验证,没有深入关注线缆在装配过程中应该注意的问题,比如多根线缆的敷设逻辑和装配顺序,以及敷设路径的避障和优化等问题。

其次,本书没有考虑线缆的交互式虚拟装配仿真中的人机交互和人因工程。由于线缆的装配环境一般是非常狭窄的空间,在装配过程中人手或工具可能会无法到达,人的装配姿势可能会很不舒服,因此,未来考虑装配过程中的人机交互和人因工程对于线缆可装配性的研究是非常必要的。

最后,本书只考虑了柔性线缆与周围环境之间的碰撞接触响应,对于线缆的自碰撞以及更加复杂的碰撞接触过程还未研究透彻,在今后的研究中,可以进一步提高线缆碰撞检测的精度和接触响应的效果,以适应更加复杂的装配环境。

### 12.2.3 线缆的机器人自动敷设方面

首先,本书研究的线缆敷设问题较为简单,只是针对单根线缆的敷设过程。对于更加复杂的线缆敷设任务,比如分支线缆、线束和多根线缆的敷设过程,只用一个机器人的两个手臂不能完成任务。那时可能仍需要人来参与,毕竟现阶段人与机器人相比,还是更加智能的,所以未来可以考虑结合人的智能与机器人的精确定位,进行人机协同,实现线缆的半自动化敷设。或者用更多的机器人相互协作来完成任务,那时控制方法将更加复杂。

其次,目前目标曲线是在平面上的二维曲线,未来可以将目标设为三维空间中更加复杂的目标曲线,研究如何控制线缆,将其从初始位置精确地敷设到空间中的目标位置,并形成目标曲线的形状。那时可能需要更多的机器人同时控制线缆,以实现线缆更加复杂的变形。

最后,目前的线缆机器人自动敷设实验是根据仿真结果进行开环控制的,在实际的应用中,基于三维视觉系统实时计算控制误差,闭环控制机械臂的运动,可能更具有实用性。因此,未来可以研究线缆的实时闭环控制方法。

# 参考文献


［1］ 百度百科. 电线[DB/OL]. [2024-03-12]. https://baike. baidu. com/item/%E7%94%B5%E7%BA%BF/3600.

［2］ 百度百科. 电缆[DB/OL]. [2024-03-12]. https://baike. baidu. com/item/%E7%94%B5%E7%BC%86/5942260? fromModule=disambiguation.

［3］ 刘佳顺. 复杂产品中的线缆自动布局设计与装配路径规划技术[D]. 北京:北京理工大学,2016.

［4］ KIM S, CHOI T, KIM S, et al. Sequential graph-based routing algorithm for electrical harnesses, tubes, and hoses in a commercial vehicle [J]. Journal of Intelligent Manufacturing, 2021, 32(2): 917-933.

［5］ 王发麟，郭耀文，吉红伟. 复杂机电产品刚柔混合装配规划系统体系结构研究[J]. 科技创新与应用，2021，(2)：31-35.

［6］ 万毕乐，宁汝新，刘检华，等. 虚拟环境下的线缆装配建模技术研究[J]. 系统仿真学报，2006，(S1)：267-274.

［7］ 刘检华，赵涛，王春生，等. 虚拟环境下的活动线缆物理特性建模与运动仿真技术[J]. 机械工程学报，2011，(9)：117-124.

［8］ 孔瑞莲. 航空发动机可靠性工程[M]. 北京:航空工业出版社，1996.

［9］ VAN DER VELDEN C, BIL C, YU X, et al. An intelligent system for automatic layout routing in aerospace design [J]. Innovations in Systems and Software Engineering, 2007, 3(2): 117-128.

［10］ 刘睿，尹旭悦，范秀敏，等. 面向 AR 辅助引导的线缆敷设质量一致性视觉检测方法[J]. 计算机集成制造系统，2021，27(1)：54-63.

［11］ 尚炜，宁汝新，刘检华，等. 复杂机电产品中的柔性线缆装配过程仿真技术[J]. 计算机辅助设计与图形学学报，2012，(6)：822-831.

［12］ WOLTER J, KROLL E. Toward assembly sequence planning with flexible parts [C]//IEEE International Conference on Robotics & Automation, 1996.

［13］ 刘检华，万毕乐，宁汝新. 虚拟环境下基于离散控制点的线缆装配规划技术[J]. 机械工程学报，2006，(8)：125-130.

［14］ LIU J, HOU W, SHANG W, et al. Integrated Virtual Assembly Process Planning System[J]. Chinese Journal of Mechanical Engineering, 2009, 22(5): 717-728.

［15］ 杨守勇. 三维线缆建模及布线设计的研究与实现[D]. 大连:大连理工大学，2012.

[16] XIA P, LOPES A M, RESTIVO M T. A review of virtual reality and haptics for product assembly: from rigid parts to soft cables[J]. Assembly Automation, 2013, 33(2): 157-164.

[17] HERGENRÖTHER E, DÄHNE P. Real-time virtual cables based on kinematic simulation[C]//Proceedings of WSCG, Plzen, Czech Republic, Feb 7-10, 2000. Univ. of West Bohemia: Plzen.

[18] GRÉGOIRE M, SCHÖMER E. Interactive simulation of one-dimensional flexible parts[J]. Computer-Aided Design, 2007, 39(8): 694-707.

[19] PAI D K. STRANDS: interactive simulation of thin solids using cosserat models [J]. Computer Graphics Forum, 2002, 21(3): 347-352.

[20] PRESS W H, TEUKOLSKY S A, VETTERLING W T, et al. Numerical RECIPES: The art of scientific computing[M]. 3rd ed. Cambridge: Cambridge University Press, 2007.

[21] NEALEN A, MÜLLER M, KEISER R, et al. Physically based deformable models in computer graphics[J]. Computer Graphics Forum, 2010, 25(4): 809-836.

[22] LIU T, BARGTEIL A W, O'BRIEN J F, et al. Fast simulation of mass-spring systems[J]. ACM Transactions on Graphics, 2013, 32(6): 1-7.

[23] CHOE B, CHOI M G, KO H-S. Simulating complex hair with robust collision handling[M]. Proceedings of the 2005 ACM SIGGRAPH/Eurographics symposium on Computer animation. Los Angeles, California; ACM. 2005: 153-160.

[24] SERVIN M, LACOURSIERE C. Rigid body cable for virtual environments[J]. IEEE Transactions on Visualization and Computer Graphics, 2008, 14 (4): 783-796.

[25] BERGOU M, WARDETZKY M, ROBINSON S, et al. Discrete elastic rods[J]. ACM Transactions on Graphics, 2008, 27(3): 63.

[26] THEETTEN A, GRISONI L, ANDRIOT C, et al. Geometrically exact dynamic splines[J]. Computer-Aided Design, 2008, 40(1): 35-48.

[27] HILDE L, MESEURE P, CHAILLOU C. A fast implicit integration method for solving dynamic equations of movement[C]//Proceedings of the ACM symposium on Virtual reality software and technology, Baniff, Alberta, Canada, 2001. ACM.

[28] BARAFF D, WITKIN A. Large steps in cloth simulation[C]//Proceedings of the 25th Annual Conference on Computer Graphics and Interactive Techniques, New York, NY, USA, 1998. ACM.

[29] BERGOU M, AUDOLY B, VOUGA E, et al. Discrete viscous threads[J]. ACM Transactions on Graphics (TOG), 2010, 29(4): 1-10.

[30] MARTIN S, THOMASZEWSKI B, GRINSPUN E, et al. Example-based elastic materials[J]. ACM Transactions on Graphics (TOG), 2011, 30(4): 1-8.

[31] HAHN F, MARTIN S, THOMASZEWSKI B, et al. Rig-space physics[J]. ACM Transactions on Graphics, 2012, 31(4): 1-8.

[32] HADAP S. Oriented strands: dynamics of stiff multi-body system [M]. Proceedings of the 2006 ACM SIGGRAPH/Eurographics symposium on Computer animation. Vienna, Austria; Eurographics Association Aire-la-Ville. 2006: 91-100.

[33] ASCHER U M, RUUTH S J, WETTON B. Implicit-explicit methods for time-dependent partial differential equations[J]. SIAM J Numer Anal, 1993, 32(1): 797-823.

[34] HAUTH M, ETZMUSS O, STRASSER W. Analysis of numerical methods for the simulation of deformable models [J]. Visual Computer, 2003, 19 (7-8): 581-600.

[35] BRIDSON R, MARINO S, FEDKIW R. Simulation of clothing with folds and wrinkles[C]//ACM Siggraph/eurographics Symposium on Computer Animation, Los Angeles, California, USA, 2003. ACM.

[36] STERN A, GRINSPUN E. Implicit-explicit variational integration of highly oscillatory problems[J]. International Journal of Theoretical Physics, 2012, 51 (6): 1663-1673.

[37] AUDOLY B, CLAUVELIN N, BRUN P T, et al. A discrete geometric approach for simulating the dynamics of thin viscous threads[J]. Journal of Computational Physics, 2013, 253(C): 18-49.

[38] LV N, LIU J, XIA H, et al. A review of techniques for modeling flexible cables [J]. Computer-Aided Design, 2020, 122: 102826.

[39] HAUMANN D R, PARENT R E. The behavioral test-bed: obtaining complex behavior from simple rules[J]. Visual Computer, 1988, 4(6): 332-347.

[40] PROVOT X. Deformation constraints in a mass-spring model to describe rigid cloth behavior[C]//Proceedings of the 1995 Graphics Interface Conference, Quebec, Que, Can, May 17-19, 1995. Canadian Information Processing Soc.

[41] LOOCK A, SCHÖMER E, STADTWALD I. A virtual environment for interactive assembly simulation: from rigid bodies to deformable cables [C]//5th World Multiconference on Systemics, Cybernetics and Informatics (SCI), Orlando, Florida, USA, July 22-25, 2001, 2001. Citeseer: Orlando, USA, 2001.

[42] LV N, LIU J, DING X, et al. Physically based real-time interactive assembly simulation of cable harness[J]. Journal of Manufacturing Systems, 2017, 43: 385-399.

[43] HADAP S, Magnenat-Thalmann N. Modeling dynamic hair as a continuum[J]. Computer Graphics Forum, 2001, 20(3): 329-338.

[44] REDON S, GALOPPO N, LIN M C. Adaptive dynamics of articulated bodies[J]. ACM Transactions on Graphics, 2005, 24(3): 936-945.

[45] 魏发远，陈新发，王峰军. 电缆虚拟布线及其逆运动学仿真[J]. 计算机辅助设计与图形学学报，2006，(10)：1623-1627.

[46] BERTAILS F, AUDOLY B, CANI M P, et al. Super-helices for predicting the dynamics of natural hair[J]. ACM Transactions on Graphics, 2006, 25(3): 1180-1187.

[47] SPILLMANN J, TESCHNER M. CORDE: Cosserat rod elements for the dynamic simulation of one-dimensional elastic objects[M]. Proceedings of the 2007 ACM SIGGRAPH/Eurographics Symposium on Computer Animation. San Diego, California; Assoc Computing Machinery. 2007: 63-72.

[48] LANG H, LINN J, ARNOLD M. Multi-body dynamics simulation of geometrically exact Cosserat rods[J]. Multibody System Dynamics, 2011, 25(3): 285-312.

[49] LINN J, DREẞLER K. Discrete Cosserat rod models based on the difference geometry of framed curves for interactive simulation of flexible cables[M]//Ghezzi L, Hömberg D, Landry C. Math for the Digital Factory. Cham, Switzerland; Springer International Publishing. 2017: 289-319.

[50] TERZOPOULOS D, QIN H. Dynamic NURBS with geometric constraints for interactive sculpting[J]. ACM Transactions on Graphics (TOG), 1994, 13(2): 103-136.

[51] NOCENT O, REMION Y. Continuous deformation energy for dynamic material splines subject to finite displacements[C]//Eurographic Workshop on Computer Animation and Simulation, Manchester, UK, September 2-3, 2001, 2001.

[52] LENOIR J, COTIN S, DURIEZ C, et al. Interactive physically-based simulation of catheter and guidewire[J]. Computers & Graphics, 2006, 30(3): 416-422.

[53] ECHEGOYEN Z, VILLAVERDE I, MORENO R, et al. Linked multi-component mobile robots: modeling, simulation and control[J]. Robotics & Autonomous Systems, 2010, 58(12): 1292-1305.

[54] VALENTINI P P, PENNESTRÌ E. Modeling elastic beams using dynamic splines [J]. Multibody System Dynamics, 2011, 25(3): 271-284.

[55] LÉON J-C, GANDIAGA U, DUPONT D. Modelling flexible parts for virtual reality assembly simulations which interact with their environment [C]// International Conference on Shape Modeling & Applications, 2001.

[56] KAUFMANN P, MARTIN S, BOTSCH M, et al. Flexible simulation of deformable models using discontinuous Galerkin FEM[J]. Graphical Models, 2009, 71(4): 153-167.

[57] WANG Q, FANG H, LI N, et al. An efficient FE model of slender members for crash analysis of cable barriers[J]. Engineering Structures, 2013, 52(9): 240-256.

[58] GRECO L, CUOMO M. B-Spline interpolation of Kirchhoff-Love space rods[J]. Computer Methods in Applied Mechanics & Engineering, 2013, 256(4): 251-269.

[59] SELLE A, LENTINE M, FEDKIW R. A mass spring model for hair simulation [J]. ACM Transactions on Graphics, 2008, 27(3): 64.

[60] CHOI K J, KO H S. Stable but responsive cloth[J]. ACM Transactions on

Graphics，2002，21(3)：604-611.

[61] ELBADRAWY A A，HEMAYED E E. Speeding up cloth simulation by linearizing the bending function of the physical mass-spring model［C］//International Conference on 3D Imaging，Modeling，Processing，Visualization and Transmission (3DIMPVT)，Los Alamitos，CA，USA，16-19 May，2011. IEEE Computer Society.

[62] PATETE P，IACONO M I，SPADEA M F，et al. A multi-tissue mass-spring model for computer assisted breast surgery［J］. Medical engineering & physics，2013，35(1)：47-53.

[63] TESCHNER M，HEIDELBERGER B，MULLER M，et al. A versatile and robust model for geometrically complex deformable solids［C］//Computer Graphics International，2004.

[64] ARISTIDOU A，LASENBY J. FABRIK：A fast，iterative solver for the Inverse Kinematics problem［J］. Graphical Models，2011，73(5)：243-260.

[65] GAYLE R，LIN M C，MANOCHA D. Adaptive dynamics with efficient contact handling for articulated robots［C］//Robotics：Science and systems，Philadelphia，Pennsylvania，USA，August 16-19，2006，2006. MIT Press.

[66] BENDER J，SCHMITT A A. Fast Dynamic Simulation of Multi-Body Systems Using Impulses［C］//3rd Workshop on Virtual Reality Interactions and Physical Simulations，Madrid，Spain，2006 Nov 6-7，2006. Eurographics Association：Switzerland.

[67] 何大闯，闫静，左敦稳，等. 虚拟环境下基于逆运动学的电缆建模与仿真技术［J］. 机械设计与制造工程，2013，42(10)：25-28.

[68] KIRCHHOFF G. Ueber das Gleichgewicht und die Bewegung eines unendlich dünnen elastischen Stabes［J］. Journal für die reine und angewandte Mathematik，1859，56：285-313.

[69] 薛纭，陈立群，刘延柱. 受曲面约束弹性细杆的平衡问题［J］. 物理学报，2004，(7)：2040-2045.

[70] 林海立，刘检华，唐承统，等. 基于Cosserat弹性杆理论的柔性线缆物理建模方法［J］. 图学学报，2016，(1)：34-42.

[71] 林海立. 分支线缆物性建模与装配过程仿真技术研究［D］. 北京：北京理工大学，2016.

[72] COSSERAT E，COSSERAT F. Théorie des corps déformables［M］. Paris：A. Hermann et fils，1909.

[73] ANTMAN S S. Nonlinear problems of elasticity［M］. 2nd ed. New York：Springer，2005.

[74] BONANNI U，KMOCH P，Magnenat-Thalmann N. Haptic interaction with one-dimensional structures［C］//Acm Symposium on Virtual Reality Software & Technology，2009.

[75] LI H，LEOW W K，CHIU I S. Elastic Tubes：Modeling Elastic Deformation of Hollow Tubes[J]. Computer Graphics Forum，2010，29(6)：1770-1782.

[76] WANG C S，NING R X，LIU J H，et al. Dynamic Simulation and Disturbance Torque Analyzing of Motional Cable Harness Based on Kirchhoff Rod Model[J]. Chinese Journal of Mechanical Engineering，2012，25(2)：346-354.

[77] LIU J，ZHAO T，NING R，et al. Physics-based modeling and simulation for motional cable harness design[J]. Chinese Journal of Mechanical Engineering，2014，27(5)：1075-1082.

[78] OLSON S D，LIM S，CORTEZ R. Modeling the dynamics of an elastic rod with intrinsic curvature and twist using a regularized Stokes formulation[J]. Journal of Computational Physics，2013，238(Complete)：169-187.

[79] BERTAILS F. Linear Time Super-Helices[J]. Computer Graphics Forum，2009，28(2)：417-426.

[80] LANG H，LINN J. A second order semi-discrete Cosserat rod model suitable for dynamic simulations in real time[C]//AIP Conference Proceedings，Rethymno，Crete (Greece)，18-22 September 2009，2009. AIP Publishing.

[81] JAWED M K，NOVELIA A，O'REILLY O M. A primer on the kinematics of discrete elastic rods [M]. Cham，Switzerland：Springer International Publishing，2018.

[82] 黄劲，沈中伟，王青，等. 基于优化的大步长准静态线缆模拟[J]. 计算机辅助设计与图形学学报，2011，(1)：1-10.

[83] BRETL T，MCCARTHY Z. Quasi-static manipulation of a Kirchhoff elastic rod based on a geometric analysis of equilibrium configurations [J]. International Journal of Robotics Research，2014，33(1)：48-68.

[84] QIN H，TERZOPOULOS D. D-NURBS：a physics-based framework for geometric design[J]. IEEE Transactions on Visualization and Computer Graphics，1996，2(1)：85-96.

[85] TERZOPOULOS D，FLEISCHER K. Deformable models[J]. Visual Computer，1988，4(6)：306-331.

[86] TERZOPOULOS D，PLATT J，BARR A，et al. Elastically deformable models[J]. ACM SIGGRAPH Computer Graphics，1987，21(4)：205-214.

[87] LENOIR J，GRISONI L，CHAILLOU C，et al. Adaptive resolution of 1D mechanical B-spline[C]//GRAPHITE Conference，Dunedin，New Zealand，29 November 2005- 2 December 2005，2005. ACM.

[88] VALENTINI P P. Interactive cable harnessing in augmented reality [J]. International Journal on Interactive Design and Manufacturing (IJIDeM)，2011，5(1)：45-53.

[89] ANDREU A，GIL L，ROCA P. A new deformable catenary element for the analysis of cable net structures[J]. Computers & Structures，2006，84(29/30)：

1882-1890.

[90] YANG M G, CHEN Z Q, HUA X G. A new two-node catenary cable element for the geometrically non-linear analysis of cable-supported structures[J]. ARCHIVE Proceedings of the Institution of Mechanical Engineers Part C Journal of Mechanical Engineering Science 1989-1996 (vols 203-210), 2010, 224(6): 1173-1183.

[91] HUGHES T J R, COTTRELL J A, BAZILEVS Y. Isogeometric analysis: CAD, finite elements, NURBS, exact geometry and mesh refinement[J]. Computer Methods in Applied Mechanics & Engineering, 2005, 194(39): 4135-4195.

[92] BELYTSCHKO T, SCHWER L, KLEIN M. Large displacement, transient analysis of space frames[J]. International Journal for Numerical Methods In Engineering, 1977, 11(1): 65-84.

[93] BELYTSCHKO T, LIU W K, MORAN B, et al. Nonlinear finite elements for continua and structures[M]. New York: John Wiley & Sons, 2013.

[94] RABAETJE R. Real-time simulation of deformable objects for assembly simulations[C]//Australasian User Interface Conference on User Interfaces, 2003.

[95] LUO Q, XIAO J. Haptic rendering involving an elastic tube for assembly simulations[C]//The 6th IEEE International Symposium on Assembly and Task Planning: From Nano to Macro Assembly and Manufacturing, 19-21 July 2005, 2005.

[96] NGUYEN D H, KANG N, PARK J. Validation of partially flexible rod model based on discrete element method using beam deflection and vibration[J]. Powder Technology, 2013, 237: 147-152.

[97] WAKAMATSU H, HIRAI S. Static modeling of linear object deformation based on differential geometry[J]. The International Journal of Robotics Research, 2004, 23(3): 293-311.

[98] WAKAMATSU H, YAMASAKI T, TSUMAYA A, et al. Dynamic modeling of linear object deformation considering contact with obstacles[C]//International Conference on Control, Automation, Robotics and Vision, 2006.

[99] 王志斌，刘检华，刘佳顺，等. 面向电缆虚拟装配仿真的多分支弹簧质点模型[J]. 机械工程学报，2014，(3)：174-183.

[100] WEINSTEIN R, TERAN J, FEDKIW R. Dynamic simulation of articulated rigid bodies with contact and collision[J]. IEEE Transactions on Visualization and Computer Graphics, 2006, 12(3): 365-374.

[101] THEETTEN A, GRISONI L. A robust and efficient Lagrangian constraint toolkit for the simulation of 1D structures[J]. Computer-Aided Design, 2009, 41(12): 990-998.

[102] NADLER B, RUBIN M B. Post-buckling behavior of nonlinear elastic beams and three-dimensional frames using the theory of a cosserat point[J]. Mathematics and Mechanics of Solids, 2004, 9(4): 369-398.

[103] BERGOU M, WARDETZKY M, ROBINSON S, et al. Discrete elastic rods[J]. ACM Transactions on Graphics, 2008, 27(3): 63 (12 pp.).

[104] HERMANSSON T, BOHLIN R, CARLSON J S, et al. Automatic assembly path planning for wiring harness installations[J]. Journal of Manufacturing Systems, 2013, 32(3): 417-422.

[105] SPILLMANN J, TESCHNER M. Cosserat Nets[J]. IEEE Transactions on Visualization and Computer Graphics, 2009, 15(2): 325-338.

[106] LV N, LIU J, DING X, et al. Assembly simulation of multi-branch cables[J]. Journal of Manufacturing Systems, 2017, 45: 201-211.

[107] O'REILLY O M, TRESIERRAS T N. On the static equilibria of branched elastic rods[J]. International Journal of Engineering Science, 2011, 49(2): 212-227.

[108] O'REILLY O M, PETERS D M. Nonlinear stability criteria for tree-like structures composed of branched elastic rods[J]. Proceedings of the Royal Society a-Mathematical Physical And Engineering Sciences, 2012, 468(2137): 206-226.

[109] PIRK S, STAVA O, KRATT J, et al. Plastic trees: interactive self-adapting botanical tree models[J]. ACM Transactions on Graphics, 2012, 31(4): 1-10.

[110] ZHAO Y L, BARBIČ J. Interactive Authoring of Simulation-Ready Plants[J]. ACM Transactions on Graphics, 2013, 32(4): 1-12.

[111] AUBRY J-M, XIAO X. Fast implicit simulation of flexible trees [C]// Mathematical Progress in Expressive Image Synthesis, Fukuoka, Japan, November 12-14, 2014, 2014.

[112] 金望韬. 虚拟环境下活动线缆运动仿真与布局优化技术[D]. 北京:北京理工大学, 2015.

[113] BARAFF D. Linear-time dynamics using Lagrange multipliers[C]//Proceedings of the 1996 Computer Graphics Conference, SIGGRAPH, August 4, 1996 - August 9, 1996, New Orleans, LA, USA, 1996.

[114] 张光澄, 王文娟, 韩会磊, 等. 非线性最优化计算方法[M]. 北京: 高等教育出版社, 2005.

[115] LV N, LIU J, XIA H, et al. Dynamic modeling and control of flexible cables for shape forming[C]//ASME 2019 Dynamic Systems and Control Conference, Park City, Utah, USA, October 8-11, 2019. American Society of Mechanical Engineers.

[116] 杨啸东, 刘检华, 马江涛, 等. 基于混沌粒子群算法的柔性线缆装配序列规划技术[J]. 北京理工大学学报, 2020, 40(9): 956-962.

[117] HERMANSSON T, CARLSON J S, BJÖRKENSTAM S, et al. Geometric variation simulation and robust design for flexible cables and hoses [J]. Proceedings of the Institution of Mechanical Engineers Part B-Journal of Engineering Manufacture, 2013, 227(5): 681-689.

[118] MÅRDBERG P, CARLSON J S, BOHLIN R, et al. Using a formal high-level

language to instruct manikins to assemble cables[J]. Procedia Cirp, 2014, 23: 29-34.

[119] YANG X, LIU J, LV N, et al. A review of cable layout design and assembly simulation in virtual environments[J]. Virtual Reality & Intelligent Hardware, 2019, 1(6): 543-557.

[120] 杨啸东，刘检华，赵瑛峰，等. 面向复杂机电产品的刚柔混合装配过程仿真技术[J]. 计算机集成制造系统，2019，25(2)：340-349.

[121] PARK H, LEE S H, CUTKOSKY M R. Computational support for concurrent engineering of cable harnesses[J]. Computers in Engineering, 1992, 1: 261.

[122] NG F M, RITCHIE J M, SIMMONS J E L. The design and planning of cable harness assemblies[J]. Proceedings of the Institution of Mechanical Engineers, Part B: Journal of Engineering Manufacture, 2000, 214(10): 881-890.

[123] NG F M, RITCHIE J M, SIMMONS J E L, et al. Designing cable harness assemblies in virtual environments [J]. Journal of Materials Processing Technology, 2000, 107(1-3): 37-43.

[124] RITCHIE J, SIMMONS J, HOLT P, et al. Immersive virtual reality as an interactive tool for cable harness design[J]. Proceedings of PRASIC, 2002: 249-255.

[125] HOLT P O, RITCHIE J M, DAY P N, et al. Immersive virtual reality in cable and pipe routing: Design metaphors and cognitive ergonomics[J]. Journal of Computing and Information Science in Engineering, 2004, 4(3): 161-170.

[126] RITCHIE J M, ROBINSON G, DAY P N, et al. Cable harness design, assembly and installation planning using immersive virtual reality[J]. Virtual Reality, 2007, 11(4): 261-273.

[127] ROBINSON G, RITCHIE J M, DAY P N, et al. System design and user evaluation of Co-Star: an immersive stereoscopic system for cable harness design [J]. Computer-Aided Design, 2007, 39(4): 245-257.

[128] HERGENRÖTHER E, MÜLLER S. Integration of cables in the virtual product development process [M]//Kovács G L, Bertók P, Haidegger G. Digital Enterprise Challenges: Life-Cycle Approach to Management and Production. Boston, MA; Springer US. 2002: 84-94.

[129] VANCE J, FISCHER A, CHIPPERFIELD K. VRHose: Hydraulic Hose Routing in Virtual Reality with Jack(tm)[C]//9th AIAA/ISSMO Symposium on Multidisciplinary Analysis and Optimization, 2013.

[130] MIKCHEVITCH A, LEON J C, GOUSKOV A, et al. Determination of input data for realistic assembly operation simulation of flexible beam parts in a virtual reality environment[C]//ASME 2005 International Design Engineering Technical Conferences and Computers and Information in Engineering Conference, 2005.

[131] MIKCHEVITCH A, LÉON J-C, GOUSKOV A. Flexible beam part manipulation

for assembly operation simulation in a virtual reality environment[J]. Journal of Computing and Information Science in Engineering, 2004, 4(2): 114-123.

[132] SUN G, XIA P J, LI Y, et al. A haptic-based approach for cable design and routing in industrial complex products[J]. Advanced Materials Research, 2010, 139: 1356-1360.

[133] XIA P, LOPES A M, RESTIVO M T, et al. A new type haptics-based virtual environment system for assembly training of complex products[J]. International Journal of Advanced Manufacturing Technology, 2012, 58(1-4): 379-396.

[134] 郑铁,宁汝新,刘检华,等. 虚拟装配关键技术及其发展[J]. 系统仿真学报, 2006, (3): 649-654.

[135] 万毕乐,宁汝新,刘检华,等. 虚拟环境中线缆建模及布线的研究与实现[J]. 中国机械工程, 2006, (20): 2135-2139.

[136] 万毕乐,宁汝新,刘检华,等. 虚拟环境下线缆和管路装配规划系统体系结构研究[J]. 计算机集成制造系统, 2007, (8): 1579-1585.

[137] 王志斌. 虚拟环境下基于物理属性的线缆布局与装配仿真技术[D]. 北京:北京理工大学, 2014.

[138] 王金芳,闫静,武凯,等. 基于Pro/E的线缆装配工艺规划系统关键技术研究[J]. 中国机械工程, 2008, (13): 1565-1569.

[139] 王金芳. 基于Pro/E的线缆装配规划系统的研究与设计[D]. 南京:南京航空航天大学, 2008.

[140] LIU Y, LI S, WANG J. Interactive operation of physically-based slender flexible parts in an augmented reality environment[J]. Science China-Technological Sciences, 2014, 57(7): 1383-1391.

[141] BERGEN G V D. Efficient collision detection of complex deformable models using AABB trees[J]. Journal of Graphics Tools, 1997, 2(4): 1-13.

[142] GOTTSCHALK S, LIN M C, MANOCHA D. OBBTree: a hierarchical structure for rapid interference detection[C]//Proceedings of the 23th Annual Conference on Computer Graphics and Interactive Techniques, 1996. ACM.

[143] AGARWAL P, GUIBAS L, NGUYEN A, et al. Collision detection for deforming necklaces[J]. Computational Geometry, 2004, 28(2-3): 137-163.

[144] KLOSOWSKI J T, HELD M, MITCHELL J S B, et al. Efficient collision detection using bounding volume hierarchies of k-DOPs[J]. IEEE Transactions on Visualization and Computer Graphics, 1998, 4(1): 21-36.

[145] EHMANN S A, LIU M C. Accurate and fast proximity queries between polyhedra using convex surface decomposition[J]. Computer Graphics Forum, 2001, 20(3): C/500-C/510.

[146] XU H, ZHAO Y, BARBIC J. Implicit Multibody Penalty-BasedDistributed Contact[J]. Visualization & Computer Graphics IEEE Transactions on, 2014, 20(9): 1266-1279.

[147] GRAZIOSO S, DI GIRONIMO G, SICILIANO B. A geometrically exact model for soft continuum robots: The finite element deformation space formulation[J]. Soft Robotics, 2019, 6(6): 790-811.

[148] GRAZIOSO S, DI GIRONIMO G, SICILIANO B. From differential geometry of curves to helical kinematics of continuum robots using exponential mapping[C]// International Symposium on Advances in Robot Kinematics, Bologna, Italy, 1-5 July 2018, 2018. Springer.

[149] GODBOLE H, CAVERLY R, FORBES J. Dynamic Modelling and Adaptive Control of a Single Degree-of-Freedom Flexible Cable-Driven Parallel Robot[J]. Journal of Dynamic Systems Measurement & Control, 2019, 141(10): 101002.

[150] TANG L, GOUTTEFARDE M, SUN H, et al. Dynamic modelling and vibration suppression of a single-link flexible manipulator with two cables[J]. Mechanism and Machine Theory, 2021, 162: 104347.

[151] GUENERS D, BOUZGARROU B-C, CHANAL H. Cable Behavior Influence on Cable-Driven Parallel Robots Vibrations: Experimental Characterization and Simulation[J]. Journal of Mechanisms and Robotics, 2021, 13(4): 041003.

[152] KRÜGER J, SCHRECK G, SURDILOVIC D. Dual arm robot for flexible and cooperative assembly[J]. CIRP Annals-Manufacturing Technology, 2011, 60(1): 5-8.

[153] MAKRIS S, TSAROUCHI P, MATTHAIAKIS A-S, et al. Dual arm robot in cooperation with humans for flexible assembly[J]. CIRP Annals, 2017, 66(1): 13-16.

[154] YAMANO M, KIM J S, KONNO A, et al. Cooperative Control of a 3D Dual-Flexible-Arm Robot[J]. Journal of Intelligent & Robotic Systems, 2004, 39(1): 1-15.

[155] WANG W, LI R, CHEN Y, et al. Facilitating Human-Robot Collaborative Tasks by Teaching-Learning-Collaboration From Human Demonstrations [J]. IEEE Transactions on Automation Science and Engineering, 2018, (99): 1-14.

[156] WANG W, LIU N, LI R, et al. HuCoM: A Model for Human Comfort Estimation in Personalized Human-Robot Collaboration [C]//ASME 2018 Dynamic Systems and Control Conference, 2018. American Society of Mechanical Engineers.

[157] WANG W, LI R, DIEKEL Z M, et al. Robot action planning by online optimization in human-robot collaborative tasks [J]. International Journal of Intelligent Robotics and Applications, 2018, 2(2): 161-179.

[158] WANG W, LI R, DIEKEL Z M, et al. Controlling Object Hand-Over in Human-Robot Collaboration Via Natural Wearable Sensing[J]. IEEE Transactions on Human-Machine Systems, 2018, 49(1): 59-71.

[159] 秦富康. 基于六自由度机器人的线缆自动化装配关键技术研究[D]. 广州:华南理

工大学，2020.

［160］ 王一羽. 面向柔性线缆插线过程的自适应模糊力/位姿控制策略研究[D]. 广州：华南理工大学，2019.

［161］ LAMIRAUX F，KAVRAKI L E. Planning paths for elastic objects under manipulation constraints[J]. The International Journal of Robotics Research，2001，20(3)：188-208.

［162］ BAYAZIT B，LIEN J-M，AMATO N. Probabilistic roadmap motion planning for deformable objects[C]//Proceedings of the IEEE International Conference on Robotics and Automation，Washington，DC，May 2002，2002.

［163］ RODRIGUEZ S，LIEN J M，AMATO N M. Planning motion in completely deformable environments[C]//Robotics and Automation，2006 ICRA 2006 Proceedings 2006 IEEE International Conference on，2006.

［164］ MOLL M，KAVRAKI L E. Path planning for deformable linear objects[J]. IEEE Transactions on Robotics，2006，22(4)：625-636.

［165］ GAYLE R，LIN M C，MANOCHA D. Constraint-based motion planning of deformable robots [C]//IEEE International Conference on Robotics and Automation，Barcelona，Spain，18-22 April 2005，2005. IEEE.

［166］ GAYLE R，REDON S，SUD A，et al. Efficient motion planning of highly articulated chains using physics-based sampling [C]//IEEE International Conference on Robotics and Automation，Rome，Italy，10-14 April 2007，2007. IEEE.

［167］ KABUL I，GAYLE R，LIN M C. Cable route planning in complex environments using constrained sampling[C]//Proceedings of the 2007 ACM Symposium on Solid and Physical Modeling，Beijing，China，04-06 June，2007. ACM.

［168］ MA J T，LIU J H，DING X Y，et al. Motion Planning for Deformable Linear Objects Under Multiple Constraints[J]. Robotica，2020，38(5)：819-830.

［169］ ZHENG Y F，PEI R，CHEN C. Strategies for automatic assembly of deformable objects[C]//IEEE International Conference on Robotics & Automation，2002.

［170］ ASANO Y，WAKAMATSU H，MORINAGA E，et al. Deformation path planning for manipulation of flexible circuit boards[C]//IEEE/RSJ International Conference on Intelligent Robots and Systems，Taipei，Taiwan，China，18-22 Oct.，2010. IEEE.

［171］ MAHONEY A，BROSS J，JOHNSON D. Deformable robot motion planning in a reduced-dimension configuration space[C]//IEEE International Conference on Robotics and Automation，Anchorage，AK，USA，3-7 May 2010，2010. IEEE.

［172］ HERMANSSON T，BOHLIN R，CARLSON J S，et al. Automatic assembly path planning for wiring harness installations[J]. Journal of Manufacturing Systems，2013，32(3)：417-422.

［173］ BORUM A，BRETL T. The free configuration space of a kirchhoff elastic rod is

path-connected[C]//IEEE International Conference on Robotics and Automation, Seattle, WA, USA, 26-30 May 2015, 2015. IEEE.
[174] MATTHEWS D, BRETL T. Experiments in quasi-static manipulation of a planar elastic rod [C]//25th IEEE/RSJ International Conference on Robotics and Intelligent Systems, Vilamoura, Algarve, Portugal, October 7, 2012 - October 12, 2012, 2012. Institute of Electrical and Electronics Engineers Inc.
[175] ROUSSEL O, BORUM A, TAÏX M, et al. Manipulation planning with contacts for an extensible elastic rod by sampling on the submanifold of static equilibrium configurations[C]//IEEE International Conference on Robotics and Automation, Seattle, WA, USA, 26-30 May 2015, 2015. IEEE.
[176] ROUSSEL O, TAÏX M, BRETL T. Efficient motion planning for quasi-static elastic rods using geometry neighborhood approximation [M]. IEEE/ASME International Conference on Advanced Intelligent Mechatronics (AIM). Besacon, France; IEEE. 2014: 1024-1029.
[177] ROUSSEL O, TAÏX M, BRETL T. Motion Planning for a Deformable Linear Object [C]//European Workshop on Deformable Object Manipulation, Lyon, France, 25 Mar 2014, 2014.
[178] MUKADAM M, BORUM A, BRETL T. Quasi-static manipulation of a planar elastic rod using multiple robotic grippers [C]//2014 IEEE/RSJ International Conference on Intelligent Robots and Systems (IROS), Chicago, IL, USA, 14-18 Sept. 2014, 2014. Institute of Electrical and Electronics Engineers Inc.
[179] WANG W, BERENSON D, BALKCOM D J. An online method for tight-tolerance insertion tasks for string and rope[C]//ICRA, 2015.
[180] WANG F, BURDET E, VUILLEMIN R, et al. Knot-tying with visual and force feedback for VR laparoscopic training [C]//International Conference of the Engineering in Medicine & Biology Society, 2005.
[181] LADD A M, KAVRAKI L E. Using motion planning for knot untangling[J]. The International Journal of Robotics Research, 2004, 23(7-8): 797-808.
[182] WAKAMATSU H, ARAI E, HIRAI S. Knotting/unknotting manipulation of deformable linear objects[J]. The International Journal of Robotics Research, 2006, 25(4): 371-395.
[183] INABA M, INOUE H. Hand Eye Coordination in Rope Handling[J]. Journal of the Robotics Society of Japan, 1985: 538-547.
[184] BROWN J, LATOMBE J C, MONTGOMERY K. Real-time knot-tying simulation[J]. Visual Computer, 2004, 20(2-3): 165-179.
[185] MATSUNO T, TAMAKI D, ARAI F, et al. Manipulation of deformable linear objects using knot invariants to classify the object condition based on image sensor information[J]. IEEE/ASME Transactions on Mechatronics, 2006, 11(4): 401-408.

[186] SAHA M, ISTO P. Manipulation planning for deformable linear objects[J]. IEEE Transactions on Robotics, 2007, 23(6): 1141-1150.

[187] SPILLMANN J, TESCHNER M. An adaptive contact model for the robust simulation of knots[J]. Computer Graphics Forum, 2008, 27(2): 497-506.

[188] JAWED M K, BRUN P T, REIS P M. A geometric model for the coiling of an elastic rod deployed onto a moving substrate[J]. Journal of Applied Mechanics, 2015, 82(12): 121007.

[189] 吕乃静，刘检华. 柔性线缆的机器人自动敷设关键技术与发展趋势[J]. 机械工程学报，2022，58(17)：75-95.

[190] LV N, LIU J, JIA Y. Coordinated Control of Flexible Cables with Human-Like Dual Manipulators[J]. Journal of Dynamic Systems Measurement and Control, 2021, 143(8): 081006.

[191] HOFFMAN K A. Methods for determining stability in continuum elastic-rod models of DNA[J]. Philosophical Transactions of the Royal Society a-Mathematical Physical And Engineering Sciences, 2004, 362(1820): 1301-1315.

[192] LV N, LIU J, JIA Y. Dynamic modeling and control of deformable linear objects for single-arm and dual-arm robot manipulations[J]. IEEE Transactions on Robotics, 2022, 38(4): 2341-2353.